改訂11版

土木工事の実行予算と施工計画

一般財団法人　建設物価調査会

はしがき

　企業の継続的な発展のためには適正利益の確保が必要不可欠であることは言うまでもありません。これは建設産業においても同様であり，工事ごとに実行予算を作成し，それに基づいて厳密な原価管理を行うことで適正な利益が確保されています。しかしながら実行予算の作成は工事経験が豊富で，施工に関する十分な知識を持つベテラン社員が，多忙な工事初期の業務のなかで行うことが一般的です。そのためノウハウが個人に蓄積されやすく，組織全体で共有されにくい傾向にあります。この結果，若手技術者へのノウハウの伝承が進まず，彼らが通常業務をこなしながら実行予算の作成を独学で習得するのは決して容易ではありません。

　建設産業を取り巻く環境は，自然災害の頻発・激甚化，担い手の不足，施工難易度の上昇等により年々厳しさを増しており，適正利益が確保できないということも起こりえます。さらには，ベテラン技術者の減少や，少子高齢化に伴う若い技術者の減少により，前述のとおり，実行予算の作成と原価管理技術を次の世代に十分に継承できないという声もよく聞かれるところです。

　このような状況を踏まえると，将来にわたる建設産業の継続的な発展にむけ，1人でも多くの若い技術者が早期に原価意識をもち，現場での生産活動に携わることがつよく求められます。そのためには，彼らが原価管理に結びつく，活用できる実行予算を作成する技術を身につけることが喫緊の課題であると言えます。

　このような観点から，本書は昭和63年の初版より，その時代の要請にこたえつつ改訂を重ね，今般改訂11版を発行することとなりました。

　本書は「実行予算」作成の基本的な考え方・作成方法・手順の一端を述べたものですが，原価管理技術のみならず，施工計画，施工管理等，広く建設マネジメント技術の向上に資するとともに，次世代の土木技術者養成の一助として役立てていただければ幸いです。

　なお，本書の記述内容につきましては，読書の皆様の忌憚ないご意見やご叱正を賜りたくお願いいたします。

令和7年4月

　　　　　　　　　　　　　　　　　　　　一般財団法人　建設物価調査会

目　　次

I　解　説　編

第1章　実行予算の位置づけ……………………………………… 3
　1.1　建設業における利益の確保 ………………………………… 3
　1.2　実行予算の必要性 …………………………………………… 4
　1.3　実行予算の機能（役割） …………………………………… 5
　1.4　実行予算と積算，見積りとの違い ………………………… 6

第2章　実行予算作成の基本……………………………………… 8
　2.1　入札と実行予算作成までのフローチャート ……………… 8
　2.2　実行予算の体系 ……………………………………………… 10
　　2.2.1　体系のタイプ …………………………………………… 10
　　2.2.2　体系の内容 ……………………………………………… 14
　2.3　実行予算の作成手順 ………………………………………… 18
　2.4　実行予算作成における組織上の留意点 …………………… 21
　2.5　管理部署の実行予算との関わり …………………………… 22

第3章　施工計画と実行予算……………………………………… 23
　3.1　コストサイクルと実行予算 ………………………………… 23
　3.2　各施工計画と実行予算 ……………………………………… 23
　　3.2.1　概略及び詳細施工計画 ………………………………… 23
　　3.2.2　事前調査 ………………………………………………… 30
　　3.2.3　基本計画 ………………………………………………… 34
　　3.2.4　詳細計画 ………………………………………………… 36
　　3.2.5　現場管理計画 …………………………………………… 65
　3.3　原価管理・経理処理と実行予算 …………………………… 70
　　3.3.1　概　説 …………………………………………………… 70
　　3.3.2　原価管理と実行予算 …………………………………… 71
　　3.3.3　経理処理と実行予算 …………………………………… 73

第4章　実行予算作成方法………………………………………… 75
　4.1　作成の基本方針 ……………………………………………… 75

 4.2　作成の留意事項 ……………………………………………… 76
 4.3　実行予算書の構成 ……………………………………………… 77
 4.4　直接工事費の作成 ……………………………………………… 79
  4.4.1　意　義 …………………………………………………… 79
  4.4.2　体　系 …………………………………………………… 79
  4.4.3　材 料 費 ………………………………………………… 81
  4.4.4　労 務 費 ………………………………………………… 86
  4.4.5　機械経費 ………………………………………………… 97
  4.4.6　外 注 費 ………………………………………………… 108
  4.4.7　作業単価内訳の作成 …………………………………… 110
 4.5　仮設工事費の予算作成 ………………………………………… 113
  4.5.1　構成と予算作成方法 …………………………………… 113
  4.5.2　予算作成のポイント …………………………………… 113
  4.5.3　仮設工事の作業単価内訳の作成 ……………………… 115
 4.6　現場管理費の予算作成 ………………………………………… 116
  4.6.1　意　義 …………………………………………………… 116
  4.6.2　構成と内容 ……………………………………………… 116
  4.6.3　算定方法 ………………………………………………… 120
 4.7　一般管理費他の予算作成 ……………………………………… 121
  4.7.1　意　義 …………………………………………………… 121
  4.7.2　算定方法 ………………………………………………… 122
 4.8　予想利潤の確保 ………………………………………………… 122
 4.9　消費税相当額の計上 …………………………………………… 124
 4.10　実行予算作成の完了 ………………………………………… 124

第5章　実行予算資料の作り方・求め方 …………………………… 128
 5.1　概　説 …………………………………………………………… 128
 5.2　施工実績・公刊資料の収集とフィードバック ……………… 128
  5.2.1　施工実績の収集とフィードバック …………………… 128
  5.2.2　公的・公開資料の収集とフィードバック …………… 130
 5.3　実行予算作成の合理化 ………………………………………… 132
  5.3.1　実行予算の標準化 ……………………………………… 132
  5.3.2　実行予算作成のＤＸ化による変革 …………………… 133

Ⅱ 事例編

実行予算事例	139

A 盛土及び土留め擁壁工事 … 139
　1　工事概要 … 139
　2　施工計画 … 142
　3　実行予算 … 158

B 道路工事 … 198
　1　工事概要 … 198
　2　施工計画 … 202
　3　実行予算 … 231

C 公共下水道管渠布設工事（開削） … 274
　1　工事概要 … 274
　2　施工計画 … 284
　3　実行予算 … 306

各産業における生産方式とその特徴……………………………………… 5
積算と実行予算との違い……………………………………………………… 7
支払いシステム（会計システム）と実行予算………………………………11
見積り時の施工計画との整合性……………………………………………29
「設計照査」の範囲を超えるような検討 ……………………………………33
協力会社の「作業効率」………………………………………………………41
実行予算を「絵に描いた餅」にしないために………………………………51
「工種作業別工程一覧表」の重要性 …………………………………………53
横線式工程表（バーチャート）の特長………………………………………56
任意仮設計画と発注者の承諾および設計変更……………………………57
工事量の多寡と現場社員の配置……………………………………………66
実行予算作成部署と管理手法………………………………………………76
工事費の基本構成……………………………………………………………78
材料費と場内小運搬費との関連……………………………………………86
「労務費」と「外注労務費」……………………………………………………88
機械損料における「運転日数」と「供用日数」……………………………103
安全管理諸費用………………………………………………………………117
給与費の取扱い………………………………………………………………121
現場管理費の０計上…………………………………………………………121
実行予算作成の手順（例）…………………………………………………123

I 解説編

第1章　実行予算の位置づけ

1.1　建設業における利益の確保

　企業全般にとって，その存続と継続的な発展のためには適正な利益の確保が必要不可欠と言える。いくら良い仕事を行っても，その仕事から利益が得られなければ，いずれ衰退し，場合によっては市場からの撤退も余儀なくされることもある。

　建設業もその例外ではなく，安全，品質，工期，環境保全とともに利益の確保は最も重要なことがらであり，従事する者にとって常に心掛けていなければならない。

　一般的に建設業での利益は次のように層別される。

- ○完成工事総利益（粗利）　⇐完成工事高―完成工事原価（工事価格―工事原価）
- ○営業利益　　　　　　　　⇐完成工事総利益（粗利）―一般管理費他―消費税相当額[注1]
- ○経常利益　　　　　　　　⇐営業利益―営業外損益（主として資金利息等）
- ○税引き前当期利益　　　　⇐経常利益―特別損益（主として企業所有の資産の取得・売却・収支等）
- ○当期利益　　　　　　　　⇐税引き前当期利益―法人税等
- ○次期繰越利益　　　　　　⇐利益処分（配当，役員賞与，利益準備金等）

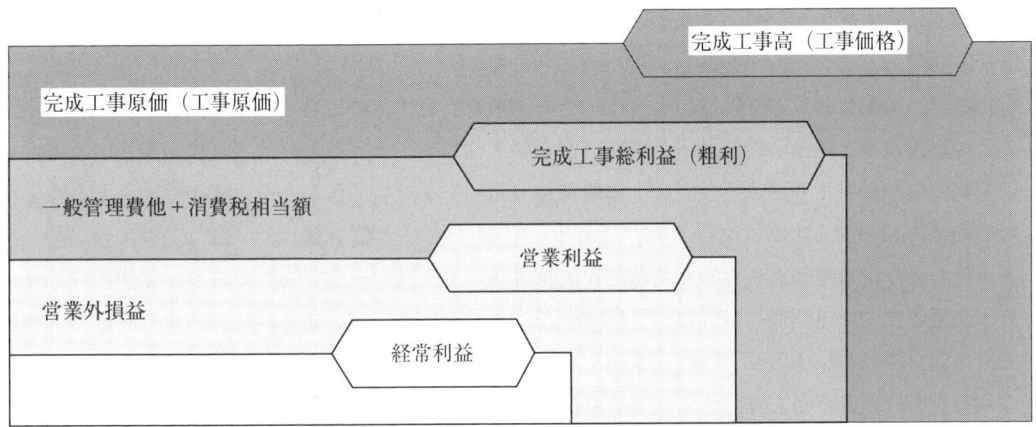

〔図1-1〕　建設業における完成工事総利益，営業利益，経常利益の関連

※注1　通常，消費税は「一般管理費」のなかの租税公課で経理処理されることが多いが，本書においては後述する「新土木工事積算大系」（「2.2実行予算の体系」参照）と整合性を図るため，このような取り扱いを行う。

　従って，建設業の利益の向上を図るためには，生産現場において完成工事総利益（粗利）を増加させることが重要な課題となり，そのためには完成工事原価を合理的に縮小させることが求められる。

1.2 実行予算の必要性

　一方，建設業の生産形態は個別受注生産及び現地生産が一般的で，様々な工種や工法が採用される。特に土木工事は一品生産，現地生産であり，工事ごとに地形・地質・環境等の施工条件が異なることから，過去の生産活動と類似する比較対象が少なく，それゆえ工事原価は個々の工事内容によって異なる場合が多い。

　また受注産業であるため一般の製造販売業等と異なって，工事目的物が製造される以前に工事請負契約によって売価である工事請負金が決まる。すなわち，製造販売業が製品の原料資源を購入してから加工・製造し，原価計算を行って売価を決めるのに対して，それと反対に，まず工事請負契約により売価が決められてから，工事目的物を築造する資源を調達して工事を完成させるのである。この関係を〔図1－2〕に示す。

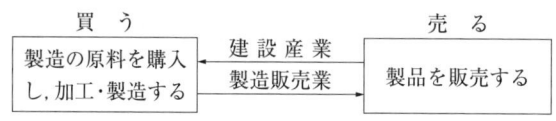

〔図1－2〕　製造販売業と建設業

　したがって資料調達を無計画に行えば，費用がどの程度かかるか見当もつかず，それが集積されれば買価である工事原価が売価である工事請負金を上回る，すなわち「赤字」になる危険が当然起こり得る。例えば大海を航海する船舶が，羅針盤・海図・レーダー・無線等を持たずに船出するようなもので，どこへ行くか全然わからないことになる。

　そこで，船舶における羅針盤のように，その工事を完成するのに必要な工事原価をその工種内訳ごとの資源数量と調達時期に対応して，いくらの金額で施工すれば最終的な工事請負金である完成工事高のなかに収まり，適正な完成工事総利益（粗利）を確保できるかを示す指標が必要となる。この指標に相当するのが「実行予算」である。すなわち，「実行予算」とは請負工事について，当該工事の各作業を原価面からみた具体的な実行計画（シミュレーション）であり，工事の開始から終了に至るまでの全期間の原価管理目標値となるものである。言いかえれば関係する諸法令の枠内で，可能な限りの原価低減（Cost Down）を図り，実際にいくらでその工事を完成できるか，適正な利益をあげられるかを算定する「事前目標原価計算書」であり，その工事の運営及び管理上の指針であるということができる。

　また，施工中の原価管理や施工実績の収集整理も「実行予算」を基準に，それと対比しながら行われるのが一般的であり，工事管理上もきわめて重要な意義を有するものである。従って，直接工事を運営管理する現場のみならず，会社管理部門においても不可欠なものといえる。

コラム　各産業における生産方式とその特徴

	生産方式		
	個別受注生産	ロット生産	連続市場生産
特徴	顧客の注文に基づき個別に作る。顧客の要求に対して細かく対応できる。	ある一定の量にまとめた単位（ロット）で生産する。個別生産と連続生産の中間。	顧客の注文の有無にかかわらず一定の期間同じものを大量につくる。
生産量と品種	少量生産 多品種	中量生産	大量生産 少品種
注文と生産の関係	注文を受けてから作る。	注文を受ける前にちょっとだけ作る。	注文を受ける前に作る。
該当産業	**建設**，造船	化学肥料，工業薬品等	電気機器，自動車等

1.3　実行予算の機能（役割）

実行予算の工事運営管理における機能（役割）は次のとおりである。

(1) **計画機能**

工事を具体的に数値化（コスト化）することにより，目標設定と目標達成のためのシステムの基礎データとして，工事担当者や会社の工事関係者に共有されるという機能である。

(2) **調整機能**

実行予算の作成者だけでなく，各工事担当者や会社の工事関係者等が，目標に対して矛盾のない行動をとることができるように，あらかじめ関係者により検討し，現場間での機材の転・活用または会社内のバックアップなど相互間の調整を図って納得のいくような予算として具体化する機能である。

(3) **統制機能**

工事の出来高に対する実績原価と実行予算上の対応予定原価との比較チェックにより，実際の工事運営が目標どおりに実行されているか否かを判定し，支出状況について制御・歯止め策の必要性を認識させるとともに，将来工事の管理方法の修正，変更を促すなどの機能である。

したがって，実行予算は作成者だけが理解できれば良いというものではなく，上記機能が十分発揮できるようなものでなければならない。

Ⅰ　解 説 編

1.4　実行予算と積算，見積りとの違い

　実行予算と同様に工事全体の価格を算出する作業として「積算」と「見積り」がある。これらは，その目的が異なり，意図するところも異なるので，その内容についてはよく理解することが必要である。ある請負会社での取り扱いの例を次に示す。

(1)　積　算
　主として発注者が行う工事価格の算出で，官庁工事の場合は予定価格，民間工事の場合は，事業予算を決定する際等で用いられる。

(2)　見積り
　主として請負会社が工事を受注するために行う工事価格を算出するもので，比較的短期間に設計図書などを基に概略施工計画を作成し，これに基づき作成される。限られた期間内に詳細な検討を行って施工計画を立案することは困難であるが，その中で考えられる最適な施工計画を作成して，これに則って適正な積算見積りの作成に最大傾注しなければならない。
　見積りには，一般的に「積算見積り」と「提出見積り」とがある。
　　a）　積算見積り
　　　受注しようとする工事の工事原価を算出したもの（原価）で，最終責任権限者（社長，支店長等）が承認したもの。「原価見積り」と呼ばれる場合もある。
　　b）　提出見積り
　　　積算見積りを基に，最終責任権限者が経営的判断に基づき決定した，工事入札に提出する工事価格（売価）。
　　「提出見積りの工事利益」＋（「提出見積りの工事価格」－「積算見積りの工事価格」）が受注しようとする工事の予想利益となる。従って，その工事のリスクと予想利益を勘案し，応札するか否かを社内的に決定することが経営判断として求められる。そのため，両者とも最終責任権限者の承認，決定が必要となる。

(3)　実行予算
　工事受注後，現地での施工条件を吟味したうえで施工計画（詳細施工計画）を立案し，これに基づいて工事原価を算出したものが実行予算となる。一般的に工事管理部門が審査し，最終責任権限者による承認で確定する。ここでの損益は最終責任権限者と現場の責任者である現場代理人と最終責任権限者との間で約束した必達の損益として理解される。
　実行予算は，概略施工計画及び見積りを参考にし，十分な時間をかけて綿密に検討して，現実的に実施可能な施工実態にマッチするような詳細施工計画を立案し，これに基づき作成する。したがって実行予算は現場運営をコスト面からとらえたものということができる。

(4) 積算見積りと実行予算の相違

　積算見積りと実行予算は，どちらも積み上げ計算によって工事原価を算定するという基本は同じであるが，上述したように，その目的と用いられる内容が異なるため，次のような相違点がある。

①　詳細な事前調査や検討内容の相違から，一般的に工事価格としての正確性は実行予算の方が高くなる。一方，今後の受注に向けて，見積りの精度は絶えず向上させることが求められることから，見積りと実行予算との比較検討・差異分析は必要不可欠である。言い換えれば，見積りは見積り，実行予算は実行予算として別々に作成するのではなく，見積りとの差はどこにあるのかを常に明確にしながら実行予算は作成しなければならないということである。

②　工事落札後，発注者から当該工事の工事内訳書を求められる場合が多々あることから，見積りは発注者の積算構成に準じて積み上げ算出することが一般的である。

③　一方，実行予算は，工事管理・調達・原価管理・経理処理・他工事へのフィードバックなど個々の会社のシステムの基準となることから，これらのシステムに適用しやすいように作成することになる。

積算と実行予算との違い

(1) 積　算

　官庁工事における積算結果は責任者の承認を得た後，予定価格として扱われることが多い。この内容については会計検査等のチェックを受けることになり，同一時期，同一地域，同一施工条件のもとでの工事単価は同じでないと矛盾をおこしてしまう。従って，同一工事を複数の担当者で積算した場合は，同一の工事金額となることが求められる。この点から「積算は誰が行っても同じ結果になる」ということが望ましいことになる。（☞　P－10「新土木工事積算体系」）

(2) 実行予算

　作成者の経験，考え方等により詳細施工計画が相違することが常であるため，「実行予算は誰が行っても異なる結果」となる。従って，作成するだけでは不十分で，工事管理部門の審査と，最終責任権限者による承認が必要不可欠となる。

Ⅰ 解説編

第2章 実行予算作成の基本

2.1 入札と実行予算作成までのフローチャート

　土木工事における，工事公告（出件）から積算見積り→入札→契約→実行予算作成→承認→施工→決算→施工実績収集整理→将来の同種工事へのフィードバックに至る流れは，〔図2－1〕のとおりである。
　つまり，「実行予算」は，工事契約後に着工準備，現場乗込みとともに詳細施工計画を立案し，それに基づいて作成されるのである。

第2章　実行予算作成の基本

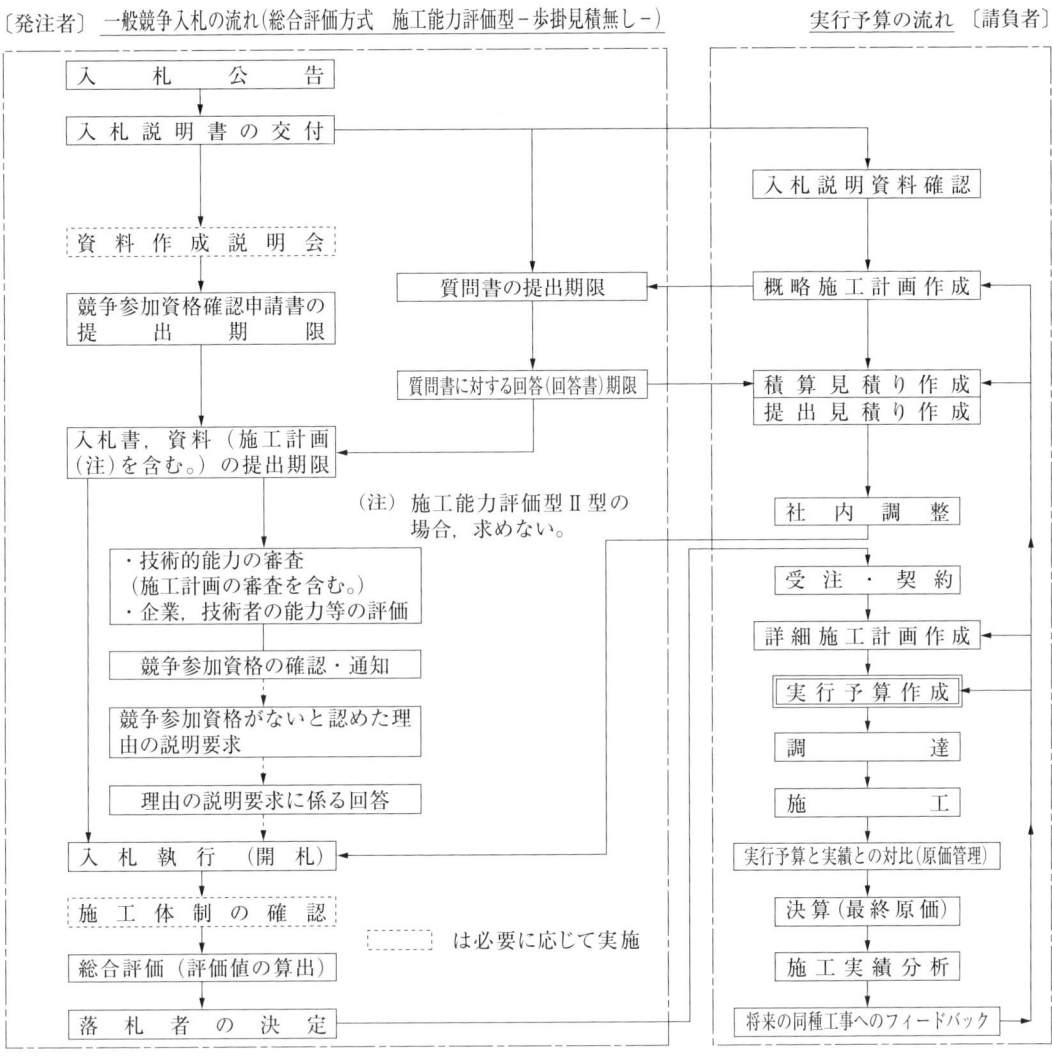

〔図2－1〕　入札の流れと実行予算の位置づけ

〔表2－1〕　総合評価落札方式のタイプ分類

施工能力評価型		技術提案評価型			
企業が、発注者の示す仕様に基づき、適切で確実な施工を行う能力を有しているかを、企業・技術者の能力等で確認する工事	企業が、発注者の示す仕様に基づき、適切で確実な施工を行う能力を有しているかを、施工計画を求めて確認する工事	特に配慮すべき事項への施工上の工夫について、提案を求める工事	部分的な設計変更を含む工事目的物に対する提案、高度な施工技術等により社会的便益の相当程度の向上を期待する場合	有力な構造・工法が複数あり、技術提案で最適案を選定する場合	通常の構造・工法では制約条件を満足できない場合
		特に配慮すべき事項に対する施工上の工夫にかかる提案	部分的な設計変更を含む工事目的物に対する提案	施工方法に加え、工事目的物そのものにかかる提案	
Ⅱ型	Ⅰ型	S型	AⅢ型	AⅡ型	AⅠ型

Ⅰ　解説編

2.2　実行予算の体系

　実行予算は，言い換えれば詳細な見積りであり，コストデータのフィードバックという意味からも，その体系は積算見積りと同一体系であることが望ましい。

　実行予算の体系は，各建設会社によってそれぞれ独自の工事施工及び工事管理に最も適切な体系になっており，その費目・工種作業・要素・原価科目などの分類は多少異なっているが，基本的には共通な考え方による積上げになっている。

2.2.1　体系のタイプ

　実行予算の体系には次の二つのタイプがあり，相互に関係づけられている。
　①　工種別体系……見積り体系に合わせたもの
　　　　工事費 － 費目 － 工事 － 工種 － 作業 － 要素 － 資源
　②　要素別体系……完成工事原価報告書を基本にしたもの
　　　　工事費 － 要素 － 原価科目 － 資源

　実行予算を作成するときには，工種別体系によって算定積上げ，コストダウンの試行を繰り返し，期待利潤が確保されれば，その時点で要素別体系による原価科目・要素別に算出して集計し，総括表にまとめて対比関連づけるのが一般的である。工種別体系及び要素別体系の一例をそれぞれ〔図2－2〕及び〔図2－3〕に示す。

　工種別体系において， 工種 は 工事 と 作業 の間の分類階層であって，当該工事の内容と規模等によってわかりやすく，現場管理しやすいように階層づけするが，必要がない場合は省略することもあり，反対に1階層ではわかりにくい場合には 大工種 ， 中工種 ， 小工種 等に体系化する場合もある。

　国土交通省は，公共工事の積算を改善する目的で「**新土木工事積算大系**」の整備に取組んだ。発注者，受注者が同じ用語，単位等を用いて統一的な考え方を基に工事を行う必要があるとの考えに基づき，工種の体系化の整備を行った。そして，工事工種体系ツリーと用語の定義をまとめたものが国土交通省より「**新土木工事積算大系における工事工種体系ツリーおよび用語定義集**」[1]として公表されている。国土交通省発注工事はこの体系によって工事費が構成されており，請負者としてもこの体系を参考に工事体系を構成すれば発注者との協議や設計変更等がスムーズに進むものと考えられる。

1）　https://www.nilim.go.jp/lab/pbg/theme/theme2/sekisan/daikei2.htm

実行予算の体系が工種別と要素別の2つから成り立っているのは，次の理由による。

(1) 工種別体系〈積算の体系に合わせた〉

契約書類及び現地調査等の諸資料から，契約工事をそれを構成する工事，その内訳の工種，さらに工種を構成する作業に分解して階層化し，この「作業」を実行予算編成の基本として「単価の算出」（これが「作業単価内訳」の作成である）を行い，今度は逆に作業→工種→工事と積上げ集計する方法がとられている。

これは，編成された実行予算が最終責任権限者（又はその代理人）承認後，現場で執行される原価管理において，工種別原価管理が，出来高の確認等を容易に実施しやすく，また発注者との折衝上も工種・作業でとらえておいたほうが便利であること，さらに協力会社（下請負者）に対する出来高の支払額確認など，実務面でも工種別編成が適しているからである。

(2) 要素別体系〈完成工事原価報告書に合わせた〉

積上げ集計された工事費について，請負会社内の事務処理システムに合致した勘定科目あるいは原価科目に分類し，さらに要素別（材料費・労務費・外注費・経費の4要素）に集計する方法である。これは，企業会計原則に基づく建設工事の計算書類規則などの建設業会計方式に則した請負会社の社内経理処理システム並びにそれに必要な経理の帳票・伝票があるためである。このように工事費について経理面でとらえ，官公庁に義務づけられた報告のための財務諸表との整合性をもたせるために「要素別」の集計を同時に行うのである。

このようなことから実行予算編成においては，工事の実施・運営に要する費用を工種別に集計し，さらに勘定科目（原価科目）別に抽出・組替え，要素別集計を行うことになる。参考に完成工事原価報告書の内容を〔表2-2〕に示す。

コラム　支払いシステム（会計システム）と実行予算

近年，経費縮減の観点から，電算処理による社内の会計帳票の作成や協力会社への支払い管理を行う会社が増えている。この場合，実行予算の内容を電算入力することがシステム運用の前提条件となるケースが多く，実行予算もシステムの構成に基づいて作成することが求められる。一般的に，このようなシステムでは工種別体系や要素別体系をアレンジしたものが多く，必ずしも積算体系とは合致しないことも多い。

一方，積算と実行予算との比較は原価管理を行う上で必要不可欠であることから，このようなシステムを利用するにあたっては，工種別体系や要素別体系で予算を作成し，それをシステムに合致させるようにアレンジし，両者に対応できるような手法が望まれる。

I 解説編

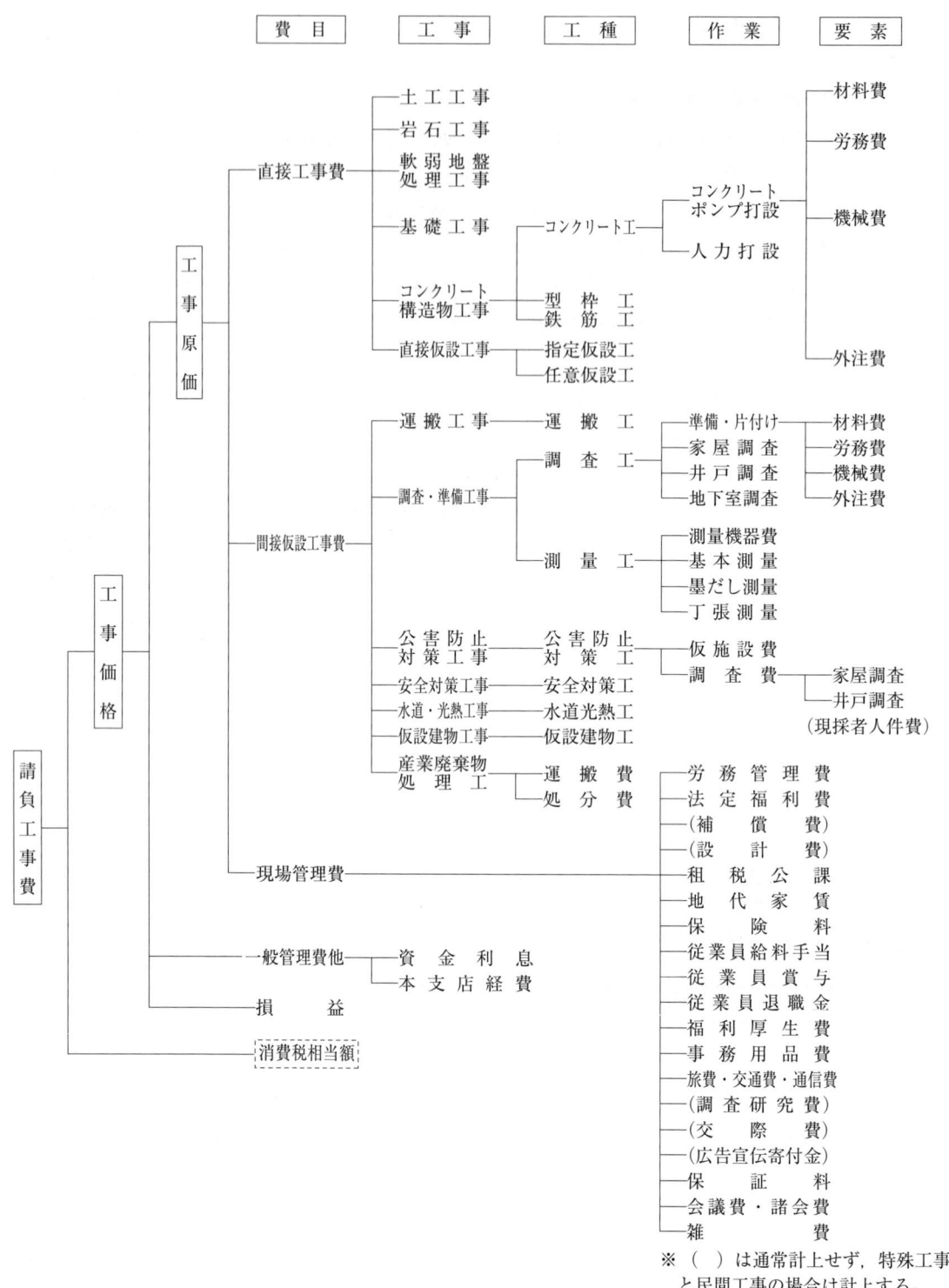

〔図2-2〕 実行予算工種別体系の一例

第2章 実行予算作成の基本

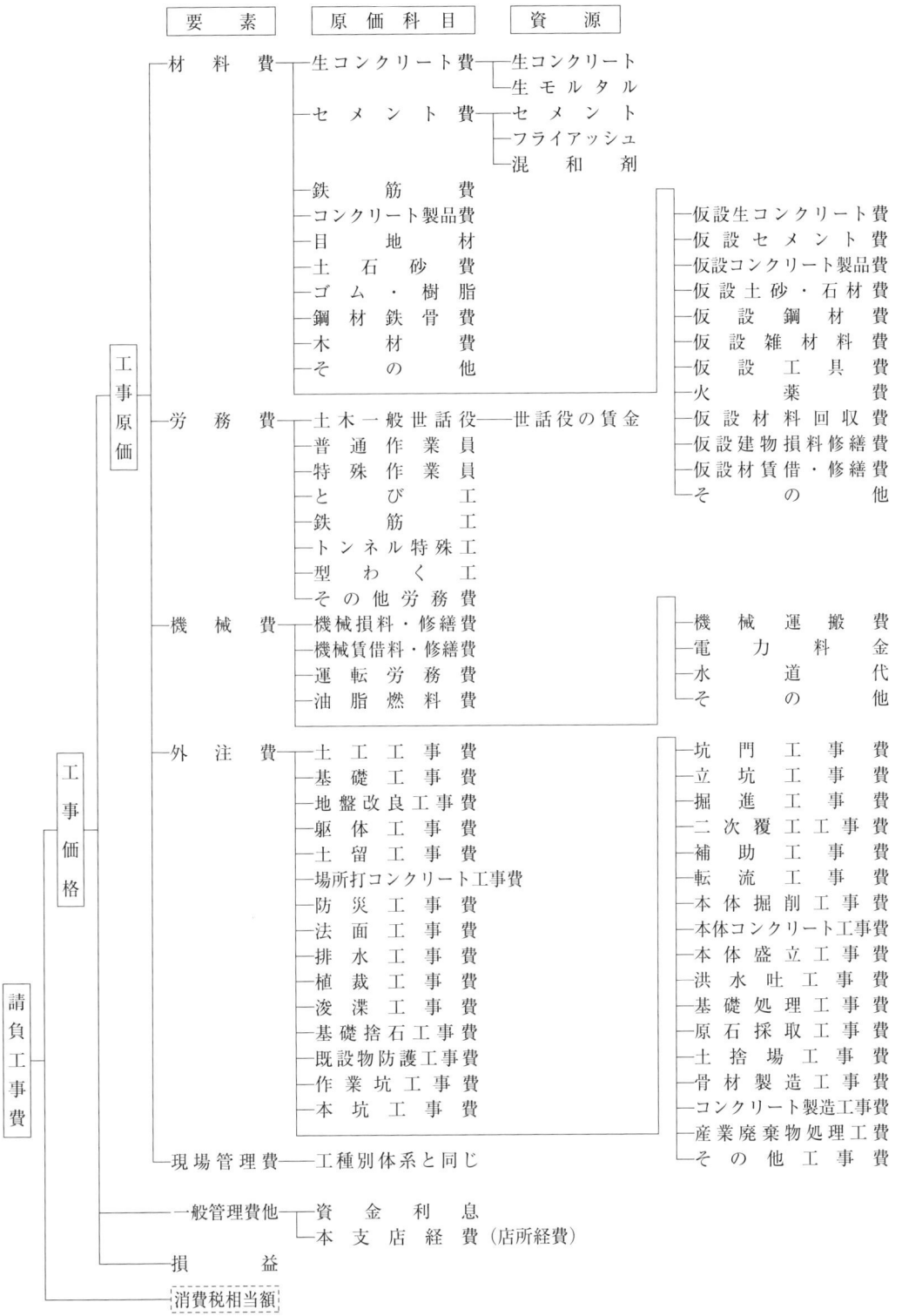

〔図2-3〕 実行予算要素別体系の一例

Ⅰ 解説編

〔表2-2〕 完成工事原価報告書の内容

科　　　目	摘　　　　　　　　　　　　　　　要
材　料　費	工事のために直接購入した素材，半製品，製品，材料貯蔵品勘定等から振り替えられた材料費（仮設材料の損耗額等を含む）。
労　務　費	工事に従事した直接雇用の作業員に対する賃金，給料手当等。工種，工程別等の完成を約する契約であって，その大部分が労務費であるものは，労務費に含めて記載することができる。
外　注　費	工種・工程別等の工事について，素材，半製品，製品等を作業とともに提供し，これを完成することを約する契約に基づく支払額。ただし，労務費に含めたものを除く。
経　　　費	完成工事について発注し，又は負担すべき材料費，労務費及び外注費以外の費用で，動力用水光熱費，機械等経費，設計費，労務管理費，租税公課，地代家賃，保険料，従業員給料手当，退職金，法定福利費，福利厚生費，事務用品費，通信交通費，交際費，補償費，雑費，出張所等経費配賦額等をいう。 これらは工事ごとに直接把握もしくは配賦されるか，又は共通費として完成工事原価に一括配賦される。
（うち人件費）	経費のうち，従業員給料手当，退職金，法定福利費及び福利厚生費をいう。

2.2.2 体系の内容

　工事費の構成は，前述のように請負会社によって多少の差異はあるが，工事費を工事原価・一般管理費他・損益に分け，工事原価はさらに直接工事費・間接仮設工事費・現場管理費に分けている会社が多いようである。この直接工事費・間接仮設工事費・現場管理費・一般管理費他・損益を「費目」と称している。

(1) 費目等の区分

a 直接工事費

　直接工事は，工事目的物の築造，発注者が直接工事費として計上している作業を行うための費用で，その構造，仕様，数量等は発注者の設計図，仕様書，設計書等に明示されており，設計変更の対象となるものである。また，工事の死命を制するような重要な仮設として発注者が直接工事に準じてその構造を指定するいわゆる指定仮設及び請負者がその責任で定める任意仮設も，直接工事に含めて取り扱う場合もある。通常は撤去工を含む。

　直接工事費はいわゆる本工事であって，その工事の主体をなし，費用も工事費の大部分を占め，予算に及ぼす影響は大きく，その意義はきわめて重要である。

b 間接仮設工事費

　間接仮設工事は，工事目的物を築造するいわゆる本工事（直接工事）を施工するために必要な段取り準備工事であって，永久構造物でなく，本工事完成後は特殊な場合を除き，大部分は撤去されるものであるが，この設置と維持並びに撤去，片付け工事も含まれるものであ

る。
　　間接仮設工事は任意仮設で，発注者からの規制はなく，請負者独自の考え方で計画，段取りをしなければならず，また企業努力による合理的な仮設を行えば，工事のコストダウンにつながるものであるから請負者にとって特に重要である。
　c　現場管理費
　　工事を運営したり現場を管理するのに必要な費用で，前述の直接工事費・間接仮設工事費並びに後述の一般管理費他を除く間接的な費用である。
　　現場管理費の科目は完成工事原価報告書に定められている〔表2－2〕が，その分類定義は必ずしも明確ではなく，発注者間，請負者間で統一されていないのが現状である。
　d　一般管理費他
　　直接工事費・間接仮設工事費・現場管理費は，主として個々の工事を施工するために直接・間接に必要とされる費用であるが，営利を目的とする会社としてはそれだけの費用では経営が成り立っていかない。すなわち，工事とは直接関係なく，経営全般の管理運営上の経費が当然必要となってくる。これが一般管理費他である。
　　つまり，経営を維持するために必要な本支店の経常的な経費で，工事施工に伴って変動する現場管理費とは異なり，経営規模あるいは経営内容等によって定まる固定的な経費である。
　e　損　益
　　請負会社が経営を維持・継続・発展させていくために必要な費用で，換言すれば，利潤を確保することによって会社が発展し，それによって社会に貢献するものである。
　f　消費税相当額
　　工事価格の10%を消費税相当額としてここに計上する（請負金額に10%を計上するのではないので注意すること）。

(2) 工事・工種・作業の設定と作業数量の集計

　工事施工にあたり，〔図2－2〕の工種別体系例のように，契約書類，現地調査結果並びに詳細施工計画から，施工管理，発注者との協議，調達等に適用しやすいように，工事→工種→作業に分類し，「工事体系図」を作る必要がある。
　この体系図により，工種・作業の重複・脱落をチェックし，実行予算編成における作業単価内訳を作成すべき作業を明確にすることができる。そして，これらの作業について「作業数量集計表」を作成し，それぞれの作業数量を明確にしておくことが大切である。
　実行予算編成作業では，「作業単価内訳」作成のために多くの労力を要するので，この労力を軽減し，最小限にとどめる必要があり，積上げ作業で起こりがちな作業数量の計上洩れや重複計上を未然に防止するためのチェックのねらいもある。
　〔表2－3〕に作業数量集計表の一例を示す（主要工種・作業について示している）。

Ⅰ 解説編

〔表2-3〕 ○○盛土及び土留め擁壁工事作業数量集計表(直接工事)

作業 \ 工種	単位	盛土工事	土留め擁壁工事
場内切盛土	㎥	20,000	
客土積込運搬	〃	95,000	
客土敷均し締固め	〃	86,360	
構造物掘削	〃		924
基礎砕石	〃		123
均しコンクリート	〃		60
コンクリート	〃		402
型枠	㎡		1,710
鉄筋	t		32
足場	掛㎡		1,560
裏込砕石	㎥		207

(3) 要素の区分

すでに述べたように,完成工事原価報告書では,いわゆる4要素(材料費・労務費・外注費・経費)で表示することになっており,実行予算の編成においても同様である。

  a 材料費

工事目的物の全部,もしくは一部となる構造・仕上材料及び工事の段取り・準備等の補助手段としての材料の購入費で,構造・仕上材料は一般に現場搬入の運賃を含み,仮設材料は購入費・賃借料・修理費並びに減失費等を計上する。

  b 労務費

下請負契約による協力会社(下請負者)の施工によらず,元請負者が作業員を直接雇用し,その作業員で施工した場合の作業員に対する賃金・給与の支払額で,現物給与を含む。

  c 外注費

下請負契約等に基づき,協力会社(下請負者)・専門工事業者・商社等に支払う費用をいい,材料(製品を含む)を作業と共に元請負者に提供し,これを完成することを約束した契約支払額である。

  d 機械費

工事に使用する元請負者社有機械の損料,元請負者が直接社外から調達する機械等の賃借料及び運転,維持管理に要する費用である。

  e 現場管理費 (前項(1)-c)
  f 一般管理費他 (前項(1)-d)

(4) 原価科目

前述の6要素の原価単位で仕訳された工事原価を,原価科目によってさらに細かく仕訳する。その主目的は,原価管理のためであるが,交際費や寄付金等,税務上必要な金額の集計目的という側面もある。

未完成工事の原価は，財務会計上「未完成工事支出金」という勘定科目（簿記は企業活動に伴って発生する会計事実を記録していく技術であるが，会計事実は一定の項目に分類して整理する必要があり，この分類を勘定科目という）で計算される。

　原価会計では，未完成工事を原価単位で仕訳して工事別の原価を計算するが，さらに工事別原価を原価管理目的に細分類するのが原価科目である。原価科目は未完成工事支出金という勘定科目の細目という位置づけになる。その一例は〔図2－3〕のとおりである。

　a　材料費

　　材料費の原価科目は，例えばＲＣ杭，ヒューム管類などのコンクリート二次製品を「コンクリート製品費」というように，個々の材料（後述の「資源」）を分類・集約したものである。

　b　労務費

　　労務費の原価科目は，世話役・普通作業員のような職種名である。

　c　外注費

　　外注費の原価科目は，土工工事費・基礎工事費のように，協力会社（下請負者）に発注する同種類の工種作業を原価管理目的に種別する（工種別体系にはない）。

　d　機械費

　　機械費の原価科目は，機械損料・修繕費のような内訳である。

　e　現場管理費

　　現場管理費の原価科目は，その内訳科目そのものである（工種別体系と同一）。

　f　一般管理費他

　　一般管理費他の原価科目は，資金利息・会社経費である（工種別体系と同一）。

(5)　資源

　材料費・労務費・外注費・機械費の各要素を構成する内訳，すなわち材料費における生コンクリート，労務費における普通作業員，機械費における機械損料，外注費における前3者同様の内訳などの要素を構成する基本成分の単体を「資源」と称している。これは工種別・要素別各体系によって原価科目になったり，資源になったりすることがある。

Ⅰ 解説編

2.3 実行予算の作成手順

実行予算の作成手順を示すと〔図2-4〕のとおりである。また，工事の流れにおける管理のサイクルとしての位置づけを示すと〔図2-5〕のようになる。

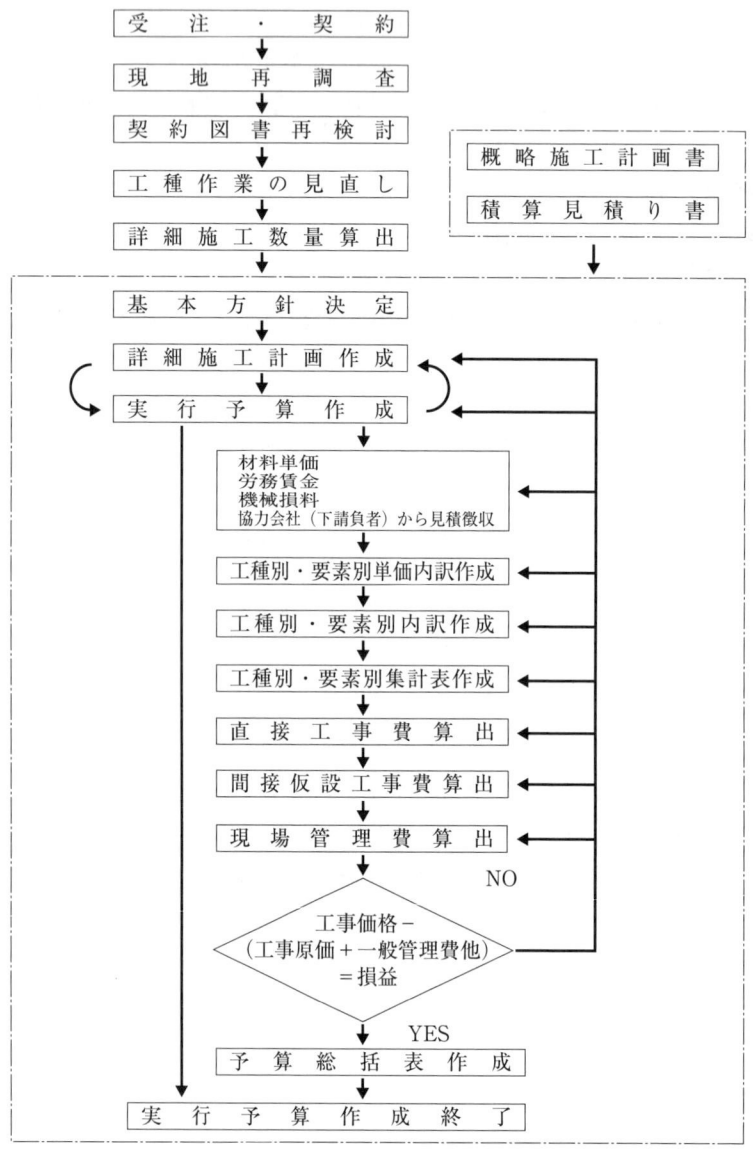

〔図2-4〕 実行予算のフローチャート

第2章　実行予算作成の基本

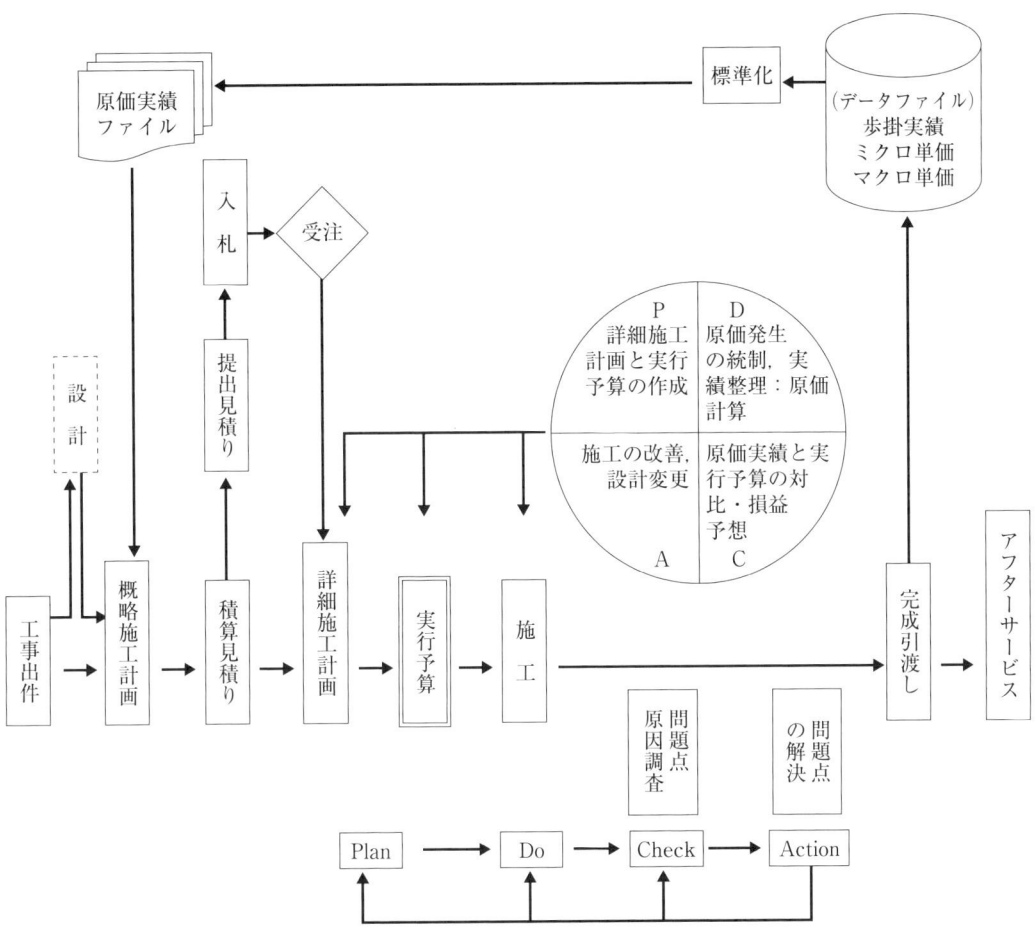

〔図2-5〕　工事の流れにおける実行予算の位置づけ

I 解説編

次に，実行予算の工種別・要素別分類と構成の一例を〔図2－6〕に示す。

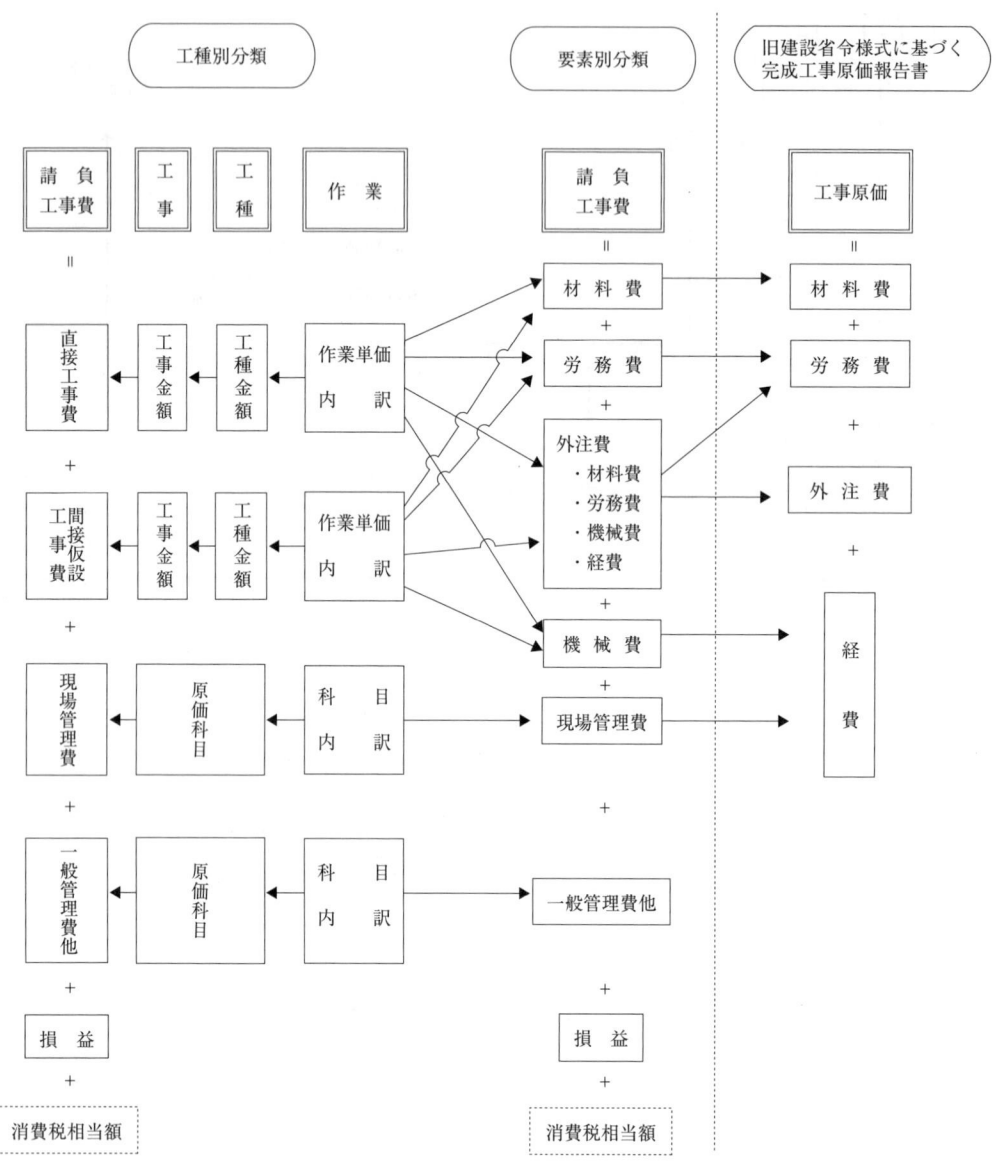

〔図2－6〕 工種別・要素別分類と構成の関係一例

2.4 実行予算作成における組織上の留意点

実行予算の機能（「☞P-5「1.3 実行予算の機能（役割）」」）が十分発揮されるような予算を作成するためには次のような事項が必要となる。

(1) **最大限の利潤を計上するよう作成する**

　企業が継続的に発展し社業を通じて社会に貢献していくためには，適正な利潤をあげることが不可欠である。発注者の予定価格も，逼迫する財政等を背景としてますます厳しくなり，コスト意識が低い内容の実行予算では利益を出すことが困難になってきた。なお一層の企業努力により，省力化・合理化・機械化を考え，安全施工に努め，所要品質を確保しつつコストダウンできる項目を見つけ出し実行予算の作成，試行を繰り返して利潤を捻出する努力が必要である。

　また，大略の損益率は積算見積りの段階で大方目安がついているが，実行予算作成時にはその損益を上回る目標を設定して，自己に厳しい予算を作成するようにすべきである。

　1.4項で述べたように，実行予算は最終責任権限者（又はその代理人）の承認した損益（実行予算損益）を確保することにより策定は終了するが，さらに達成可能と考えられる高い目標値（目標損益）を設定し，努力目標としてそれに向かって全力を投入し，損益の向上に一層努めなければならない。

(2) **可能な限り早期作成に努める**

　実行予算は工事施工の管理・運営にあたっての羅針盤であり，現場における調達・発注者の基準であることから，工事契約後できるだけ早い時期に作成し，承認を得て実施しなければ工事管理の指針にならない。短い工期の工事などで，工事の終了間際になって作成される向きもあるが，それでは何の役にも立たない。一般的には，請負金額の多寡や，請負者の方針により異なるが，契約後1～3か月以内に作成することを義務づけている会社が多いようである。契約後の1～3か月は現場にとって最も多忙な時期であるが，手際よく早期に作成するようにしなければならない。

　実行予算が作成されるまでは，積算見積書にある掛率を乗じて実行予算書の代用として取り扱う場合があるが，それには積算見積書の体系を実行予算書の体系と同一にして，その内容が整備されている必要がある。しかし，何よりも代用品ではない実行予算の早期作成が肝要である。

(3) **原価管理・施工実績の収集整理・同種工事へのフィードバック等が容易にできるよう編成する**

　実行予算書は，工事施工管理・運営にあたっての羅針盤であるので，現場のすべての調達発注の基準を示し，工事の進捗に伴い定期的に最終損益を予測する原価管理も実行予算書を基準として，実績と対比分析されるのである。また，工事中・完成後，工事原価計算書を作成し

Ⅰ 解説編

て，工事実績を集成し，フィードバックするためには，「工事完了報告書」等を作成する必要がある。「工事完了報告書」等は実行予算の体系と同一の体系により分類し，わかりやすく運用しやすいように作成する。

2.5 管理部署の実行予算との関わり

実行予算を取り扱う管理部署での留意点は次のとおりである。

(1) 「実行予算作成マニュアル（手引き）」等の整備

マニュアル等の社内標準を作成して社員に配付・周知して共通認識を持つとともに，コスト意識向上の一助とすべきである。その内容は業務実態に合致したもので，現場経験が浅い者でも理解・運用しやすいものでなければならない。

またマニュアル等に基づく社内教育を実施し，全社的な利益向上の取組に結びつけることも必要となる。

(2) 早期作成の促進

実行予算は早期に作成しなければ適切な現場管理・運営ができないので，作成期日を定め，その期間内に必ず作成するよう現場を指導・指示することが求められる。そのためには，工事規模等に応じて作成期間を社内でルール化することも必要である。また，場合によっては管理部署は支援のための具体策を考慮しなければならない。

(3) 予算書の内容審査

作成提出された実行予算は，詳細施工計画とともにあらかじめ定められた社内審査基準によってその内容をよく審議・検討することが必要である。コストダウン可能と考えられる箇所は受審側に対してその内容を具体的に示し，受審側・審査部署が納得できるものとし，一方的な強制は慎まなければならない。また，予算計上洩れ等については増額する等，適正な工事原価になるようにすることも必要である。また，予算損益の確保に努めるよう指導することは当然であるが，指示利益を定めてコストダウン意識を向上させ，やる気を起こさせることが大切である。

管理部署における審査は早く行い，承認者の承認後，現場に速やかに通知し施工管理指針として利用できるようにすることが大事である。

(4) 運用状況の把握

審査済み実行予算が工事運営管理に適切に運用されているかどうかを，原価管理報告書等により期間を定め定期的に把握する必要がある。もし工事内容が設計変更や追加工事等によって大幅に変わる場合等には，修正実行予算を作成するように現場に指示する必要がある。

第3章　施工計画と実行予算

3.1　コストサイクルと実行予算

　建設工事におけるコストの流れ（サイクル）は〔図3－1〕のようになり，計画→実施→検討→処置の循環活動が最も効果的である。

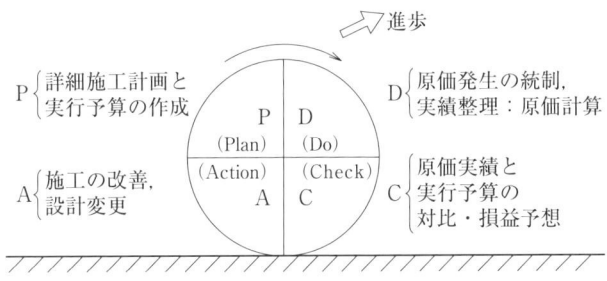

〔図3－1〕　建設工事におけるコストのサイクル

① 計画（Plan）　　——工事目的物を安全に，良く，早く，安く造るための計画を立てる
② 実施（Do）　　　——計画に基づき工事を実施する
③ 検討（Check）　——工事が計画どおり行われているか検討する
④ 処置（Action）　——工事の結果，計画との間にずれがある場合は改善する

　この計画→実施→検討→処置のサイクル（デミングサークルという）が絶えず連続的に反復進行すれば，施工管理・コスト管理の向上につながる。

3.2　各施工計画と実行予算

3.2.1　概略及び詳細施工計画

　入札参加者が工事の入札にのぞむ場合は，事前に発注者から受領した設計書類や入札説明資料などを基に，可能な限りの各種調査・資料収集，協力会社の協力を得て，その時点で考えられる最適な施工計画（この時点で立案する計画を概略施工計画という）を立案し，それを基に当該工事を受注するのに必要な金額を算出するための積算見積り及び提出見積りをして，工事入札に参加（応札）する。
　請負者が入札によって落札したら，発注者と工事請負契約を取り交わし，その後本格的な工事

Ⅰ　解　説　編

の総合的な準備を開始することになる。

　工事請負契約後は，発注者・請負者が当該工事に対して共通の認識を持つため，発注者の要求事項の確認，必要資料の提供・受領，請負者の要望・提出書類の確認等，工事着手に向けての準備作業が行われ，これを終えて請負者は本格的な施工のための詳細施工計画を立案・作成するのである。

　詳細施工計画は，入札前に立案した概略施工計画を参考とし，再度現地を詳細にわたって調査するとともに契約図書（契約書＋設計図書）をよく把握・確認し，細部にわたり具体的に計画を立てなければならない。

　また，この詳細施工計画をもとに実行予算を早期に作成し，これを基準として工事に必要な資源の調達・工程管理・出来高管理を実施しなければならない。

　実行予算の構成は，実際の発注にあった要素区分，原価管理並びに社内の経理処理等が容易に行えるよう，「積算見積り」を組み替える必要がある。また，資源単価，協力会社への発注形態・発注金額等を適正なものとしたものでなければ，予期した利潤の確保は困難となってくる。したがって，その作成にあたっては高い原価低減意識，細心な見積り技術・判断力等が必要である。

(1)　施工計画の意義

　施工計画とは，発注者の要求する製品（施設物）を「良く（品質），早く（工程），安く（原価），安全に（安全），環境問題を最大限考慮して（環境）」という五つの目標を調和させて工事を遂行できるように，人又は労力（Men），材料（Materials），機械（Machines），方法（Methods），資金（Money）の五つの生産手段（5 M）から利用できるすべてを選定・組み合わせて，最適と考えられる具体的な施工の方法・手順を決める作業である。

　土木工事においては，施工計画を基にして「この仕事はこの請負金額の範囲内で，どれだけの予算を使って施工したら良い製品と適正な利潤をあげられるか」という実行予算が作成できるのである。請負者は自らの技術，経験とリスクを考慮して最適な計画を立案し，この中から適正な利潤を生み出していかなければならない。

　現状にマッチした施工計画を作成することが適正な実行予算作成の前提となる。それには事前における十分な検討が重要である。実行予算と施工計画，この2つは車の両輪に例えられ，切り離され独立して存在するものではない〔図3－2〕。

　設計図，仕様書等には，完成される構造物の形状・寸法・品質等が示されているが，これをどのようにして造り上げるかという，施工方法及びそのプロセスについては一般に指示されていない。ことに，本体工事を施工するための仮設工事等については，一部は指定仮設として取り扱われ，仕様書で規定されているが，大部分は任意仮設として，発注者の承諾を必要とするものの，請負者自らが責任を持って施工しなければならない。

(2)　詳細施工計画と実行予算の関係

　詳細施工計画の要点は，その工事（工種・作業）をどのような施工条件の下で，どのような

第3章　施工計画と実行予算

施工方法を用いた場合に，いかなる材料，いかなるチーム（労力），いかなる機械を使用して施工すれば，どれだけの工程（時間，日数）が必要となるかを計画することである。そして，それに対してどれだけの金額が必要かを明らかにするのが実行予算の編成である。すなわち施工計画の利益面に関する妥当性を示すものが実行予算と言うことができる。この関係を〔図3－2〕に示す。

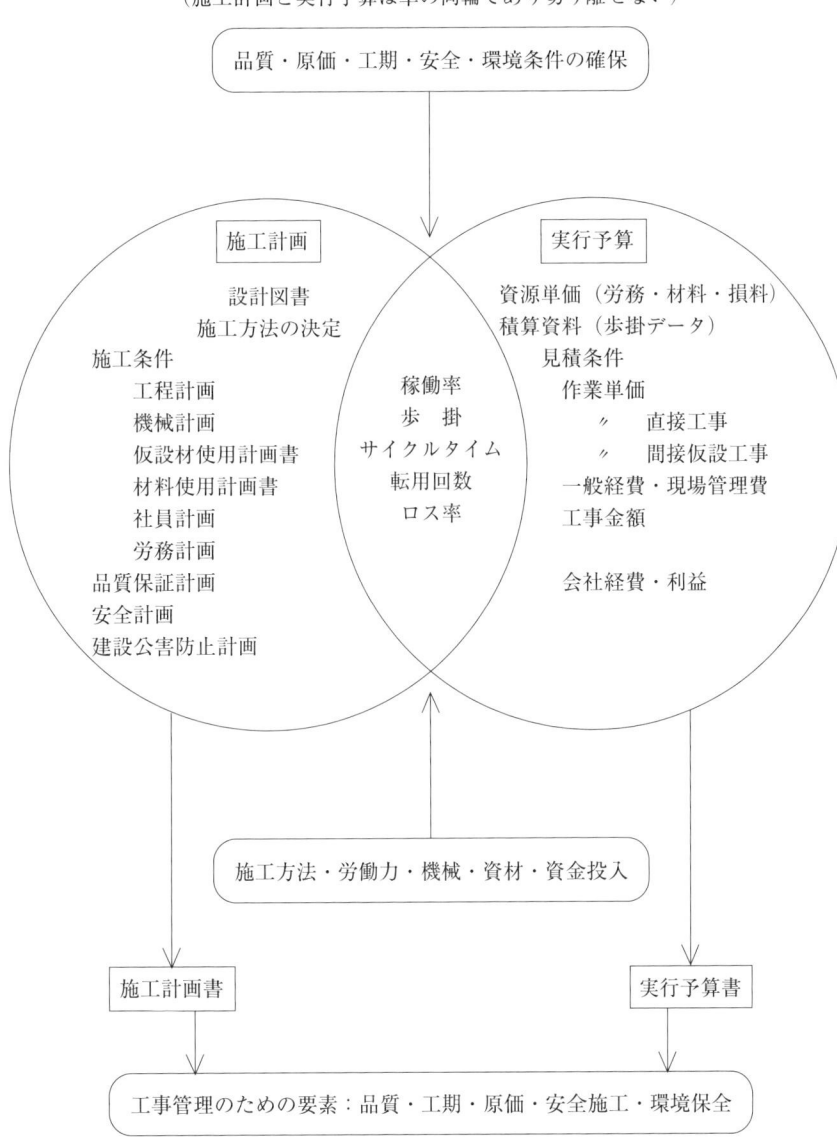

〔図3－2〕　施工計画と実行予算の関係

Ⅰ 解説編

　詳細施工計画と実行予算の中核（コア）は，端的に述べると妥当な「1日当たりの生産高」を算定することである。詳細施工計画と実行予算とのつながりを〔図3－3〕に示す。

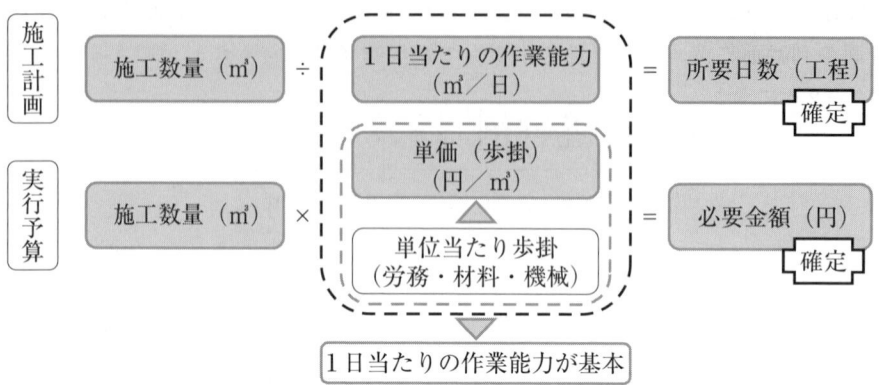

（例）コンクリート工の場合（m³／日）

〔図3－3〕 施工計画と実行予算とのつながり

　この観点から言えば，詳細施工計画はある工種の「1日当たりの生産高」を確保するためには，どのような方法，手順で施工すればよいのかという計画と言える。また，その工種全体の「施工数量」を「1日当たりの生産高」で除することにより，その工種の「所要日数」が算出でき，それを組み合わせることによって「工程」を決めることができる。

　一方，実行予算においては，「1日当たりの生産高」をあげるために必要な「1日当たり所要資源量（前述の材料・チーム・機械からなる）」を「1日当たりの生産高」で除することにより，「単位当たりの所要資源量（歩掛）」が求められ，それに「資源単価」を乗ずることで，「単位当たりの金額（単価）」を算定し，さらには，これに「施工数量」を乗ずることによって「工事原価」を算出することができる。

　よく，「段取り八分」と言われるが，一品現地生産である土木工事では特に，「段取り，すなわち施工計画」が重要となる。もし別の担当者によって別個に実行予算を作成した場合には，当然実行予算に差が出るが，それは物価・賃金等の差よりも，詳細施工計画の差によって生ずるものである。

　また「実行予算を見れば施工計画がわかる」とも言われるのは，このようなつながりを背景としているからであり，実行予算を作成するにあたっては必要不可欠な視点となる。

(3)　1日当たりの生産高および歩掛の把握

　以上のように「1日当たりの生産高」は施工計画と実行予算作成上重要であり，この決定は「土木工事標準積算基準書」や「経験値」から算出することが多い。しかしながら「1日当たりの生産高」は，例えば機械施工の場合は機械の性能や台数等によっても異なる。そこで，標準的な機械1台が1日当たりどの程度の作業を行えるかを事前に把握しておくことが必要となる。あるいはこれを換算し，単位数量（または100m³等の一定数量）を1日で施工するのに必

要な台数，すなわち「歩掛」として把握しておく場合もある。

したがって，これら「1日当たりの生産高」や歩掛は，施工計画や実行予算作成にあたってから算定するのではなく，常日頃の作業を通して事前に具備しておくべきものである。つまり，施工計画や実行予算作成の準備作業ともいうべき事項であり，土木工事に従事するにあたっては，常に心掛けておくべき事項と言える。このことは土木工事が「経験工学」と言われる所以でもある。

一方，経験には限界もあり，すべての工種を経験し，「1日当たりの生産高」や歩掛として把握することは不可能に近い。そこで，未経験の工種については経験者からの聞き取りや，自分で経験した工種からの類推によって定める場合もあるが，積算基準の考え方を応用し，これにかえることも有効な方法である。

また，P-7「1.4 実行予算と積算，見積りとの違い」のコラムで述べたように，作成者の経験に基づくことから「実行予算は誰が行っても違う結果」となり，標準的な予算について，経験値に基づき述べることは困難となる。そこで，本書では「土木工事標準積算基準書」に記載の積算基準の考え方を応用して「1日当たりの生産高」や歩掛を定める手法で論を進めていくが，積算基準を応用した場合の数値は標準的なものとなるため，実際の作成にあたっては同じような工種での経験値を参考にして換算することが必要となる。

(4) 詳細計画作成の手順

詳細施工計画作成プロセスに従ってその内容と手順を〔図3-4〕に示す。

Ⅰ 解 説 編

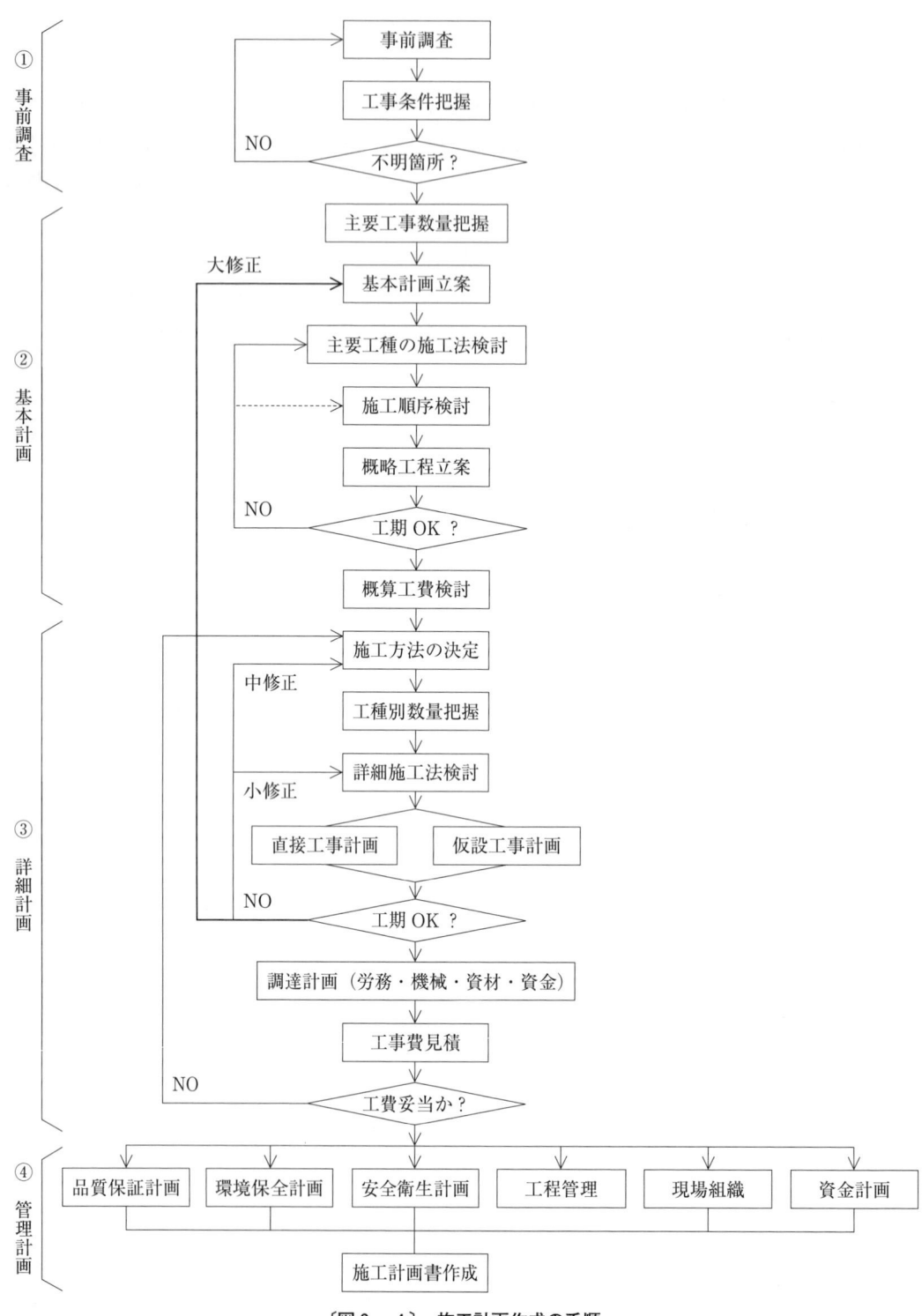

〔図3－4〕 施工計画作成の手順

(5) 詳細施工計画作成での留意事項

詳細施工計画作成における留意事項は次のとおりである。

① これまでに蓄積された工法・実績も大切であるが、絶えず改善・改良を試み、新工法・新技術を取り入れる姿勢でのぞむ。

② 製品の質を高めるために、良い品質を計画段階から作り出せるように考え、同時に安全施工を基本とした計画とする。

③ 過去の実績だけを参考にして作成した計画は消極的で小規模なものになりやすく、新工法・新技術は内容・費用等をよく検討し、全体のバランスを考えた計画とする。

④ 作成された施工計画(案)は一工事担当者のみで実施することなく、会社内組織を利用し、会社を挙げて高いレベルで効果的に行う。

⑤ 発注者工程は必ずしも最も適正であるとはいえない場合もあるので、そのときには示された工期の枠内で、なお一層合理的な工程を求めることも重要である。

⑥ 一つの計画だけでなくいくつかの代替案を作成し、見積り時の概略計画なども参考として経済比較を実施し、最良な計画を採用する。

⑦ 施工計画作成時点で詳細に検討することができなかったものは何か、また施工上の問題点等が未解決の場合には、必ず施工計画書上で明確にし、当該工種の施工までにはそれを解決する。

⑧ 品質保証計画では特に5W1H(誰が(Who)、何を(What)、どこで(Where)、いつ(When)、なぜ(Why)、どのように(How))を明確にしておく。

コラム　見積り時の施工計画との整合性

積算見積りも施工計画に基づいて作成されるが、この時点においては事前調査を十分に行うことは難しい場合が多い。したがって、実行予算作成時には積算見積り時の施工計画を見直しつつ、新たな施工計画を立案しなければならない。

ただし、それぞれの施工計画を単に別々に立案するのではなく、実行予算作成時に見直した施工計画を積算見積りにフィードバックすることが大事で、この作業を繰り返すことで積算見積り時の施工計画の妥当性向上、ひいては積算見積りの精度向上にもつながる。

Ⅰ 解説編

3.2.2 事前調査

(1) 事前調査の目的

　土木工事は1.2項で述べたように一品生産・現地生産の産業であり，すべてが新しい場所に新しい施設物を築造するもので全く同じものは生産されない。即地性に支配されるので工事ごとに異なる施工条件の下に施工される。土木工事には工期の長いもの（数年にわたる）も多く，その間には自然条件や経済情勢が変化することも考えられ，いわゆるアンノウンファクター（不確実な事象）が非常に多く存在する。このようななかで，最も適正な施工計画を作成するために，今まで説明した諸条件やアンノウンファクターをできるだけはっきり予測し，実状を正しくつかんでそれを計画に反映させる。また，工事目的物の品質確保および円滑な事業執行を目的として，工事着手前等に発注者（設計担当・工事担当），設計者（設計受注者），施工者（工事受注者）の三者による「三者会議」も実施することから，設計思想の伝達および情報共有を図ることも加味して事前調査を行う。

　事前調査が不十分なために工事が失敗した例は少なくない。事前調査を十分に行い，問題点を検討するかどうかが施工計画を，結局は工事を成功させるポイントとなる。

　なお，現地詳細調査には，契約条件の調査と現場条件の調査とがある。

(2) 契約条件の調査

　工事内容を十分把握し，当該工事に対する発注者の意図を正確に理解するとともに，施工を規制する法規や条令等を机上で調査するために，契約書類を詳細に検討する必要がある。また，発注者が期待している品質や設計段階で仮定している条件を明確にし理解するために，発注者と打合せを行うことが必要になることもある。契約図書の構成を〔図3－5〕に示す。

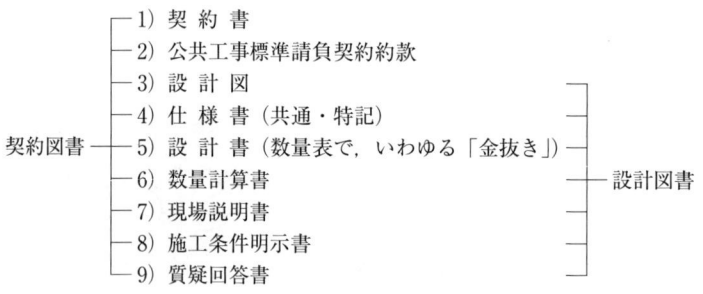

〔図3－5〕 契約図書の構成

(3) 現場条件の調査

　現場条件の調査は，施工計画を立案するうえで非常に重要度の高い調査項目の一つであり，そのために有効かつ必要で十分な調査項目を落ちなく選定して行わなければならない。調査項目が多いので脱落・重複等を防止する目的で，〔表3－1〕のようなチェックリストを作成し

第3章 施工計画と実行予算

〔表3-1〕 現場条件調査項目チェックリスト一例

大分類	小分類	調査項目
自然条件	地 形	地表勾配，高低差（切取高），排水状況，危険防止箇所，土取場・土捨場・骨材採取場・骨材山・原石山・材料貯蔵場等の状況等，設計図書との相違
	地（土）質	粒度，締固め特性，自然含水比，硬さ，混有物，岩質亀裂，断層，地すべり地層，落石，堆積層，地盤の強さ，支持力，トラフィカビリティ，地下水，伏流水，湧水，既存の資料，柱状図，近接地の例，酸欠，有毒ガス，古老の意見等，施工上の難点・問題点
	気 象	降雨量，降雨日数，降雪開始時期，積雪量，融雪期，気温，湿度，風，日照，台風，霧，凍上等，施工上の悪条件
	水 文	水深，各季節ごと（梅雨期，台風期，冬期，融雪期）の低水位と高水位，平水位，洪水（洪水位，洪水量，危険水位，出水時間，頻度等について過去の記録を調査，また本川から支川への逆流，湛水時間，排水ポンプ能力），流速，潮位の河川への影響など
	海 象	波浪，干満差，最高最低潮位，干満時の流速等
	その他	天災地変の生起確率（地震火災，地すべり，洪水，台風，暴風，噴火等），地元の聞込み等
近隣環境・工事公害・支障物件		現場周辺の状況，近隣の民家密集度 配慮を要する近隣施設（病院，学校，保育所，図書館，老人ホーム，水道水源，養漁場，酒造会社等），近隣構造物，井戸・池等の状況 地下埋設物（通信，電力，ガス，上下水道，排水路，用水路等），地上障害物（送電線，通信線，索道，電柱，鉄塔，やぐら等），交通問題（交通量，定期バスの有無と回数，通学路の有無，祭礼行事，回り道等） 公害問題（騒音，振動，煙，ごみ，ほこり，悪臭，取水排水，濁水処理，産業廃棄物，土砂流入等が近隣に与える影響） 作業時間・作業日に対する制限，近隣住民感情等相隣関係（公害問題以外に掘削による近隣補償，耕地の路荒し及び樹木の伐採補償，土地及び排水の流水等）等
資機材	現地天然工事用材	品質・産地・数量・納期・加工処理の必要有無・価格（コンクリート用骨材，石材，埋戻材，客土，木材，工事用水等について）等
	現地調達資機材	品質・調達先・数量・納期・価格・リース単価（建設機械，工器具，部品，修理整備費，削岩ロッド・ビット，火薬類，燃料油脂類，木製品，形鋼，鋼板，鉄筋，鋼管，ビニール管，アスファルト・タール製品，セメント，混和材，生コンクリート，コンクリート二次製品，仮設用材，プレハブ製品，電気機器・設備機器・部品等について）等，特別注文品の納期・代替品採用の適否等
輸送・通信・電力・用水・用地	輸 送	鉄道・航路・道路の状況，荷役設備，最寄駅，港湾，空港，トンネル・橋梁・カーブ等による通行制限，吃水，閘門，運賃及び手数料等
	現場進入路	進入路の現状（幅員，カーブ，舗装，橋梁，踏切，ガード，架空線，地下埋設物等），拡幅・改修・補強などの必要有無，所要新設施設等
	通 信	郵便，電話，電信，無線等
	電力・用水	受電可能有無，受電場所，容量，電圧，周波数，使用可能時期，電力以外の動力の必要性，工事用水（水道か井戸か地表水か，水量，場所，水質，取水設備，既得取水者，料金）等
	用 地	発注者による工事用地の確保状況，工事基地，事務所・宿舎等の敷地，占用・借地の条件，借地料，借家料等
労務・下請	労 働 力	供給基盤，地元募集可能人員，他地方からの移入可能人員，農繁期の就労可能人員，女性労働力，作業員の熟練度，歩掛，賃金（標準賃金，割増手当，支払方法），労働時間，休日，通勤時間・方法等，法定福利（労災保険，雇用保険，社会保険等）
	地元現地協力会社	会社名，所在地，資本金，代表者名，資格，能力，技術，信用，所有資金，保有機器，営業工種，受注先，受注単価等
既設施設		既設の修理施設，給油所，各種商店，機材リース会社，運送会社，発注者事務所，監督官庁，警察署，消防署，電力会社，電話・通信会社，労働基準監督署，郵便局，銀行，保健所，病院等
法規慣習利権		第三者災害・公害防止・環境保全等についての規制，条例，許可・認可・免許，地方税・各種占用料，各種指導要綱，水利権・漁業権・鉱業権・採取権・土捨権等
関連工事		将来の追加工事の可能性，設計変更の可能性のある箇所，付帯工事，関連別途工事，隣接している他業者の施工工事，他業者の既設施設等

Ⅰ 解説編

ておくと便利である。また，できるだけ既存のデータの入手に努め，十分研究することが大切である。なお，実際と仮定とが混同することを防止するために，収集した資料の出所・期日・内容のレベルをコメントしておくことが望ましい。

現場条件調査の重要項目は，次のとおりである。
① 地形，地質，土質（地下水の現状含む）
② 施工に関係のある水文（水の循環）・気象
③ 施工法，施工機械の現場との適合性
④ 動力，工事用水の入手
⑤ 近隣環境と合意形成，工事公害，第三者（工事に直接関係のない者）に与える損害
⑥ 機材の供給源とその価格及び運搬路
⑦ 労働力の供給，協力会社，作業環境，労務賃金水準
⑧ 用地の確保

(4) 設計照査

請負者は，契約条件や現場条件の調査を行う過程で以下のような事項が判明した場合は，発注者監督職員に通知し，その確認を請求しなければならない（工事請負契約書第18条［条件変更等］）。これは施工前だけでなく施工中においても適用され，「設計照査」と呼ばれる。「設計照査」は請負契約上，受注者側の義務となっている。

① 図面，仕様書，現場説明書及び現場説明に対する質問回答書が一致しないこと（これらの優先順位が定められている場合を除く）
② 設計図書に誤謬又は脱漏があること
③ 設計図書の表示が明確でないこと
④ 工事現場の形状，地質，湧水等の状態，施工上の制約等設計図書に示された自然的又は人為的な施工条件と実際の工事現場が一致しないこと
⑤ 設計図書で明示されていない施工条件について予期することのできない特別な状態が生じたこと

実行予算作成においては「設計照査」の結果を的確に反映させなければならない。「設計照査」の結果，設計変更となる場合は，原契約に沿った予算を作成し，変更契約を行った時点で変更予算を作成するのが一般的である。

第3章 施工計画と実行予算

 **「設計照査」の範囲を超えるような検討**

「設計照査」という名目で，請負者が過度の負担を要する検討を行わなければならない場合は，本来設計変更とすべきである。この場合の「過度の負担」については国土交通省各地方整備局の「設計変更ガイドライン」等に事例が記載されている。その一部について以下に示す。

・現地測量の結果，横断図を新たに作成する必要があるもの。又は縦断計画の見直しを伴う横断図の再作成が必要となるもの。
・構造物の載荷高さが変更となり，構造計算の再計算が必要となるもの。
・構造物の構造計算書の計算結果が設計図と違う場合の構造計算の再計算及び図面作成が必要となるもの。
・基礎杭が試験杭等により変更となる場合の構造計算及び図面作成。
・土留め等の構造計算において現地条件や施工条件が異なる場合の構造計算及び図面作成。
・「設計要領」，「各種示方書」等との対比設計。
・構造物の応力計算書の計算入力条件の確認や構造物の応力計算を伴う照査。

I 解説編

3.2.3 基本計画

(1) 基本計画の立案

基本計画では，まず事前調査の各項目を分析・整理し，いくつかの施工方法を選定する。ここで絞り込まれた主要工種施工法の代表案は，施工手順・組合せ機械の検討を経て，概略工程・概算工費の面から評価され，最も適正なものに絞り込まれることになる。

施工手順の検討に際しては，以下の点に留意して基本方針を決めていく。

① 全体工期・工費に影響を及ぼす重要な工種を優先して取り上げる（クリティカルパスを明確にする）。
② 施工条件のうちの施工の制約（環境・立地，部分工期等）を勘案して，材料・労働力・機械など工事資源の円滑な回転を図る。
③ 全体のバランスを考慮して過度の集中を防ぐ。
④ 熟練作業を要する職種においては作業環境・教育等を充実させるとともにプレキャスト化製品等の採用による効率化も検討する。
⑤ 全体工程による各工種の作業環境を把握し，最適な機械を経済性も考慮して配置できるように検討する。

(2) 工種作業の分類と工事数量の算出

契約書類のうちの設計図面，仕様書等に基づいて，工種作業に分類し工事数量の拾い出しを行わなければならない。

a 工種作業の分類

土木工事の工種作業の分類は，多岐多様にわたる工事種別を最適の方法で行わなければならない。

土木工事では，一般に発注者から工事数量の提示を受けることが多いが，その分類と数量の取りまとめ方はそれぞれの発注者ごとに特有の方法で集計されており，請負者の立場からは必ずしも施工計画・実行予算・調達・出来高管理・原価管理が行いやすく，便利なものであるとは限らない。

そこで，
・ 施工計画，積算見積り，実行予算，実績収集，原価管理等に共通して使用できるもの
・ 実用性を考え，あまり詳細多岐にわたらないもの
・ 分類の思想に一貫した基準のあるもの
・ 発注者の分類体系と基本的な整合性をもつもの（ある部分は集約し，ある部分は細分することもある）
・ 新工種・作業に対処できるように配慮されたもの

等の要件を満たすような工種分類に組み替えることが望ましい。〔図3－6〕に，道路工

事の分類体系の一例を示す。

```
〔費　目〕  〔工　事〕      〔工　種〕        〔作　業〕

                          ┌ 掘　削　工 ─┬ 土 砂 掘 削 (1)
                          │              └   〃       (2)
                          │             ┌ 流 用 土 路 体
              ┌ 道路土工工事┤ 路体盛土工 ─┤
              │           │              └ 発 生 土 路 体
              │           ├ 路床盛土工 ── 流 用 土 路 床
              │           ├ 法面整形工 ── 法 面 整 形
              │           └ 作業残土処理工 ─ 作 業 残 土 処 理
              │           ┌ 植　生　工 ── 野 芝 張 り
              │           │              ┌ 床　　　　堀
              │           ├ 作 業 土 工 ─┤ 基 面 整 正
              │           │              └ 埋　戻　し
 ┌ 直接工事費 ┤ 法 面 工 事│              ┌ 均しコンクリート
 │            │           │              ├ コ ン ク リ ー ト
 │            │           │              ├ 型　　枠　(1)
 │            │           │              ├ 型　　枠　(2)
 │            │           └ 現場打ち擁壁工┤ 足　　　　場
 │            │                          ├ 目 地 材
 │            │                          ├ 裏 込 め 砕 石
 │            │                          └ 水 抜 き パ イ プ
 │            │                          ┌ 工事用道路盛り土
 │            └ 直接仮設工事 ─ 工事用道路工┤ 敷　き　砕　石
請負工事費 ─┤                              └ 工事用道路補修
 ├ 間接仮設工事費（以下詳細省略）
 ├ 現場管理費　（　〃　）
 ├ 一般管理費他（　〃　）
 ├ 損　益
 └ 消費税相当額
```

〔図3－6〕　道路工事の分類一例

b　**工事数量の算出**

　　工種作業の分類ができたらそれに従って工事数量の算出を行う。近年は工事数量は発注者から契約時の資料のほかに設計資料（数量計算書も含む）も公表されることも多くある。小規模の直接工事や仮設工事の数量については示されない場合もあるから，その場合請負者は図面や仕様書等から拾い出さなければならない。提示された工事数量をチェックするとともに，工事内容をよく理解するためにも工事数量の算出は重要かつ意義のある業務である。

　　また，工事数量算出は複数の職員によって行われる場合もあるが，実行予算の作成者は責

Ⅰ 解説編

任をもって他者の算出内容をチェックしなければならない。異算した数量に基づいて作成された実行予算は妥当性を欠くだけでなく、その予算全体の信頼性をも損うことになるので、算出数量の確定は、慎重に行わなければならない。

工事数量の拾い出しにあたっての留意事項は次のとおりである。

① 実際の施工方法に即した工事数量を算出すること、つまり施工上必要な幅・長さ・高さ等を考慮した、いわば施工数量ということになる。
② 設計図書により算出方法に規制がある場合はそれぞれの基準による。
③ 設計図書における工事数量についても正確か、重複・脱落等はないかチェックする。また、算出基準はどのようになっているか等を理解する。
④ 「労働安全衛生規則」などの法規に準拠する。特に掘削勾配、足場、支保工等についての条項を理解しておく。
⑤ 対称構造物の半分拾い落し等がないように注意する。
⑥ 数量の割増しは積算見積りや実行予算作成のときに見込む。
⑦ 土工の数量算出は土の地山、ルーズ、締固め後の三状態の関係を理解し、どの状態で算出するかを明確にする。

(3) 概略工程の立案と概算工費の検討

工種作業の分類とそれによる施工数量を算出して、工事内容を十分に理解できたら、社内の衆智を集めて施工の基本方針を前述の考え方によって定める。小規模単純工事では一つの考え方で決まるが、一般的には数種の施工法を立案することが望ましい。

各案について工事の主要工種ごとの施工法を検討し、施工順序の検討を行って工事全体の概略工程を立案し概算工費を検討する。個々の手法については詳細計画と同一であるのでここでは省略する。

3.2.4 詳細計画

基本計画の段階で主要工種の施工法が検討され、施工順序、概略工程を立案して、それが工期面で妥当であり、概算工費を算定してみて最適の施工法であると評価されれば、はじめて詳細計画に着手することができる。

(1) 施工の基本方針の決定

主要工種を含めた全工事の基本方針、つまり工事を構成している工種ごとに、どの工種はどのような工法で施工するかという施工方法を決定し、それに従って詳細施工計画を立てる。

(2) 工程計画

工程計画は詳細施工計画の基本になるものであって施工計画そのものといっても過言ではな

い。工程計画はまず工種ごとに施工手順に従って，各作業数量を施工するのに必要な時間，日，月などを算出する。次に各作業の必要な時間の組合せと積上げを行い，全体工期内に全作業が終了するように各作業の調整を行う。具体的には，まず「作業可能日の算定」を行い，次に「機械施工・人力主体施工の日程計画」を定める。その上で，全体工期との整合性を図る「詳細工程計画」を行う。

a 作業可能日数の算定

作業可能日数の推定は施工計画の基本となる重要な事項の一つである。

作業可能日数は，暦日日数から定休日と作業不能日数を差し引いて求める。この作業不能日数には自然条件によるもののほかに設計変更による待ち，作業の段取り待ち，材料の供給待ち，発注者の指示待ちなどや，機械の整備，定期点検などによるものがある。この関係を〔図3－7〕に示す。

最近の工事では働き方改革による週休2日（4週8休）促進工事にも対応した，工程計画，機械設備容量，機械台数の決定など，施工計画の基本となる日程計画は，その対象とする作業について次の条件を満たしていなければならない。

$$稼働日1日当たり平均施工量 \geq \frac{工事数量}{作業可能日数}$$

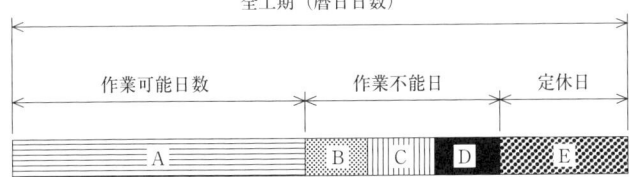

（注）A：稼働日数
B：機械の整備や定期点検等による作業不能日
C：段取替え・手待ちなどによる作業不能日
D：自然条件（雨休日等）による作業不能日
E：定休日

〔図3－7〕 暦日日数と稼働日の関係

最も推定の難しい自然条件による作業不能日数の算出にあたって考慮すべき事項は次のとおりである。

① 降水日数，降水量，降水日の分布，積雪日数等
② 風速，風向（最多風向）
③ 気温（最高・最低・平均），霜，凍結，濃霧，湿度
④ 日中時間（日出・日没時刻）
⑤ 河川の水位（低水位・平水位・高水位），流量
⑥ 潮位，潮流，波浪
⑦ 土質等

最近では，作業可能日数を推定する場合に，実働工期に休日と悪天候により作業ができない日数や雨休率が発注者より公表されることも多くなってきている。また発注者より公表されない場合には，作業ができない日数や雨休率を必要に応じて算出して全体工程へ反映する。ちなみに雨休率は以下の算定方法で行うのが一般的である。

I 解説編

$$雨休率＝\frac{休日数＋降雨・降雪等の日数－休日数と降雨・降雪等の日数のダブリ日数}{稼働可能日数}$$

稼働可能日数＝暦日数－(休日数＋降雨・降雪等の日数－休日数と降雨・降雪等の日数のダブリ日数)

この算定式の内容・条件を補足する。

① 休日数について

　土日，祝日，年末年始休暇および夏期休暇を休日数とする。なお，年末年始休暇は12月29日から1月3日までの6日間，夏期休暇は8月13日から15日の3日間とし，土日および祝日と重なる日は除く。

② 降雨・降雪等の日数（猛暑日日数を含む）

　雨量10mm／日以上の降雨・降雪日数と8時から17時までのWBGT値が31以上の時間を足し合わせた日数（小数第1位を四捨五入（整数止め）し，日数換算した日数）とし，過去5年間の気象庁及び環境省のデータより地域ごとの年間の平均発生日数を算出する。なお，その他に，工事を中止しなければならない気象条件（暴風等）における地域の実情を考慮してもよい。また，工種や施工時期（季節）に応じて設定してもよい。（※WBGT：暑さ指数（熱中症の危険度を判断する数値＝1：7：2＝乾球温度（気温）：湿球温度：黒玉温度（輻射熱の影響）））

・WBGT値31以上の時間数を集計し，日数換算する（日数＝WBGT31以上の時間数／8h）
＜例：●●県××市【使用データ】環境省のWBGT値[※2]（5か年分：2019年～2023年）

年	月	WBGT値31以上の時間数(h)	日数換算値（日）
2019	6		
	7	30.00	3.75
	8	24.00	3.00
	9		
計		54.00	**6.75**

年	月	WBGT値31以上の時間数(h)	日数換算値（日）
2021	6	1.00	0.13
	7	34.00	4.25
	8	53.00	6.63
	9	19.00	2.38
計		107.00	**13.38**

年	月	WBGT値31以上の時間数(h)	日数換算値（日）
2023	6		
	7	15.00	1.88
	8	59.00	7.38
	9		
計		74.00	**9.25**

年	月	WBGT値31以上の時間数(h)	日数換算値（日）
2020	6	1.00	0.13
	7	79.00	9.88
	8	71.00	8.88
	9	4.00	0.50
計		155.00	**19.38**

年	月	WBGT値31以上の時間数(h)	日数換算値（日）
2022	6		
	7	6.00	0.75
	8	72.00	9.00
	9	33.00	4.13
計		111.00	**13.88**

・日数換算値の年平均値を算出する
　　(6.75＋19.38＋13.38＋13.88＋9.25)／5 ＝12.53日　　← 猛暑日日数

注）猛暑日日数は，年ごとのWBGT値31以上の時間（8時～17時の間のデータを対象とする。）を日数換算し，平均した値（対象：5か年）

〔図3－8〕 WBGT値を使った猛暑日日数の計算例

③ 休日数と降雨・降雪等の日数のダブリ日数

次式で算出することとする。

$$休日と降雨・降雪等の日数のダブリ日数 = 降雨・降雪等の日数 \times \frac{休日数}{暦日数}$$

月		1月	2月	3月	4月	5月	6月	7月	8月	9月	10月	11月	12月	年
①暦日数		31	28	31	30	31	30	31	31	30	31	30	31	365
②降雨・降雪日数	降雨・降雪日数	1.6	1.6	4.0	5.0	3.6	4.8	6.0	4.2	4.6	4.2	2.2	1.6	43.4
	その他の日数													0
	計	1.6	1.6	4	5	3.6	4.8	6	4.2	4.6	4.2	2.2	1.6	43.4
③休日日数	土日	9	8	8	10	8	8	10	9	8	9	8	10	105
	祝日	2	0	1	0	3	0	1	1	1	1	2	0	12
	年末年始	1											1	2
	夏期休暇								2					2
	計	12	8	9	10	11	8	11	11	10	10	10	11	121
④降雨・降雪日と休日のダブリ日数 = ②×③／①		0.6	0.5	1.2	1.7	1.3	1.3	2.1	1.5	1.5	1.4	0.7	0.6	14.3
⑤稼働可能日数 = ①−(②+③−④)		18.0	18.9	19.2	16.7	17.7	18.5	16.1	17.3	16.9	18.2	18.5	19.0	214.9
⑥雨休率 = ((②+③−④)/⑤		0.72	0.48	0.62	0.80	0.75	0.62	0.92	0.79	0.77	0.71	0.62	0.63	0.70

注1) 降雨・降雪日数は，東京地区の令和元年から令和5年までの5年間の降水量10mm以上の日数の平均である。

注2) その他の日数は，工事を中止しなければならない気象条件（暴風等）を考慮する場合に加算できる。

〔表3−2〕 雨休率の計算例

暦日数から降雨・降雪日数と休日日数，休日でかつ降雨・降雪日数を差し引いたものが稼働可能日数となる。稼働可能日数の暦日数に対する割合を稼働率（または稼働日数率ともいう）と呼んでいる。

$$稼働率（稼働日数率） = \frac{稼働日数}{全工期（暦日数）}$$

降雨・降雪量10mm／日以上の日　　　　　　　　　　　観測地点：東京（東京都）

年	1月	2月	3月	4月	5月	6月	7月	8月	9月	10月	11月	12月
2023年	0	2	6	4	6	5	2	5	4	5	1	1
2022年	1	2	3	7	5	1	5	3	6	2	3	2
2021年	2	2	3	6	2	6	7	6	6	4	3	2
2020年	4	0	4	5	3	7	9	2	4	4	0	0
2019年	1	2	4	3	2	5	7	5	3	6	4	3
平均日数	1.6	1.6	4	5	3.6	4.8	6	4.2	4.6	4.2	2.2	1.6

（気象庁 HP より）

〔表3−3〕 過去5年間の降雨・降雪量（東京）

b 機械施工の日程計画
(a) 基本的考え方

　日程計画を算定する際には1日当たりの施工量が問題になるが，通常はその工種の作業条件を考慮した経験値により定める場合が多い。そのため，常日頃から1日当たりの施工量を把握しておくことが必要となるが，すべての機械について施工量を把握することは困難であり，また人によってその量も異なることから，本書においては積算基準に準じて施工量を定める手法をとる。ただし，この場合でも「作業効率」は実績データに基づき経験豊富な技術者の判断が必要である。

　積算基準においては，1日当たりの施工量は作業1時間当たりの施工量（施工速度という）と，稼働日1日当たりの作業（運転）時間から決定される。施工速度は，対象となる作業に施工設備（あるいは施工班）の1時間当たりの標準作業（主な機械ごとに決められている算定式に，その工事の作業条件を考慮して決めた「作業効率」を乗じて求められる。

　1時間当たりの標準作業量は，一般に考えられる最良状態を想定しており，建設機械の場合には性能試験結果の時間当たり施工量を標準作業としている場合が多い。

　「作業効率」は，数値で評価しやすい時間的要素である作業時間帯と評価の難しい作業難易性及び設備状態の良否を示す作業能率との積として，一つにまとめて扱うのが実用的である。

　現場の作業条件，設備状態の評価結果である「作業効率」は，施工速度の算定に大きく影響するので，上述したように経験豊富な技術者の判断が必要となる。

　作業効率に影響を及ぼす要因は，現場の作業条件と管理条件に分けて考える。

作業条件
- 地形，地質などに対する機械の適応性の良否
- 機種の選定，配置，組合せの良否
- 気象などの影響
- 作業場の広さ，照明や足場など環境の良否
- 施工法及び段取りの良否

管理条件
- 機械の維持管理の良否
- 運転手の作業に関する経験及び熟練度
- 段取り指示の良否
- 作業意欲の高低

などがある。

第3章　施工計画と実行予算

協力会社の「作業効率」

　協力会社との請負契約により，当該施工管理の多くは協力会社に委ねられる部分が多くなるが，この場合，元請側は協力会社に丸投げするのではなく，積極的に改善提案する必要がある。

　一般的に，総合的な作業条件等については元請側が把握していることが多く，また経験から様々なノウハウを得ていることもある。これらに基づき，協力会社の「作業効率」改善を図ることは，協力会社の収益性改善に寄与するとともに，協力会社の育成にも通じ，長期的には元請の原価低減にも資することとなる。

　一般に1日当たりの作業時間は，拘束時間で1交代制8時間から3交代制24時間までの間で決められているが，作業時間（運転時間）は拘束時間から休憩，段取り待ち，指示による待機，設備の整備や点検等の休止時間を控除して求められる。運転時間とは，建設機械の主エンジンの回転している時間であって，暖気運転とか小休止移動等の主作業以外の多少の時間も含んでおり，その拘束時間に対する比率を運転時間率という。〔表3-4〕に稼働日当たりの平均標準運転時間の例を示す。また，〔図3-9〕に拘束時間・運転時間・休止時間の関連を示す。

〔表3-4〕　機械の稼働日当たりの平均標準運転時間の例

機械の拘束時間 (A)	機械の平均運転時間 (B)	機械の運転時間率 (B／A)
8時間	6～7時間	0.81（6.5／8）

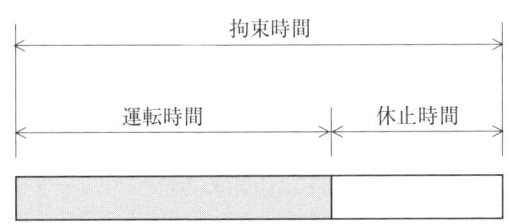

休止時間：休憩，段取り待ち，指示待ち，機械整備・点検等

〔図3-9〕　機械施工の1日当たり運転時間

　また，一般に施工速度は作業（運転）1時間当たりについて求められるので，稼働日1日当たりの平均運転時間を乗じてやればよい。

Ⅰ 解 説 編

　　以上説明したことを,式でまとめれば次のとおりである。

○　稼働日1日当たり施工量＝作業1時間当たり施工量(施工速度)×稼働日1日当たりの作業時間
○　施工速度＝1時間当たり標準作業量×作業効率
○　作業効率＝作業時間率×作業能率
○　運転時間率＝1日当たり運転時間÷1日当たり拘束時間

　(b)　日程計画の策定手順
　　ア．施工速度の決定
　　　作業1時間当たり施工量を決める（施工設備（機械等）1組）
　　イ．稼働1日当たり施工量決定
　　　施工速度×1日当たり作業（運転）時間
　　ウ．所要稼働日数の算定
　　　施工数量÷稼働1日当たり施工量
　　エ．投入施工設備数（機械等）の決定
　　　所要期間内作業可能日≧所要稼働日数，あるいは
　　　所要暦日日数≦作業可能日数になるように投入施工設備数を調整する。
　　オ．所要暦日日数の算定
　　　所要稼働日数÷稼働日数率（稼働率）

　(c)　算定例（運転1時間当たり作業量）
　　機械施工の算定式は，建設機械の主要なものについてそれぞれ定められているので，その適用方法をよく理解し実際に合った算定を行うことが大切である。
　　施工量算定の基本式は次のとおりである。
　　　　$Q = q \cdot n \cdot f \cdot E$
　　ここに，Q：運転1時間当たり作業量
　　　　　　q：1作業サイクル当たりの標準作業量
　　　　　　n：時間当たりの作業サイクル数
　　　　　　f：土量換算係数
　　　　　　E：作業効率
　土量換算係数 f は，以下の考え方により求める。
　土の量は地山にあるとき，それを掘りゆるめたとき，また，それを締固めたときのそれぞれの状態によって体積が異なり，この三つの土の状態と土工作業との対応は，
・地山の土量…………掘削しようとする土量
・ほぐした土量………運搬しようとする土量
・締固め後の土量……締固めた盛土の土量
となる。

これらの状態における土量は地山の土量を基準とした体積比で示され，土量の変化率と呼ばれる。

土量の変化率L及びCは次の式で表される。

$$L = \frac{\text{ほぐした土量（m}^3\text{）}}{\text{地山の土量（m}^3\text{）}}$$

$$C = \frac{\text{締固め後の土量（m}^3\text{）}}{\text{地山の土量（m}^3\text{）}}$$

求める作業量（Q）を土量で表す場合は，Qとその算定に用いる基準作業量qが同一の状態の土である場合にはf＝1でよいが，異なる場合は〔表3－5〕に示す土量換算係数が必要である。土量変化率は〔表3－6〕を参照。

〔表3－5〕 土量換算係数 f の値

基準のq ＼ 求めるQ	地山の土量	ほぐした土量	締固め後の土量
地 山 の 土 量	1	L	C
ほ ぐ し た 土 量	1／L	1	C／L
締 固 め 後 の 土 量	1／C	L／C	1

〔表3－6〕 土量の変化率

分類名称 主要区分	記号	変化率L	変化率C
レキ質土 ／ レ キ	（GW）（GP）（GPs）（G－M）（G－C）	1.20	0.95
レキ質土 ／ レキ質土	（GM）（GC）（GO）	1.20	0.90
砂及び砂質土 ／ 砂	（SW）（SP）（SPu）（S－M）（S－C）（S－V）	1.20	0.95
砂及び砂質土 ／ 砂質土（普通土）	（SM）（SC）（SV）	1.20	0.90
粘性土 ／ 粘性土	（ML）（CL）（OL）	1.30	0.90
粘性土 ／ 高含水比粘性土	（MH）（CH）	1.25	0.90
岩塊・玉石		1.20	1.00
軟岩 Ⅰ		1.30	1.15
軟岩 Ⅱ		1.50	1.20
中硬岩		1.60	1.25
硬岩 Ⅰ		1.65	1.40

（注）本表は体積（土量）より求めたL，Cである。なお，細分し難いときは下表によってもよい。

Ⅰ 解説編

分 類 名 称 主 要 区 分	変化率 L	変化率 C
レ キ 質 土	1.20	0.90
砂 及 び 砂 質 土	1.20	0.90
粘 性 土	1.25	0.90

（注） 本表は体積（土量）より求めたL，Cである。
（国土交通省土木工事積算基準（令和6年度版）による）

(d) バックホウの掘削積込能力

運転1時間当たり作業量の算定は次式による。

$$Q = \frac{3,600 \times q \times f \times E}{Cm}$$

ここに，Q ：運転1時間当たり作業量（m³／h）

q ：1サイクル当たり掘削量（地山土量）（m³）

f ：土量換算係数〔表3－5参照〕

E ：作業効率

Cm：1サイクル当たり所要時間（sec）

(1) 1サイクル当たり掘削量（地山土量）（q）

q = q_0 × K

q_0：平積標準バケット容量（m³）

K ：バケット係数

参考として山積状態に対するバケット係数を〔表3－8〕に示す。

〔表3－7〕 バックホウの諸元（例）

標準バケット容量 山積m³（平積m³）	出力 (kW)	質量 (t)	燃料消費量 (ℓ／h)
0.28（0.2）	41	6.6	5.9
0.5 （0.4）	64	12.3	9.2
0.8 （0.6）	104	19.8	15.0
1.0 （0.7）	116	23.9	17.0

〔表3－8〕 バケット係数（K）（参考）

土の種類	バケット係数	備 考
砂	0.60～0.90	山盛になりやすもの，かさばらず空隙の少ないもの，掘削の容易なものなどは，大きい係数を与える
普通土	0.45～0.75	
粘性土	0.35～0.55	
レキ混じり土	0.40～0.70	
岩塊・玉石	0.35～0.55	

(2) 1サイクル当たり所要時間（Cm）

〔表3－9〕 バックホウのサイクルタイム（Cm） （sec）

旋回角度	45°	90°	135°	180°
1サイクルの所要時間	28	30	32	35

(3) バックホウの作業効率（E）

〔表3－10〕 作業効率（E）

現場条件 土質名	地山の掘削積込			ルーズな状態の積込		
	良好	普通	不良	良好	普通	不良
砂 砂質土	0.80	0.65	0.50	0.85	0.70	0.55
粘性土 レキ質土	0.75	0.60	0.45	0.80	0.65	0.50
岩塊・玉石 岩（破砕）	－	－	－	0.65	0.50	0.35

（注） 現場条件の内容
1．地山の掘削積込
良好：掘削作業に当たり，掘削深さが最適（1～4m）で地山がゆるく，しかも矢板等の障害物がなく連続掘削作業ができる場合。
不良：掘削作業に当たり，掘削深さが最適でなく，地山が固く，しかも矢板等の障害物があり，連続掘削作業ができない場合。
普通：上記諸条件がほぼ中位と考えられる場合。
2．ルーズな状態の積込
上記の諸条件のうち，地山状態の条件を除いた他の条件を勘案して決定する。
3．掘削箇所が地下水位以下等で排水をせず水中掘削作業（溝堀，基礎掘削，床堀）を行う場合は不良をとる。
4．床堀作業で土留矢板，切梁・腹起し，基礎杭等があって作業の妨害となる場合は0.05を減じた値とする。
5．軟岩をリッピングしたものは，リッピング後の状態を考慮し，その状態に応じた土質をとる。

(e) ダンプトラックの作業能力

運転1時間当たり作業量の算定は次式による。

$$Q = \frac{60 \times C \times f \times E}{Cm}$$

ここに，Q ：運転1時間当たり作業量（m³／h）
C ：1回の積載土量（m³）
f ：土量換算係数
E ：作業効率
Cm：サイクルタイム（min）

I 解 説 編

〔表3-11〕 ダンプトラックの諸元（例）

規格	出力 (kW)	最大積載質量 (t)	平積容量 (m³)	荷台寸法 (m)			自　重 (t)
				長さ	幅	高さ	
2 t 積級	88	車検証による	1.58	3.1	1.6	0.32	車検証による
4　〃	135	車検証による	2.59	3.4	2.06	0.37	車検証による
10　〃	246	車検証による	6.05	5.1	2.2	0.54	車検証による

(i) 1回の積載土量：C

ダンプトラックの1回当たり積載土量は，荷台の大きさの制約と質量による制約の二つの要素で決められる。したがって，次式により最大積載質量時のほぐした状態の土の容積を求め，積載可能容量と比較し，小さい方の値を積載土量とする。

ダンプトラックの積載可能容量は，次式により求める。

$$V = \frac{T \times L}{\gamma_t}$$

ここに，V：ほぐした状態の土のダンプトラック積載量（m³）

γ_t：地山における土の単位体積質量（湿潤状態）（tf／m³）〔表3-12参照〕
単位体積重量；重量÷体積

T：ダンプトラックの最大積載質量（t）〔表3-11参照〕（10 t 積級の一例：9.0～8.9 t）

L：土量変化率〔表3-6参照〕

上式で求めたVとダンプトラックの平積容量〔表3-11参照〕を比較して小さい方の値を1回の積載土量（C）とする。

(ii) 土量換算係数：f

〔表3-5〕を参照。運転1時間当たり作業量は，一般に地山土量で求めることが多い。その場合 f＝1／L となる。

〔表3-12〕 土質別の地山における土の単位体積重量 γ_t

土 の 名 称 と 状 態		単位体積重量 γ_t 〔tf／m³〕
岩　　石	硬岩	2.5～2.8
	中硬岩	2.3～2.6
	軟岩	2.2～2.5
	岩塊，玉石	1.8～2.0
	れき	1.8～2.0
レキ質土	かわいていてゆるいもの	1.8～2.0
	湿っているもの，固結しているもの	2.0～2.2
砂	かわいていてゆるいもの	1.7～1.9
	湿っているもの，固結しているもの	2.0～2.2
砂 質 土	かわいているもの	1.6～1.8
	湿っているもの，締まっているもの	1.8～2.0
粘 質 土	ふつうのもの	1.5～1.7
	非常に硬いもの	1.6～1.8
	れきまじりのもの	1.6～1.8
	れきまじりで湿ったもの	1.9～2.1
粘　　土	ふつうのもの	1.5～1.7
	非常に硬いもの	1.6～1.8
	れきまじりのもの	1.6～1.8
	れきまじりで湿ったもの	1.9～2.1

出典：基礎土木工学講座12「建設機械」（コロナ社）

(iii) サイクルタイム：Cm

サイクルタイムの算出は次式によるのがよい。

$$Cm = \frac{Cms \times n}{60 \times Es} + (T_1 + T_2 + T_3)$$

ここに，Cm：ダンプトラックのサイクルタイム（min）

Cms：積込機械の1サイクル所要時間（sec）〔表3-9〕

n　：ダンプトラック1台に土砂を満載するのに要する積込機械の積込回数（回）

$$ただし，n = \frac{C}{q_o \times K}$$

C　：ダンプトラックの積載土量（m³）

q_o　：積込機械のバケット容量（m³）

K　：積込機械のバケット係数〔表3-8〕

Es　：積込機械の作業効率

T_1，T_2：ダンプトラック運搬の行き，帰り走行所要時間（min）

$$ただし，T_i = \frac{D_i}{V_i} \times 60 \quad (i = 1 又は 2)$$

Ⅰ 解 説 編

D_i：走行距離（km）
V_i：ダンプトラックの平均速度（km／h）
T_3：ダンプトラックの待ち時間等（min）

ダンプトラックのサイクルタイムを構成する諸数値を〔表3－13〕に示す。

〔表3－13〕 ダンプトラックのサイクルタイムの構成数値

項　　目	数　　値		備　　考
平均車速（km／h） 　　V_1，V_2	積　荷 空　荷	20～35 20～40	2車線以上の公道 〃
平均車速（km／h） 　　V_1，V_2	積　荷 空　荷	5～25 10～30	現場内又は2車線未満の公道 〃
積込み時間を除く待ち時間 　　T_3（min）		5～12	・荷降し時間 ・積み込み場所に到着してから積込みが開始されるまでの時間 ・シート掛けはずし時間（公道運搬時） ・タイヤの洗浄時間（　〃　）

（「道路土工指針」）

(ⅳ) 作業効率：E

ダンプトラックのサイクルタイムを実情に合ったもので決められれば、一般には0.9程度としてよい。

(f) 組合せダンプトラックの所要台数

積込機械を有効に稼働させるのに必要な組合せダンプトラックの台数は次式により求める。

$$M = \frac{Q_S}{Q_D}$$

ここに、M：組合せダンプトラックの台数（台）
　　　　Q_S：積込機械の運転1時間当たり作業量（m³／h）
　　　　Q_D：ダンプトラック1台の運転1時間当たり作業量（m³／h）

c 人力主体施工の日程計画
(a) 構造物工事の基本的考え方
ア．構造物の形状，設計構造，伸縮継手，施工継手等と全体要求工期等とを検討して，水平方向及び鉛直方向に区分し（主に1回当たりのコンクリート打設区域により決める），ブロックに分割して施工するのが一般的である〔図3－10参照〕。

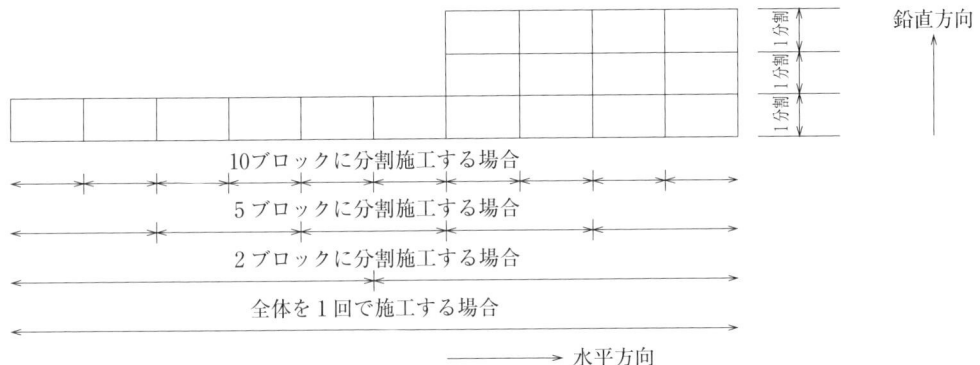

〔図3－10〕 構造物工事における施工ブロック数の一例（概念図）

各ブロックの規模は，できるだけ同一に近づける方が合理的である。

イ．1ブロック当たりの施工に必要な各作業と施工数量を算出する。例えば，掘削，土砂運搬，基礎砕石，均しコンクリート，型枠製作組立，鉄筋加工組立，コンクリート打設，型枠解体撤去，埋戻し等についてである。

ウ．掘削，土砂運搬，埋戻し等の土工は，分割しないで全体を一度に施工する場合もある。

エ．上記各作業ごとに必要な材料（構造材料＋仮設材料），労力，機械を投入して工程計算を行う。

オ．そのとき，仮設賃借材料は1ブロック当たり又は，同時施工ブロックに必要な数量を準備するのが一般的である。したがって，分割ブロック数が使用回数となる。仮設賃借材料はできるだけ使用回数を多くして，コストを下げるよう努力することが望ましい。

工程等の関係で同時に複数のブロックを施工するときは，もちろん複数分準備する。

カ．各作業ごとの工程を集計して1ブロックのサイクルタイムを算出する。例えば，

　　　　型枠製作組立　　　2日
　　　　鉄筋組立　　　　　1日
　　　　コンクリート打設　1日
　　　　コンクリート養生　3日
　　　　型枠解体撤去　　　1日
　　　　　　計　　　　　　8日となる。

キ．1ブロック当たりの工程をブロック数に乗ずれば，全体の工程が算出される。

ク．この全体の工程が必要工期を超過しているか，又は他の工種作業の工程との釣り合い上，不適当なときは，ブロック数を減らすか，同時に複数ブロック施工を考える必要がある。

(b) 工種作業別の作業能力の推定

施工歩掛は，現場条件・施工条件などによって変わり，その採用にあたっては過去の同様な条件での施工実績，自己の経験による推測，先輩や同僚からの聞き取り，積算基準の標準歩掛等各種資料などを参考として決めているのが一般的である。

型枠組立解体作業における型枠工と普通作業員の1日当たり作業能力の一例を示すと〔表3－14〕のとおりである。

〔表3－14〕 型枠組立解体の作業能力の一例

コンクリート区分	施工条件	型枠工	普通作業員
無筋コンクリート	Ⓐ	6㎡／人	7㎡／人
	Ⓑ	7 〃	8 〃
	Ⓒ	8 〃	10 〃
鉄筋コンクリート	Ⓐ	5 〃	9 〃
	Ⓑ	6 〃	11 〃
	Ⓒ	7 〃	13 〃
小型構造物（Ⅰ）	Ⓐ	6 〃	8 〃
	Ⓑ	7 〃	10 〃
	Ⓒ	8 〃	12 〃
小型構造物（Ⅱ）	Ⓐ	6 〃	6 〃
	Ⓑ	7 〃	7 〃
	Ⓒ	8 〃	8 〃

(注) Ⓐは比較的困難の場合
　　 Ⓑは　〃　普通　〃
　　 Ⓒは　〃　容易　〃

(c) 日程計画の策定手順

基本的には機械施工の場合と同じであるが，稼働1日当たり施工量が人力施工であることが違うところである。

ア．稼働1日当たり施工量決定

過去の実績や自己の経験などから推測する。また積算基準等各種資料なども参考とする。

イ．所要稼働日数の算定

施工数量÷稼働1日当たり施工量

ウ．投入施工設備数（施工チーム等）の決定

所要期間内作業可能日≧所要可能日数，あるいは

所要暦日日数≦作業可能日数になるよう投入施工設備数を調整する。
エ．所要暦日日数の算定
　所要稼働日数÷稼働日数率（稼働率）

d　詳細工程計画

　前項で述べた手順により工種・作業ごとの所要工程ができたら，それぞれの施工量を達成するのに必要な資源の投入量を算定し，1枚の工事工程表にまとめて記入，全体のバランスを取る必要があるかどうか検討して必要であれば調整を行う。調整を行うときの留意事項は次のとおりである。

① その工事の結果に重大な影響を及ぼす主要な工種作業を重点として取扱う。
② 次いで施工数量の多いものに注目する。
③ 主要資源の過度な集中を避け投入資源の円滑な回転を図るため，暦日日数への割付けが終わった段階で資源の使用予定表を作成し集中度をチェックする（これを資源の山積みという）。
④ 基本計画で決定した概略工程の範囲で，施工手順や施工時期を変えて集中の度合を平準化するように調整する（これを資源の山崩しという）。
⑤ 資機材の搬入頻度と場内小運搬との関係等，作業内容に複数のパターンが考えられるときは，全体工程との調整を図りつつ，各パターンのコスト比較を行い，なるべく経済的な工程となるように各作業を組合せる。

コラム　実行予算を「絵に描いた餅」にしないために

　実行予算の基本は各作業の単価を決定することである。この際に用いる歩掛や作業効率をおおめに設定すれば，単価は低減し，利益は多く計上できる。一方，協力会社との契約は実行予算に基づいてなされることから，単価算定の根拠となる歩掛や作業効率が現実味のないものである場合，協力会社からクレームがつくのは必至となる。

　実行予算を作成し，所定の利益を確保することは重要なことだが，ただ作成すればよいのではなく，作成に用いた歩掛や作業効率が，実際の作業で担保できるような段取りや作業環境の整備が必要不可欠で，それによって，はじめて実行予算の意義が全うできる。そうでなければ単に「絵に描いた餅」となってしまい，所定の利益確保も難しくなる。

(3) 直接工事計画

a　工種別詳細計画

　工程計画で主要工種・作業の工程が決定したら，直接工事の工種・作業に対する詳細計画

I 解 説 編

を立てる。

　まず，工種・作業ごとに施工方法と施工手順を決めていく。つまり，施工機械の機種・仕様・組合せ・作業能力・サイクルタイム・材料の規格・稼働日数などを算定して，工期に間に合うよう計画を決める。個々のやり方は工程計画の手法と同じであるから参照されたい。

　b　工種・作業別工程一覧表の作成

　前項の工程計画・直接工事計画をまとめて，「工種・作業別工程一覧表」を作成する。これまでに計画・算定した施工計画（工程計画・直接工事計画）を，原則として施工順序に従って一定の書式欄に記入してとりまとめる。各工種・作業時間の重複や脱落，違算その他不具合な箇所が発見できて有効である。

　これを基として全体のバランスをとり，工程を調整して詳細工程表を作成することができる。

　また，工事費は工程により算出されるので，この表の項目ごとに所要資源を投入して，その価格を算定する（後述の作業単価内訳を作成する）ことができるのである。「工種作業別工程一覧表」の一例を〔表3－15〕に示す。

〔表3－15〕　工種作業別工程一覧表の一例

| 工　種　作　業 | | | 運搬距離 | 土質 | 数量 | 作業能力 | | 1台・人当たり延運転時間 | 使用台数 | 1日当り運転(作業)時間 | 実働日数 | 暦日数 | 摘　要 |
工　種	機　械	作　業				規格	能　力						
直　接　工　事													
構造物掘削	バックホウ	掘削積込み		砂質土	330㎥	0.45㎥	26.5㎥／h	12h	1台	7h	1.7日	3日	
土砂運搬	ダンプトラック	土砂運搬	4km	〃	118〃	4t	4.8 〃	25h	2台	7h	1.7日	3日	掘削と組合せ
構造物埋戻	ブルドーザ	埋戻し			190〃	3t	11.8 〃	16.1h	1台	8h	2日	3日	｝機械人力同時作業
〃	タンパ	〃			190〃	普通作業員			2人	8h	2日	3日	
基礎砕石	人力	砕石敷均し			40〃	〃	2.5㎥／人／日	16日	5人	8h	3.2日	4.8日	
〃	タンパ	〃			40〃	60～80kg			1台		3.2日	4.8日	人力作業に合わせる
均しコンクリート	人力	均しコンクリート			20〃	特殊作業員	20㎥／日	1日	2人	8h	1日	1日	
型　枠	〃	設置・撤去			570㎡	型わく工	114㎡／2日＝57㎡／日	10日	組立12人解体7人	8h	10日	14日	
鉄　筋	〃	加工組立			11t	鉄筋工	1.133t／日	9.7日	＊(加工3人)組立4人	｝8h	｝5.5日	｝8日	
足　場	〃	組立・解体			520掛㎡	とび工	104掛㎡／日	5日	組立3人＊(解体2人)				
コンクリート	ポンプ車(ブーム)	打設			134㎥	特殊作業員	26.8㎥／回日	5日	2人	8h	5日	7日	
〃	人力	養生			134〃	普通作業員	26.8㎥／3日＝8.9㎥／日	15日	1人	8h	15日	21日	

＊鉄筋加工は足場組立と，足場解体は型枠解体と同時施工する。

「工種作業別工程一覧表」の重要性

2.4(2)項で述べたように実行予算は「可能な限り早期作成に努める」ことが求められるが、その時期は諸々の準備作業と重なり、非常に繁忙を極めることが多い。したがって、実行予算の作成はその間をぬって行うことを余儀なくされる。

一方、作業能力の算定は施工計画、実行予算作成の根幹であり、同一作業条件のもとでは同じでなければならない。ところが、上記のような作業環境で施工計画の立案、実行予算の作成を行う場合、あれこれ考えているうちに、工種は異なるが、同一条件である場合でも別の作業能力値を算定してしまうことが、往々にして起こりうる。

このようなことは、施工計画や実行予算の信頼性を損なうことにもなってしまうが、「工種作業別工程一覧表」を作成することによって、これらを防止するとともに、各作業の能力値を比較検討し、整合性をチェックすることによって、より合理的な施工計画立案、実行予算作成が可能となる。

c 直接工事工程表の作成

工種別・作業別の詳細工程ができたら、それを基に全体工程表を作成する。この際、各工種・作業間で同時施工となる場合は、対象工種作業について投入される資源（資材、労力、機械、資金等）が過度に集中することを避けるために、前述の山積み・山崩し手法を用いて調整する。このような試行錯誤を繰り返して工程表が合理的にできあがる。

d 工程表の作成

工種作業別工程一覧表を作成したら、これを基に着工から完成までの工事進度管理に必要な工事工程表を作成する。工程表は、当該工事施工中の進捗状況を常に把握し、進度管理の手段として予定と実績とが対比できるようになっていなければならず、各種工程表のうちから当該工事に最適なものを選定して作成することが大切である。

工程表の種類は、横線式・グラフ式・斜線式・ネットワーク式・その他があり、一般に広く用いられている工程表は、横線式工程表（バーチャート）である。以下に各種工程表の一例として〔図3-11〕に横線式工程表、〔図3-12〕にグラフ式工程表（横線式に併用）、〔図3-13〕に斜線式工程表、〔図3-14〕にネットワーク式工程表を示す。

I 解説編

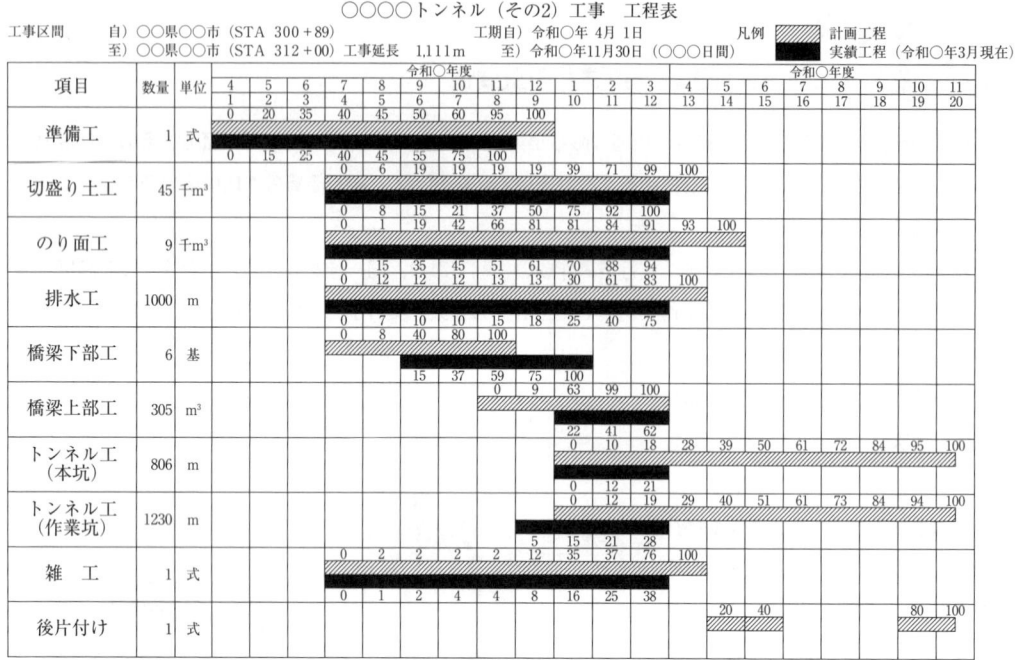

〔図3-11〕 横線（バーチャート）式工程表の一例

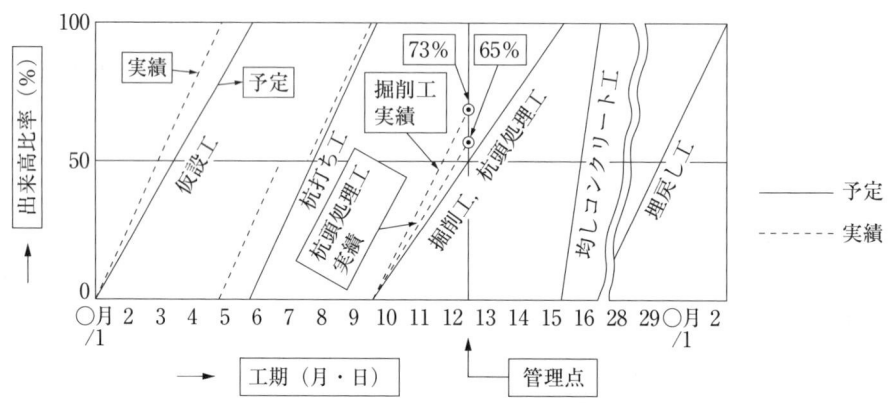

※建築工事等で採用される

〔図3-12〕 グラフ式工程表の一例

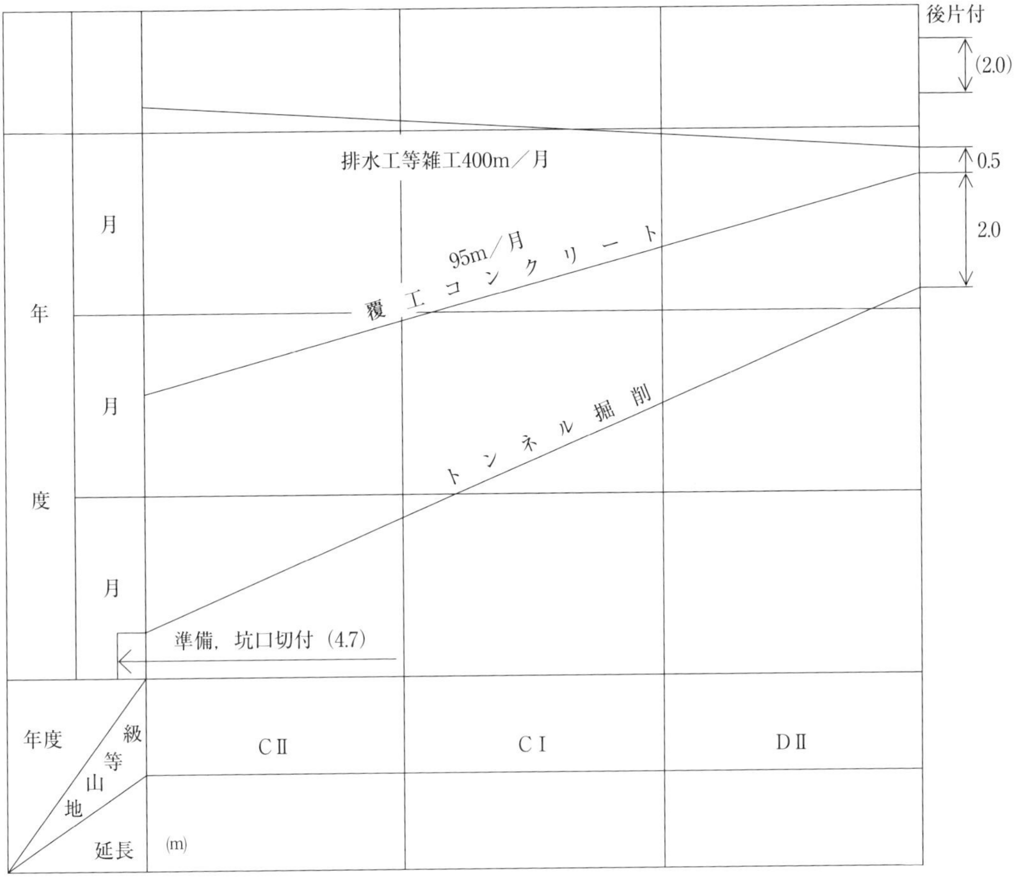

第3章 施工計画と実行予算

							後片付
							↕(2.0)
年度	月		排水工等雑工400m／月				↑0.5 ↕2.0
			95m／月 覆工コンクリート				
	月			トンネル掘削			
	月						
		準備，坑口切付（4.7）					
年度	級等 山地 延長 (m)	CⅡ		CⅠ		DⅡ	

（注）　必要工期＝トンネル掘削期間＋2.5ヶ月＋排水工等雑工期間＋準備及び後片付け

〔図3−13〕　斜線式工程表の一例

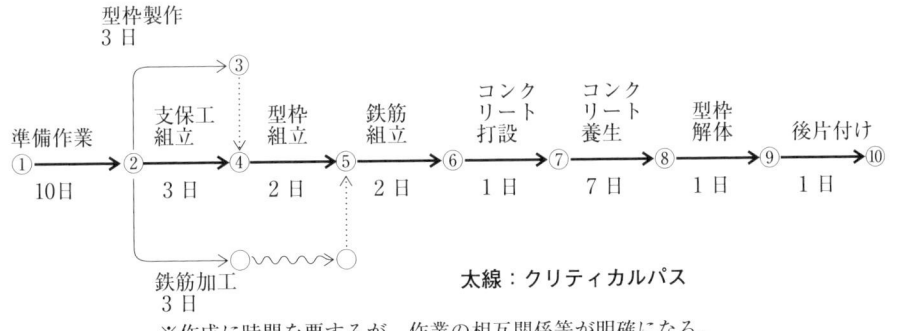

※作成に時間を要するが，作業の相互関係等が明確になる。

〔図3−14〕　ネットワーク式工程表の一例

— 55 —

Ⅰ 解説編

コラム 横線式工程表（バーチャート）の特長

施工管理について書かれた書籍では，横線式工程表（バーチャート）に対する記述が否定的なものが多い。いわゆる，前後の作業のつながりが不明確，クリティカルパスがわからない等の短所が指摘されていて，長所である「わかりやすさ」については，あまり述べられていないことがある。

工程表は施工管理に従事する者が理解していれば良いというものではなく，極論すれば作業員一人一人が理解すべきものである。今，自分たちが行っている作業は全体工期の中でどのあたりの仕事なのか，そしていつまでに終了させなければならないのかなどを理解することにより，担当する作業へのモチベーションがあがり，遅延する傾向が見て取れれば，作業能率をアップする知恵も生まれてくる。このような観点からすれば「わかりやすさ」は大きな長所であり，軽視することはできない。

一方，上述した短所があることは否めず，この点は改善を要する。その例として，ネットワーク工程表で検討を行った後，代表的な工種や担当する工種について横線式工程表（バーチャート）に書き改め，これを用いて各職長や作業員等に説明，徹底する方法が考えられる。

(4) 仮設工事計画

a 仮設工事の基本的考え方

仮設工事は，工事目的物を造るための準備工事で，工事完成後特殊な場合を除き撤去されるものをいう。

仮設工事には指定仮設と任意仮設があり，指定仮設は，発注者が設計図書で構造や仕様を指定するものである。一方任意仮設は，発注者からの制約はなく，請負者独自の考え方で計画・施工ができるもので，請負者の技術力・ノウハウを駆使して合理的な仮設を行いコストダウンに心がけることが重要である。

任意仮設になっていても指定仮設と同様な制約を受ける場合があるので，現場説明などのときによく確認する必要がある。また，仮設の施工では発注者と事前に工事内容を確認し，書面（承諾願い等）で提出して承諾を必ず得ておく。

適切な施工計画により必要な仮設計画を立てるが，仮設の良し悪しによって工事全体の成否が決まると言っても過言ではない。

工事の重要な仮設は，その能力を十分検討し将来を予測して余裕のある計画とすることが重要である。

工種別体系においては、仮設工事であろうと考えられるが、直接工事として一般的に取り扱っているものは次のようなものである。
① 発注者が設計図書などで直接工事に計上している仮設工（例えば、指定仮設、型枠工、支保工、足場工等）。
② 国土交通省積算基準による、山留（土留・仮締切り）、水替工、仮水路、工事に必要な機械設備、用水・電力設備の費用、仮道・仮橋・現場補修費用等の仮設工。

仮設工事として取り扱うよう定められた工種作業分類はないが、各発注機関の設計図書で明示されている区分で分類するのが現実的で現場管理等に便利であると考えられる。本書では国土交通省の積算基準を基に分類する。

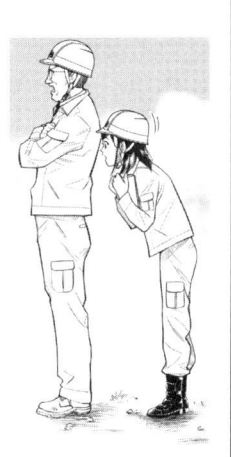

コラム　任意仮設計画と発注者の承諾および設計変更

本文にあるように、任意仮設は請負者独自の考え方で計画・施工できるが、発注者の確認を要する場合が多い。これは、安全・環境面等について、発注者がチェックする必要があるからで、通常「承諾願い」等の手続きをとる。

また、任意仮設といえども、当初発注時点で予期しえなかった土質条件や地下水位等が現地で確認された場合については、所定の手続きのもと設計変更は可能である。この点については各地方整備局の「工事請負契約における設計変更ガイドライン（案）」等を参照されたい（☞ P－59）。

b　指定仮設

仮設工事のうち発注者が現場の立地条件、施工条件等から判断して、設計図書にその仕様を明示することがある。このような仮設備を「指定仮設」といい、発注形態から重要度の高いもので、直接工事同様の取り扱いとなり、設計変更の対象となる。したがって、工事内容の変更を行う場合には事前に発注者の承認が必要であるので注意しなければならない。

国土交通省では、この指定仮設は仮設工として直接工事費に計上している（「新土木工事積算大系」参照）。その他の発注機関では、各発注者ごとに区分が決められており、統一されていないのが現状である。

下記に示した諸条件とそれに対応した仮設工事は、国土交通省では直接工事で取り扱うことになっているが、発注機関によっては仮設工事として取り扱うようになっている。
① 発注者の全体計画との関係で、当該設備の位置・構造・機能等を規定するもの。
　　例：工事用道路、大規模土留め・仮締切、運搬設備、プラント設備等
② 第三者に損害を与えることを防止するため、設計条件、規模・構造、工法等に規制が

Ⅰ 解説編

　　　　必要なもの。
　　　　　　例：一般交通の用に供する仮道路，仮橋，転流工，一時的な用水・取水施設
　　③　地形，地盤，河川状況等の自然条件や用地問題等の対外的条件に不確定要素があり，施工中に大幅な設計変更を余儀なくされる恐れのある場合に，設計条件，規模，構造，工法等に規制の必要があるもの。
　　　　　　例：土留め，築島，仮締切等
　c　仮設工事の分類と内容
　　仮設工事の分類と内容の一例を〔表3－16〕及び〔表3－17〕に示す。

〔表3－16〕　指定仮設工事（発注者の分類）の一例

工　　事	工　　種	作　　業
土 留 め 工 事	土 留 め 工	土留め等
仮 締 切 り 工 事	仮 締 切 り 工	仮締切り等
	仮 排 水 路 工	仮排水路等
機 械 設 備 工 事	運 搬 設 備 工	工事用軌道，インクライン，架空索道，軽索，コンベヤ類，その他輸送設備等
	揚重・荷役設備工	フイーダ，ホッパ，シュート，デリック，ウインチ，ローダ，クレーン類，エレベータ，リフト等
	プラント設備工	コンクリートプラント設備，クラッシングプラント設備，アスファルト設備，ソイルプラント設備，クーリングプラント設備，ヒーティングプラント設備，グラウトプラント設備，モルタルプラント設備，濁水処理プラント設備等
用 水 設 備 工 事	用 水 設 備 工	水道設備，給水設備，井戸設備等
水替・仮水路工事	水替・仮水路工	ポンプ設備，ウエルポイント設備，ディープウエル設備，排水溝設備，かま設備，水抜き口等
電 力 設 備 工 事	電 力 設 備 工	受電設備，高圧幹線設備，低圧幹線設備，動力設備，照明設備，通信・放送設備，充電設備，発電設備等
仮 設 道 路 工 事	仮 設 道 路 工	仮設道路，道路補修，等
	仮 設 桟 橋 工	仮設桟橋，仮橋，仮設通路
	仮 設 柵 工	転落防止柵，防護柵等
	防 塵 対 策 工	簡易舗装，タイヤ洗浄装置，路面清掃等
	仮 区 画 線 工	区画線等

注）概略発注方式の採用について
　最近の入札制度では積算業務を簡素化するため，仮設備工事等を「概略発注方式」で発注する工事が増えています。概略発注方式では仮設備工事等を直接工事費の合計金額に対する比率で一式単価として計上するものです。工事受注後，比率で契約した項目は個別に積み上げ積算に変更して精算となります。

〔表3－17〕 任意仮設工事（発注者の分類）の一例

名　称	工　種	作　業
運　搬　計　画	運　搬　工	仮設材運搬，建設機械運搬，機械組立分解解体
調　査　準　備　計　画	準備・片付け工	整地，柵設置，後片付け等
	調　査　工	試掘，井戸調査，地下室調査，障害物調査，有害ガス調査，交通量調査等
	測　量　工	基本測量，照査測量，用地境界測量，墨だし測量，丁張り測量等
	伐開，整地・除草工	除根，伐採・処理，段切り，すり付け，草刈り，整地等
事業損失防止計画	事業損失防止施設工	家屋調査，振動・騒音調査，地盤沈下調査，水質調査，地下水調査，沈下・傾斜観測設備等
安　全　計　画	安　全　対　策　工	交通安全設備，安全・保安設備・衛生設備，公害防止設備，安全上のイメージアップ設備，交通整理員，誘導員，見張員，監視員，その他安全設備等
役　務　計　画	役　務　工	工事用借地，電力・用水の基本料金等
技　術　管　理　計　画	技　術　管　理　工	品質管理，出来形管理，工程管理，土質試験，地質試験，載荷試験，X線試験，溶接試験，各種品質管理試験，計測等
営　繕　計　画	営　繕　工	現場事務所，作業員宿舎，休憩所，各種倉庫，火薬庫，監督員詰所，営繕用借地等
イメージアップ計画	イメージアップ	見学者施設整備，事務所緑化，仮囲いの美化，花壇設置等

d 仮設工事計画と事前調査

　仮設工事計画を立案するにあたっては，特に事前調査（☞P-30　3.2.2　事前調査）を十分に行い，施工条件について検討しなければならない。発注者による積算時，また請負者による見積作成のための概略施工計画立案時には，現場条件の検討が十分できない場合も多く，指定仮設といえども，必ずしも適切な設計がなされていないことも考えられる。

　現場条件を検討した結果，設計通りの施工が困難である場合は，発注者と直ちに協議し，対応策を決めなければならない。協議が長引いた場合，全体工程に大きな影響を及ぼすのはもちろんのこと，場合によっては工事の着工ができないこともありうる。このような事態が発生した場合は，設計変更により現場条件と合致した仮設工事計画を立案すべきであるが，着工時にすぐさま設計変更の手続きが行えない場合もあるので，その場合は承諾願いや指示書等による手続きで変更計画を確定することが必要となる。

　なお，指定仮設は設計変更できるが任意仮設は設計変更の対象とならないという解釈が行われる場合もあるが，国土交通省の設計変更ガイドラインにおいては「仮設（任意仮設を含む）において，条件明示の有無に係わらず当初発注時点で予期しえなかった土質条件や地下水位等が現地で確認された場合」は設計変更の対象とする（ただし，所定の手続きが必要，関東地方整備局「工事請負契約における設計変更ガイドライン（総合版）令和元年9月」より）と定められている。

Ⅰ 解 説 編

(5) 直接工事及び仮設工事工程計画の取りまとめ
　a　工種作業別工程一覧表の作成
　　直接工事，仮設工事の工程計画ができたら「工種作業別工程一覧表」として取りまとめ，工種作業の落ち，工程算定の錯誤などがないか等をチェックする。仮設工事の一部作業の「工種作業別工程一覧表」の一例を〔表3－18〕に示す。

〔表3－18〕　工種作業別工程一覧表の一例

工種・作業				運搬距離	土質	数量	作業能力		1台・人当たり延運転時間	使用台数	1日当たり運転（作業）時間	実働日数	暦日数	摘要
工種	機種		作業				規格	能力						
準備工			整地		砂質土	1式						3日	4日	
伐開工			伐採処理		〃	1式						5日	7日	
営繕工			現場事務所休憩所			1式							設置5日撤去3日	

　b　全体工程表の作成
　　前項の工種作業別工程一覧表を基に全体工程表を作成し，約定工期（発注者提示工期）内で全体工事が消化できるかを確認する。

(6) 施工管理計画
　　施工管理とは，施工のための系統的な手続きを計画し，利用可能なあらゆる生産手段を駆使し築造物の品質，工程，原価の3条件を調整して，工事を安全に，また環境保全を図りつつ完成させることを目標とする管理である。ここで生産手段というのは前述したように，人・材料・方法・機械・資金をいう。施工管理には生産手段並びに目的に対応してそれぞれ各種の管理機能が存在する。
　　生産手段について：労務管理，安全衛生管理，資材管理，機械管理，資金管理
　　目的について　　　：品質管理，工程管理，出来形管理，原価管理，安全管理
この他にも補助的な管理機能がいろいろとある。
　　施工計画の一環として上述した各施工管理計画を立てなければならない。
　a　品質保証計画
　　詳細施工計画で，直接工事計画，仮設工事計画ができたら次に品質保証計画を立てる。
　　品質保証とは，一般的には「顧客（発注者）が，安心して，満足して買うことができ，それを使用して安心感，満足感を持ち，しかも長く使用することができるという品質を保証すること」である。
　　建設業の場合は，発注者が安心して発注でき，完成引き渡した施設物に欠陥がなく，さらに発注者が要求している機能を確実に発揮するとともに，十分な耐久性を有し，使用中にトラブルが起きない，万一発生した場合は迅速に補修が行われることを保証することである。

このためには，品質保証のための会社内業務体制と管理方法を明確に定め，工事現場においては役割分担，責任が明確にされており，それぞれの分担において品質管理が確実に徹底して実施されねばならない。

(a) 施工段階での品質保証活動

工事目的である品質，経済性，工期，安全，環境保全のうち，特に品質に焦点を合わせた管理が施工段階での品質保証活動である。

施工段階での品質保証の役割は，設計段階での品質に合致したものを造ることである。もう一つは，土木工事の場合，自然条件などの不確定要素を伴うため要求品質をすべて設計図書の中で具現化できない場合や設計変更をしなければならない場合があり，この施工段階における条件変化への対応を迅速かつ的確に行うことが土木工事の品質保証活動において大変重要なことである。

以上の役割を果たすために行われる施工段階での品質保証活動の内容は次のとおりである。

ア．要求品質・設計品質の確認

建設業では，設計品質と要求品質が渾然一体となって示されることが多い。特に発注者設計工事の場合には，設計図書に示された設計品質に加えて，現場説明，施工途上における指示などの形で要求品質が示されることになる。施工の立場から設計品質を明確に把握することが大切である。また設計品質が要求品質を満足しない場合は，設計品質に関して施工者は発注者に改善提案を行わなければならない。

イ．工程（プロセス）で品質を作り込む活動

設計品質に合致した施工を行うためには，工程（プロセス）を満足のいく管理状態に維持することが大切である。このために適切な管理項目を設定し，これを軸にPDCAのサイクルを回すという管理活動が必要である。（☞P-23〔図3-1〕参照）

ウ．品質を確認する活動（検査・試験）

品質保証のためには，工程で作り込みを行った品質が設計の品質に合致しているかどうかの確認を行ったうえで，次工程に引き渡すことが大切である。このために施工段階での検査・試験を行うことが必要である。

エ．改善活動

施工途中において検査・試験により不適合が発生した場合は改善活動を行う必要がある。

(b) 品質保証活動の進め方

前項ア〜エの内容を実施するには，施工の各ステップにおいて適切な手法及び帳票類を活用し，具体的活動を展開しなければならない。

ア．施工品質の明確化

要求品質，設計品質を確認，整理し，検査項目，管理項目を一覧表としてまとめる。

イ．品質計画書の作成

Ⅰ 解説編

要求品質，設計品質を達成するための品質計画を作成する。

ウ．標準類の整備

施工段階における管理のサイクルのPは施工計画と作業標準である。したがって，管理のサイクルを回すための基盤として作業標準は不可欠である。

作業標準は，仕事のやり方の要点を具体的に記載したもので，これに従って作業すれば所定の品質が効率的に確保でき，作業の安全性も確保できるようになっている必要がある。

エ．検査・試験計画一覧表の作成

当表に記述する工程は，購入資材検査，支給品検査，工程（プロセス）内検査，協力会社（下請負者）先での検査などである。これらの検査・試験について一覧表として作成し，品質を確認するという検査の目的に沿った検査のやり方を記載する必要がある。

b　調達計画

詳細施工計画で，直接工事計画，仮設工事計画，品質管理計画ができたら，次には施工計画のうちの生産手段に対する計画としての調達計画を立てる。

資源の山積み，山崩しの検討を経て決定された工程表を基にして，機械・材料・労務等の調達計画及び輸送計画を立案する。これらの調達計画立案の際には，それぞれに必要とされる品質，技能，数量，使用期間などを明確に把握することが必要である。

(a) 機械計画

直接工事計画，仮設工事計画で，各工種作業ごとに選定した機械を機械工程表に計上して，全体のバランスを考え調整して取りまとめる。計画については，適時・適数を最も安価に投入するようにすべきことはいうまでもない。調達方法は，自社保有機械の使用と社外機械の使用の2種に大別され，社外機械の場合はリース（レンタル又はチャーター）と機械を含めた下請外注の2種類がある。よく検討して有利な方を選ぶことが大切である。

工事全体から検討して重複を避け，脱落を防ぎ，また台数や機種を調節し，現場存置期間を月ごとに，どの月にはどの機種を何台使うかということを決める。これにより機械損料や修理費，また外注機械を使用するときには賃借料，そして電気料金等の予算を立てることができる。機械計画により修理場やモータープールの規模等が決定され，その成否が工事の質と量を大きく左右することになる。機械工程表の一例を〔表3-19〕に示す。

〔表3-19〕 機械工程表の一例（線上の数字は台数を表す）

機　　種	仕　様	単位	第　1　年					第　2　年		
			8月	9月	10月	11月	12月	1月	2月	3月
ブルドーザ	21t級	台	1　2	2	2	1	1	1	1	1
ホイールローダ (トラクタショベル)	山積0.8㎥	〃	1	1	1	1	1	1	1	1
バックホウ	山積0.8㎥ (平積0.6㎥)	〃	1							
ダンプトラック	10t積	〃	12	14	14	14	14	14	14	14
〃	2t積	〃	2							
ラ ン マ	60～80kg	〃	1							
水中ポンプ	100mm	〃	3	3	3	3	3			

(b) 資材計画

　直接工事計画や仮設工事計画を基に，主要な材料を種類別・月ごとに集計して，資材工程表を作成する。特に仮設材料はその償却と回収，転用回数等を十分に検討して合理的に計画しなければならない。月ごとの数量に変動が多いときは，工程計画を調節して資材の種類や数量をできるだけ平準化する。資材計画の作成により，早めに購入計画を立てて資材の有利購入が可能で，倉庫や資材置場を考えて輸送計画を立てることができる。主要な資材工程表の一例を〔表3-20〕に示す。

〔表3-20〕 資材工程表の一例

品　　名	規　　格	単位	数量	○○年		
				6月	7月	8月
鋼　矢　板	Ⅲ型×5m	枚	250	250		
鉄　　筋	D10mm	kg	860	860		
〃	D13mm	〃	2,300	2,300		
クラッシャラン	C-40	㎥	240	40	160	40
生コンクリート	18-8-25	〃	840	400	400	40
目　地　材	SSタイト厚10mm	㎡	20	10	10	
コンクリートブロック	450×300×180	個	5,920		5,920	
芝	野芝	㎡	250	125		125

(c) 労務計画

　直接工事計画，仮設工事計画並びに機械計画などを基に，各工種作業に必要な職種別の作業員数を算出し，月ごとに延人数を出して労務工程表を作成する。月ごとのバラツキが

大きい場合は、工程計画と対比して毎月確保しなければならない作業員数を調節する。労務計画で作業員の手配や募集計画を立て、ピーク時の所要人員を定めて、仮設建物の必要面積や安全計画、経費の算定資料を得ることができる。

建設業は、元請け業者と実際に現場で工事を行う専門の工事業者である協力会社で構成される場合が一般的である。元請け業者は工事受注・契約から、工事全体（施工・品質・安全等）の統括管理を行う。また、建設業許可業種は複数に分類されているため、協力会社（下請負者）の1事業者で全ての工事を賄うことが難しい。1工事でも複数の専門工事業者である協力会社（下請負者の分担および重層化：1次、2次、3次…）で工事を行うことになるため裾野が広がるように業者数が増える。このような構造のためピラミッド構造と呼ばれる。

ただし、このピラミッド構造は建設業全てに該当する訳ではなく、案件によって微妙に相違が発生する。例えば道路工事で道路の舗装業者、中央分離帯を造る業者、ガードレールを造る業者、グリーンベルトなどを造る造園業者など一次の下請負者のみで対応できる場合もある。

協力会社（下請負者）には、元請負業者専属のいわゆる専属下請と独立した企業の専門下請とがあり、工種作業の規模・内容・技術力と工期や環境などによって選定することが肝要である。さらに専門の資格・知識・能力を持ち合わせた人材を直接雇用している協力会社（下請負者）を選定することもきわめて重要であり、その工事を左右するといっても過言ではない。元請負者は協力会社（下請負者）と工事管理の範囲などを決め、各々の区分に従って責任と権限を明確にしておくことが重要である。また、元請負者は協力会社（下請負者）に継続して仕事を付与、育成することが大切である。労務工程表の一例を〔表3－21〕に示す。

(d) 輸送計画

直接工事計画、仮設工事計画、機械計画、資材計画などを基に輸送計画を立てる。土木工事はすべて物の移動に終始するから、輸送計画は工事の能率を左右する重要なもので、これにより車両の種類、台数、使用時期、工事用道路の要・不要などが決定される。

〔表3－21〕 労務工程表の一例

月別 職別	2月	3月	4月	5月	6月	7月	8月	9月	10月	11月	(人/日)	延人数(人)
土木一般世話役	3	4	6	11	11	11	8	7	3	2	66	1,650
普通作業員	9	12	22	36	44	40	39	30	23	16	271	6,770
と び 工	31	44	44	44	36	28	14	8	8	7	264	6,600
型 わ く 工	3		9	22	26	28	28	28	7	2	153	3,830
鉄 筋 工			6	12	14	12	12	12	8		76	1,900
溶 接 工	4	6	6	6	6	4	4	3	3	3	45	1,130
電 気 工	2	1	1	1	1					2	8	200
機 械 工	7	10	10	10	9	8	4	3	3	3	67	1,680
は つ り 工	3	3									6	150
運転手(特殊)	3	3	3	3	3	3	3	3	3	2	29	730
潜 水 士									2	3	5	130
船 員	3	4	4	4	4	4	4	4	3	2	36	900
そ の 他	4	4	4	4	8	8	8	8	12	12	72	1,800
計（人/日）	72	91	115	153	162	146	124	106	75	54	1,098	―
延人数(人)	1,800	2,280	2,880	3,830	4,050	3,650	3,100	2,650	1,880	1,350	―	27,470

3.2.5 現場管理計画

事前調査に基づき，基本計画，詳細計画の順に作業を進め最終的に工期に間に合い，工費が妥当であればこれを実行するための現場管理計画を立案する。

(1) 現場組織計画

a 概説

現場組織を編成する目的は，1人ではできないような大規模かつ複雑な仕事を複数の人員で効果的に行うことである。このため，現場組織の責任者の意志が末端まで迅速に行き届き，現場第一線の状況把握が確実に行えるように計画することが大切である。

直接工事計画，仮設工事計画，機械計画などを基に，現場社員の業務分担組織表及び人事工程表を作成する。これにより，工事の初期から終期までの必要人員数が得られ，事務所建物の必要面積や現場管理費などの算定をすることができる。工事の成否は人にあるといっても過言ではなく，現場組織計画は十分慎重に検討して決めなければならない。現場管理費のうち人件費の占める割合は非常に大きく，現場管理費率が全工事費に占める割合が大きくなるので，可能な限り社員は少数精鋭主義とする必要がある。現在ではJV工事による同業者共同施工が多く，また協力会社の施工管理能力なども併せて考慮し，過大人員にならないように配慮する必要がある。

I　解説編

> **コラム　工事量の多寡と現場社員の配置**
>
> 　建設業は景気変動等社会的な背景によって発注量が増減し，各会社の手持ち工事量もそれに連動する傾向がある。一方，そのような変動に対する現場社員数の融通性は限られているため，工事量が多い（忙しい）時は社員数が不足し，工事量が少ない（暇な）時は社員数が過剰となることもしばしば起こりうることである。会社として維持する社員の数と質はその会社の経営戦略によるものであることから，現場責任者が効率的な配置のみを追い求めると，会社全体としては齟齬をきたしてしまう恐れがある。
>
> 　したがって，工事量が多寡する場合は，会社の方針に基づき，その範囲内で効率性を図ることが肝要となる。また，必要に応じて派遣社員等により対応する。

　　b　現場管理組織

　　　請負者の管理組織の分け方としては，工区別担当，工種別担当，構造物別担当などで区分されている場合が多い。どの方式を採用するかは，工事の種類，規模，内容，特質，工事責任者の考えなどを考慮して決めなければならない。

(2)　安全衛生管理計画

　　a　基本的考え方

　　　工事の安全確保（安全施工）は，請負者の最大の義務であるとともに，発注者，第三者をはじめ社会に対する信用に不可欠であり，同時に建設業の作業や生活環境を向上して，作業員の定着とモラルを高め，社会の発展と幸福に寄与するものである。

　　　災害・事故は起こしてはならないが，万一発生したときは，人命救助を最優先とし速やかに通報連絡を行い，災害の処置を急ぎ再発防止に努めなければならない。

　　　このために安全衛生管理計画は，施工の実態に則った内容であることはもちろん，安全設備計画を含め，地域社会に対する建設環境保全対策を盛り込んだ計画にしなければならない。

　　　また，当計画は作成手順を社内で標準化・書式化しておけば記述事項や内容にばらつきがなく効率化にも役立つものと考えられる。

(cf.)・建設業労働安全衛生マネジメントシステム（COHSMS－コスモス）による管理の仕組み。

　　　・未然に労働災害を防ぐためのリスクアセスメントの実施。

　　b　安全衛生管理計画書の作成手順

　　　具体的な作成手順と要点は次のとおりである。

　　(a)　安全衛生管理基本方針

　　　会社の基本方針を受けて，事業所（現場）の安全衛生管理の基本方針と目標達成のため

第3章 施工計画と実行予算

の方策を記述する。
(b) 基本方針の重点施策と実施項目
　災害防止の具体的な実施内容及び各項目の目標値を記述する。
(c) 安全衛生管理体制
ア．安全衛生委員会組織
　委員長ほか委員名を記述する。
イ．災害防止協議会組織
　会長ほか関係者を記述する。協力会社は社名と氏名を記述する。
ウ．安全衛生行事計画
　開催予定の時刻・曜日・月日を記述する〔表3－22〕。
エ．安全衛生管理業務推進分担表
　業務推進の役割分担を明確にする。推進者のほか，副推進者，補助者を決定すること。
オ．緊急連絡先一覧表
　発注者，自社の本支店，警察署，消防署，病院ほか緊急時の連絡先を記述する〔図3－15〕参照。
カ．緊急時の業務分担表
　総括指揮者ほか業務分担を決める。社員数が少ない場合は主職の協力会社をもって充当する。

〔表3－22〕 安全衛生行事計画の一例

	行　事	内　容	実　施
日常計画	職場体操	全員参加	時　分
	安全朝礼	〃 （安全当番，各職長から作業と安全指示）	：
	TBM（ツールボックスミーティング）	職種・グループ別に作業手順書の確認やKYT，ヒヤリハット等を実施	：
	始業前点検	使用機械や安全保安設備	：
	安全衛生パトロール	統括安全衛生責任者・安全衛生責任者及び安全当番	：
	作業・安全打合せ会	作業内容・予測される危険と対策，指示書交付	：
	整理・整頓・清掃・清潔・躾（3S，4S，5S）	作業終了前5分間の片付け	：
	新規入場者受入れ教育（雇入れ時教育）	「作業手帳」「新規入場者心得」により，現場規律，作業方法，火災防止対策の教育指導	その都度
週間計画	重機・車両点検日	資格者，自主点検状況，持込許可・使用許可	曜日
	一斉清掃日	事務所，宿舎，休憩所，場内，場外	曜日
	仮設点検日	作業床，足場，手摺，階段，開口部，通路（道路）	曜日
月間計画	安全衛生委員会	安全衛生に関する基本方針の審議	日
	災害防止協議会	全協力業者安全衛生責任者招集，審議決定	日
	特別安全日	災害事例発表，安全講和，特別安全衛生パトロール	日
	安全大会	安全意識の高揚，月間工程説明，月間安全目標設定	日
	安全訓練（実践）	全員参加（管理一般，各災害防止，健康管理）	4時間以上
	電気・機器点検日	受電設備，絶縁抵抗測定，漏電遮断，危険表示	日
随時	労働安全衛生教育	危険有害業務，作業内容変更時その他必要なもの，労働安全衛生法規等	その都度
	健康診断	入場時・定期・特殊検診の実施	その都度
	消火・避難訓練	消火・救助，避難等の訓練	その都度

Ⅰ　解説編

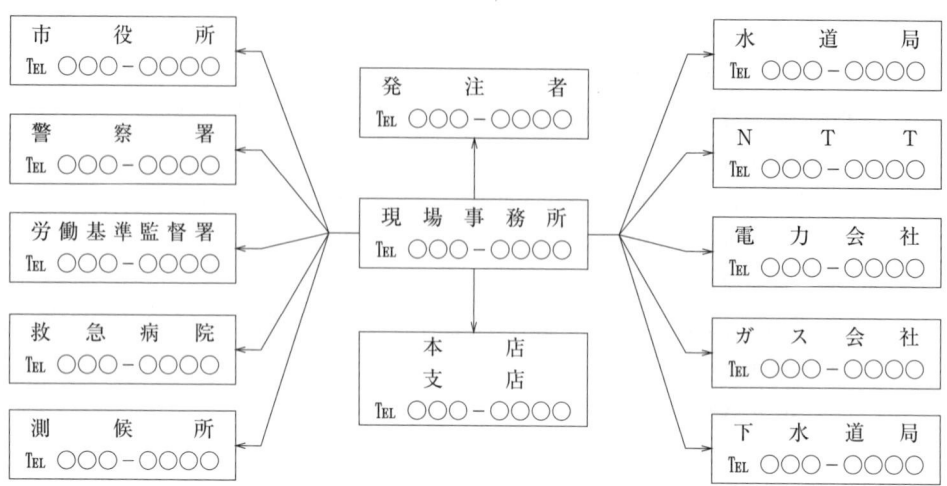

〔図3-15〕　緊急時連絡系統一覧表の一例

(3) **交通管理計画**

　工事の施工にあたっては，道路交通の安全と円滑化を図るため，工事による道路機能を阻害することなく，また交通事故・災害を未然に防止し，沿道の環境を良い状態に保全するように考慮し次の項目について計画する。

(a) 一般道路運行管理（例：機材運搬ルート）

ア．輸送経路（指定路線の選定），輸送方法及び運行速度

イ．危険箇所の安全対策（踏切，通学路などに対する交通誘導員，標識及び安全施設の配置）

(b) 迂回路及び標識の配置

(c) 現場内工事用車両の運行管理

ア．片側通行切替えの場合の安全施設（標識の配置）

イ．一般道路（一般農道を含む）交差部の交通安全対策

(d) 工事用車両及び同走行道路の維持管理・補修

(cf.) ISO 39001（道路交通安全マネジメントシステム）

(4) **環境保全計画**

　環境破壊及び建設公害の発生は，工事の運営に大きな影響を与えるので，廃棄物及び典型7公害（水質汚濁，騒音，振動，大気汚染，土壌汚染，地盤沈下，悪臭）などについて，計画を立案し具体的防止対策を立てる必要がある。

(cf.) ISO 14001（環境マネジメントシステム）

第3章　施工計画と実行予算

〔工事施工に関する環境関連法体系〕
　環境保全活動を推進するためには環境問題に対応する法規を遵守することが重要であることから，法の仕組みの大略についてその体系を以下に示す。

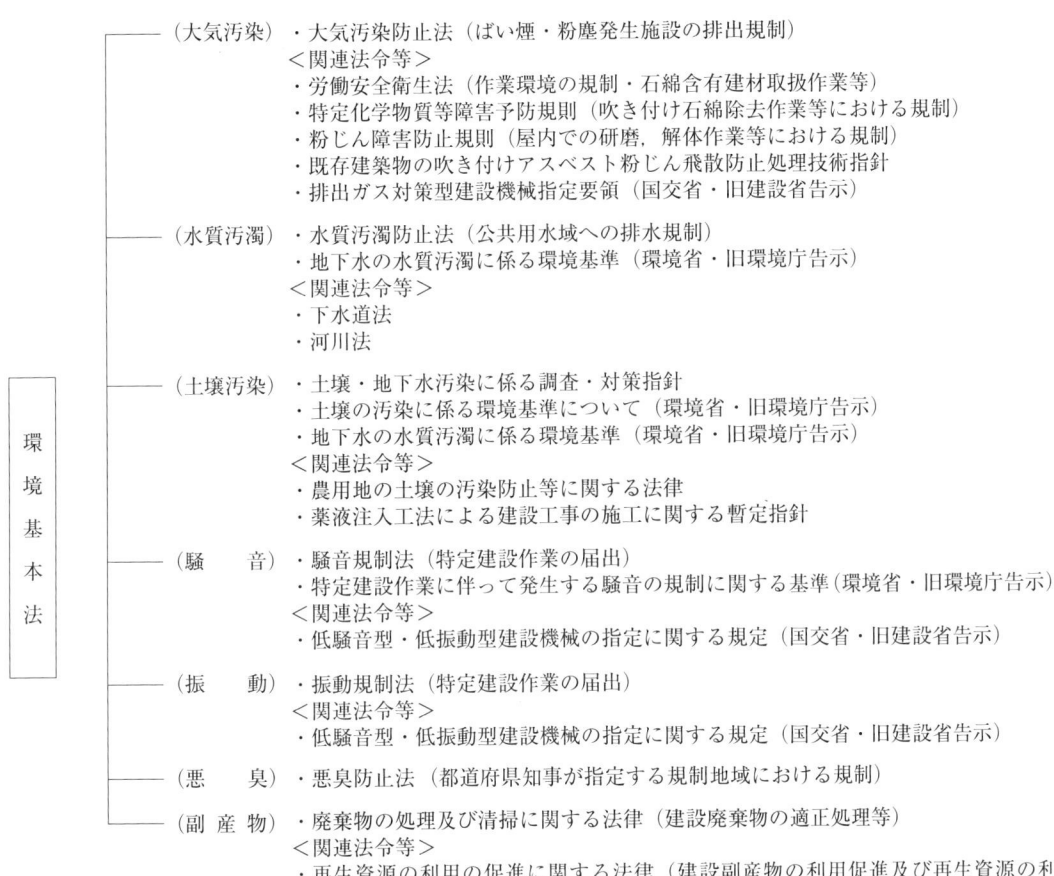

3.3 原価管理・経理処理と実行予算

3.3.1 概　説

　実行予算を編成し，それに基づき調達・施工を行うことによって，工事の出来高が発生する。また，これに対する支出（発生原価）も当然発生してくる。この過程において目標利益が確保されているか，最終的に確保できる見通しがあるのかについて，実績と残工事の予想原価から予測することが原価管理の基本である。このイメージを〔図3－16〕に示す。

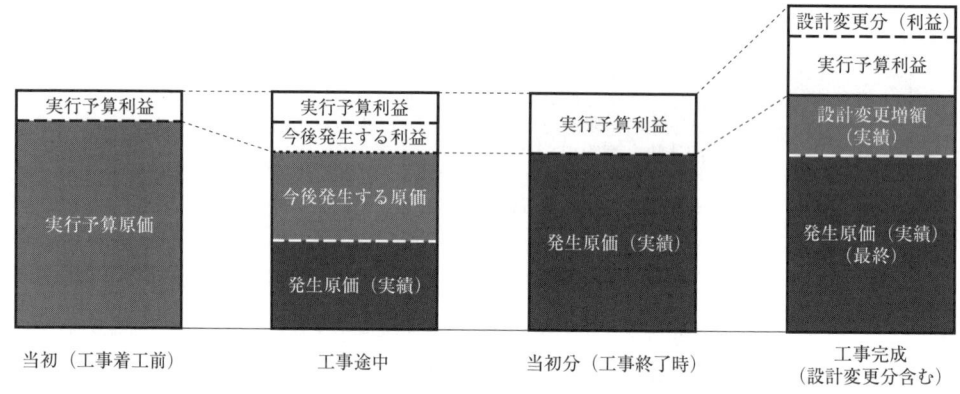

〔図3－16〕　原価管理のイメージ

　原価管理は，①実行予算と実績を対比し，②その結果を分析・検討して，③必要に応じて，これに対する対策を速やかに立て，④原価の低減を図り，利益目標達成のため，⑤最も適切な手段を発見し実行に移すことである。土木工事は一般に現地生産・屋外施工であるため，地質，気象条件等に大きく左右され，工事の施工上不確定な要素が，絶えず施工に直接的または間接的に影響し，着工当初に作成した施工計画を竣工まで変更せずに施工することはきわめてまれである。

　したがって，絶えず変化する現場に適合する最も経済的な施工方法を検討しながら，定められた予算を維持し，予算以上の利益を得るためには，例えば進捗率が50％を越えた時点で，今までに①どの工種にどれだけの工費がかかったか（発生原価の把握），②予算と支払高の差額はいくらか，③差額の原因は何処にあるか，④原因に対処する必要がある場合（支払高が予算をオーバーしている場合等），これに対処するためにはどのような改善策をとるかを分析・検討することが必要となる。

　予算を基に工事を施工し，実績が予算以内であるかをチェックし，もし予算と相違するならばその原因を発見して，その対策を立てて，ただちに実行に移す。すなわち，対比→分析→対策→実施のサイクルを反復・継続して行うことが原価管理である。それゆえ，実行予算は原価管理の基本とも言える。

第3章　施工計画と実行予算

種々の条件変化などに対応するために，原価管理を次のような構成としてとらえておくのが総合的に原価を管理するのにわかりやすくなる。

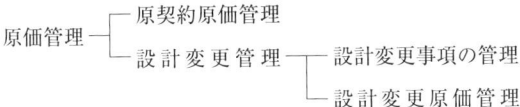

そこで，原価管理，経理処理と実行予算との関係について簡単に説明する。

3.3.2　原価管理と実行予算

(1)　**原価管理**

　原価管理とは平たく言えば，コストマネジメントのことであって，会社の発展のために必要な利潤を確保するために原価引下げの目標を明らかにし，それを実施するために計画を設定しその実現を図る管理活動であるといわれている。
　その目的は次のとおりである。
　① 原価を引き下げる。つまり，原価実績と実行予算を比較して損益を予測し，その差異を見出し分析・検討して適時適切な処置をとり，目標利益をクリアーするようにする。
　② 発注者に設計変更をお願いする際の資料（日々の施工状況や実施工出面等）になる。
　③ 原価資料を収集・整理して，将来の同種工事の積算見積り，実行予算に役立てる。
　④ 経営者に原価に関する資料を提供し，経営能率増進の基礎とする。

(2)　**原価管理と経理処理との関係**

　原価管理は，着工から完工までの間のコストの事後（施工中も含む）管理であるが，経理処理上の工事原価計算書（いわゆる会計表）とはその合計金額は一致しているが，その内容は次の点で相違している。
　① 出来高は，実際に施工し目的物を築造した数量を使用する（これを純正出来高という）。
　② 会計表に支出金として計上されている金額のうち，純正出来高に対応していない金額は控除する（これを繰延額という）。
　③ 前②項の逆で，会計表には支出金として計上されていないが，純正出来高に対応している金額は加算する（これを未計上支出金という）。

(3)　**工事原価と施工速度**

　一般に，原価と工程の関係は，施工を速めて計画工程内の施工数量を多くすると単位数量当たりの原価は安くなるが，限界点がある。進捗の遅れや着手の遅れを挽回するために突貫作業をすると投入資源量の増加により原価は高くなる。この関係を〔図3－17〕に示す。

Ⅰ　解説編

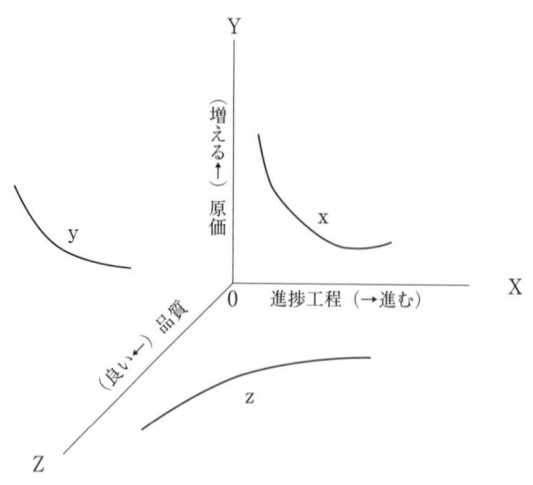

〔図3－17〕　品質と原価と工程の関係

　これらを総合的に調整するには，安全性，所要の品質，工期が確保できる範囲内で，工事費を最小とするような工程を求めればよく，これを最適工期という。

　工事原価は，施工量の増減による影響のない固定費（例えばコンクリートプラント等）と，施工量の増減によって変動する変動費（例えば骨材，セメント等）に大別することができる。変動費が施工量に比例すると仮定した場合の施工出来高（売値）と工事原価との関係は，〔図3－18〕に示すとおりであり，これを施工の収支関係を表す「損益図表」という。

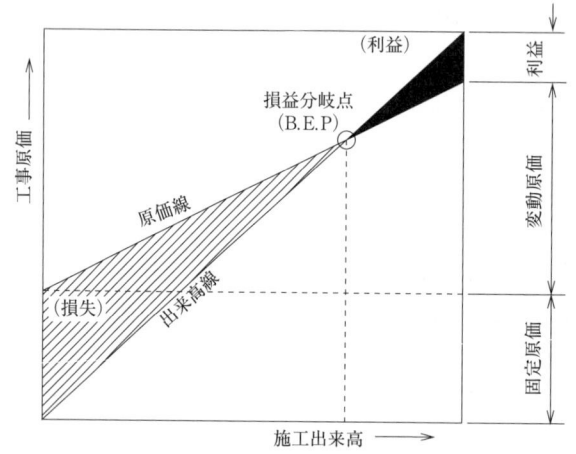

〔図3－18〕　工事の損益図表

　工事の経営が常に採算状態にあるためには，損益分岐点BEP（Break-Even Point）以上の施工出来高を必要とし，このような施工出来高をあげるときの施工速度を採算速度（又は経済速度）と呼ぶ。しかし，採算速度による施工出来高の上昇には限度があり，これを超えると原価は急増する。この状態がいわゆる突貫工事である。

　工事を経済的に施工するには，突貫工事を避け，経済速度の範囲で最大限に施工量の増大を

図ることが必要である。

(4) 原価管理における実行予算の位置づけ

原価管理は，一般に工事契約後，詳細施工計画・実行予算の作成時点から始まり，工事決算まで実施される。その手順を〔図3-19〕に示す。

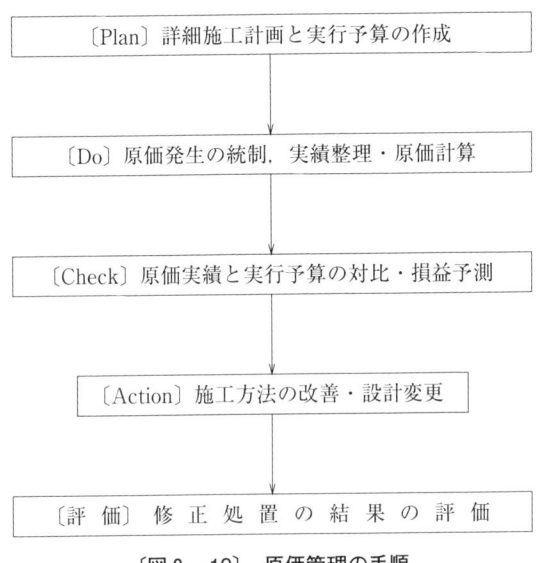

〔図3-19〕 原価管理の手順

このように原価管理は，実行予算を基にして実行予算と原価実績を対比分析するのであるから実行予算について前述してきたように，一定の体系にして工種・作業別に分類し，さらに要素・原価科目別に内訳が作成されていなければならない。これが原価管理における実行予算の重要な役割である。

要するに概略施工計画→積算見積り→詳細施工計画→実行予算→施工→原価管理→将来の同種工事にというコストの一連サイクルにおいて，終始一貫した分類体系に従って，内訳が積み上げられている必要がある。

3.3.3　経理処理と実行予算

経理処理は決算に伴うコストの事後管理であり，建設業法施行規則に決められたいわゆる財務諸表（会計表）があり，一定様式による報告が義務付けられている。それには次のものがあり，いずれも実行予算に対応した支出が計上される。

① 完成工事原価報告書

会計年度内の「完成工事原価」を，材料費・労務費・外注費・経費の4科目に整理計上して報告するものである。

Ⅰ　解　説　編

②　損益計算書
　会計年度内の収支を「完成工事高と完成工事原価」により報告するものである。
③　利益処分
　会計年度における利益処分額の内訳を報告するものである（損失のときは損失処理額）。
④　貸借対照表
　損益計算書が会計年度内の収支計算であるのに対し，これは特定の一時点（〇年〇月〇日）の経理状態の断面を示すものである。上記〇年〇月〇日において，企業が保有するすべての資産・負債及び資本を適切な分類区分で配列し，評価の基準に従って作成されるものである。

第4章　実行予算作成方法

4.1 作成の基本方針

　予算作成にあたっては，契約金額で，現地調査・詳細施工計画・積算見積り内訳などの再検討を行い，その内容はシビアでしかも実現可能なものとして，確実に順序よく作成しなければならない。なお，会社で定めている予算体系がある場合は，それに則って作成する。どの工種，作業をコストダウンすれば当該工事の工事原価を最も低くおさえることができ，適正な利益を確保できるかを，考えられるすべての手段を駆使して予算を作成することが大切である。もとより契約金額の枠内で利益がどの程度確保可能かは，契約時におおよそわかっているわけであるから，それをさらに再検討して少しでもコストダウンするように努めなければならない。

　実行予算作成の基本方針は，通常，社内の基準として周知徹底を図るべきで，次のような事項が不可欠となる。

① 契約図書で与えられた条件，現地調査の結果を踏まえて詳細に施工条件を検討して編成し，契約条件・項目以外のことを見込んではならない。すなわち，設計変更対象工種は変更契約を行ってから，実行予算書を作成する。

② 積算見積りを算定したときよりも詳細な事前調査を行えるので，より合理的な施工法を選定する。

③ 目標利益をまず設定し，目標達成のための努力目標予算として作成する。

④ 土木工事は設計変更を伴う場合が多いので，変更が予想される工種，作業については，変更に対応できるような内訳にしておく。

⑤ 工期が長い場合には，労務賃金・材料変動見込額を計上する必要がある。

⑥ 予算構成はその構成がわかりやすいように作成する。

⑦ 予算の執行・管理が容易に行えるように編成する。

⑧ 社内経理処理と一致させる。

⑨ フィードバックしやすい体系と内容にする。

実行予算作成部署と管理手法

実行予算の作成は，一般的には現場，すなわち現場代理人によって行われることが多いが，工事管理部門が作成し，現場代理人に目標予算として渡される場合もある。

両者の実行予算作成方法は基本的に変わらないが，管理手法が異なる場合もある。現場で作成した予算に対しては管理部門が目標利益を示し，それに対する実現度によって現場の運営管理を評価する場合が多い。一方，管理部門で作成した予算は，それ自体が指示内容となり，それに対する実現度によって現場の運営管理を評価されるということも行われる。

両者はその道筋が異なるものの，「適正な利益の確保」という点では最終的に同じである。

4.2 作成の留意事項

基本方針を踏まえ，個々の工事の予算作成にあたっては，次のような点に留意する。

① 実行予算は，目標利益を担保する事前の原価管理計算書であることを肝に銘じて作成・編成する。
② 目標利益達成のためにチャレンジ（創意工夫）的な予算を編成する必要がある。
③ 作成者個人のノウハウのみに限らず，情報が豊富な会社内の関連部門との連携を図って作成する。
④ 原価は調達時にほぼ決まるので，協力会社（下請会社），資機材会社などと十分折衝して編成する。
⑤ 主たる工種，数量が多い工種等は実行予算全体の利益に大きな影響を及ぼすので，特に慎重な検討を行う。
⑥ 仮設工事については，作成者の技量が発揮されるところでもあるので，安全・環境・工程・品質をクリアーすることを前提にいろいろなパターンを考え，最も工事原価が低い工法を選択する。
⑦ 作成した予算書は，最終的にその全体について内容が間違いないかを必ずチェックする習慣を身につける。
⑧ 現場管理が容易に行える内容とする。

4.3 実行予算書の構成

　実行予算の作成は，具体的には「実行予算書」として編成することである。「実行予算書」の構成は，それぞれの会社により定められるが，積み上げによる構成が一般的である。一例を示すと次のような内容となる。なお　　　はP-12〔図2-2〕「実行予算工種別体系の一例」における各科目である。
(詳細については本書「事例編」を参照のこと)。

(1) **実行予算総覧**

　実行予算書の表紙にあたり，工事概要，工事価格，工種別集計，要素別集計，利益額及び利益率等を記載する。工種別集計，要素別集計は各 費目 の金額を記載し，集計・算出する。

(2) **工事費集計**

　 費目 の内訳である 工事 （直接工事費，間接仮設工事費）の工種別内訳，要素別内訳を記載する。各 工事 金額の合計がそれぞれ直接工事費計，間接仮設工事費計となり，その金額を「実行予算総覧」の該当項目に転記する。

(3) **直接工事費・間接仮設工事費内訳**

　各 工事 の内訳である 工種 を工種別，要素別に記載する。この段階で初めて具体的な数量，単価が記載される。

(4) **経費内訳**

　「工事費集計」に対応する形で，経費に関する 費目 を記載する。「経費内訳」は「工事費集計」の後に位置付ける場合もある。

　ここでの内容は「現場管理費」と「一般管理費他」に分けられる。

　・現場管理費

　　現場管理費を構成する各項目について金額を記載する。この内訳は現場管理費の「内訳」に記載する。

　・一般管理費他

　　一般管理費を構成する項目について金額を構成する。一般管理費が本支店経費のみであり，率計上する場合は，「実行予算総覧」の該当項目に金額を記載し，この項目は省略する場合もある。

(5) **主要材料単価表**

　当該予算を構成する材料の単価を一覧にしたもので，同一条件であれば同一単価となる。したがって，条件が異なる場合は，その条件を明記する。

(6) **労務賃金表**

　当該予算を構成する労務単価を一覧にしたもの。

(7) **機械単価内訳**

　当該予算を構成する機械単価を一覧にしたもの。

Ⅰ　解　説　編

(8)　作業単価内訳

　各 工種 の単価を施工計画に基づいて，材料費，労務費，機械費，外注費で算出するもの。場合によっては 工種 をさらに 作業 に展開し「二次単価」とする場合もある。なお，「経費内訳」の単価も同じ形式で算出する。

　以上のイメージを〔図4－1〕　実行予算書の構成（イメージ）に示す。

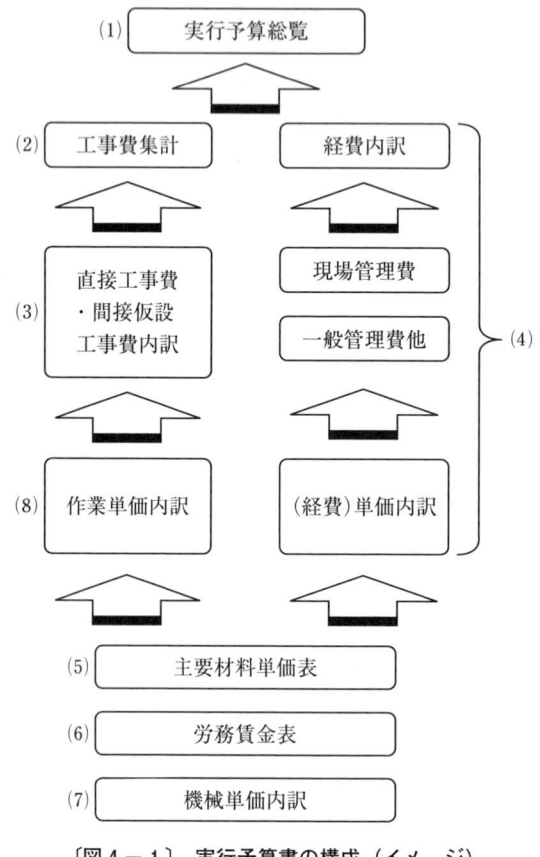

〔図4－1〕　実行予算書の構成（イメージ）

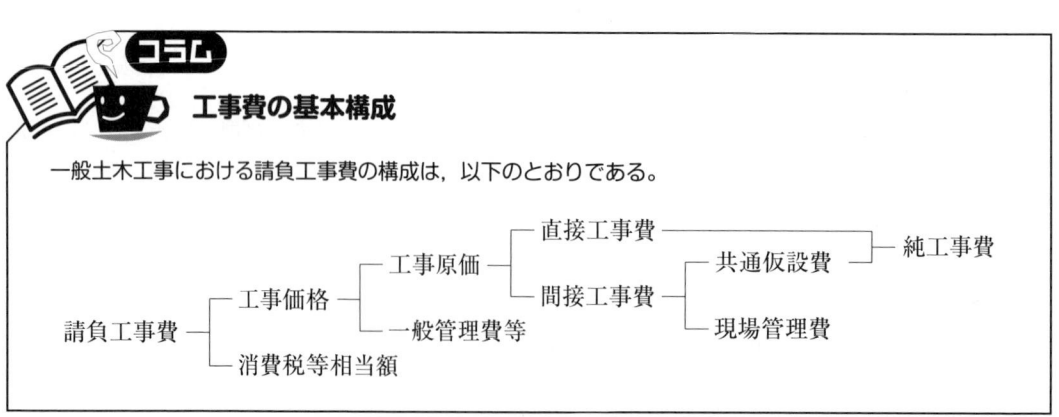

4.4　直接工事費の作成

4.4.1　意　　義

　直接工事費は，工事目的物を築造したり，発注者が直接工事費として積算している作業を行うための費用で，その構造・仕様・数量等は発注者の設計図書に明示されており，その増減は設計変更の対象となるものである。また工事の死命を制するような重要な仮設として，発注者が直接工事に準じてその構造・仕様・数量等を指定する，いわゆる指定仮設も直接工事として取り扱うのが一般的である。

　直接工事はいわゆる本工事であって，当該工事の主体をなし，その費用も工事費全体に占める割合は非常に大きく，予算の核となり工事費に及ぼす影響は多大であって，その意義はきわめて重要である。

4.4.2　体　　系

(1)　体系の概要

　直接工事費は工事別・工種別・作業別に区分し，それぞれの区分ごとに材料費・労務費・機械費・外注費の4要素により積上げるのが一般的な編成方法である。

　まず工種別・作業別等の単位数量当たりに分解していき，単位数量を完成するに必要な材料費・労務費・機械費・外注費等を施工計画によって決定された施工方法，施工条件や使用機械等の諸条件から求める。これらの要素別金額を集計して単位数量当たりの費用（工種・作業単価）を算出し，これに全数量を乗じて求める方式，つまり原価が容易に取り扱いのできる管理単位まで分解してその費用を予測し，これを積上げ集計する方式である。

　例えばＰ-12〔図2-2〕の例で説明すると，コンクリート工の費用算出は，最小の作業単位であるポンプ打設を4要素ごとに単価を出してそれを集計しポンプ打設単価とする。この単価にポンプ打設数量を乗じてポンプ打設費用を求める。

　人力打設も同様な考えで算出し，ポンプ打設と人力打設を合算してコンクリート工の費用を求めることができる。

　次に，型枠工・鉄筋工の費用を求めて3工種を合計し，コンクリート構造物工事の費用を求める。

　さらに，土工・岩石・軟弱地盤処理・基礎・直接仮設の各工事費を合算することで直接工事費が求められる。

Ⅰ 解説編

(2) 作業単価内訳の作成

「〔図4-1〕実行予算の構成（イメージ）」に示したように，作業単価内訳で算定された単価に数量を乗じて各工種の原価は算出される。それを積み上げることで実行予算全体の原価，ひいては当該工事の利潤が定まるので，いかに適切な「作業単価内訳」を作成するかが求められ，次のような点に留意する必要がある。

① 作業単価内訳は施工計画に則り，適正な歩掛と資源単価の設定に基づいて作成する。
② したがって，作業単価内訳をみれば施工計画がわかるという内容でなければならない。
③ 少額，小規模作業で特に施工計画の対象となっていない工種については作業単価内訳を作成せずに単価を定める場合もあるが，これはなるべく避けなければならない。
④ 管理部門は作業単価内訳の作成基準を明確にし，ルールとして徹底する必要がある。（例えば，「一作業金額30万円以上の場合は作業内訳の作成は必須とする」等）

作業単価内訳の作成方法に定まったものはないが，一般に採用されている方法を次に述べる。

　a　張付け方式

ある考えやすい期間や範囲（例えば1時間，1方（かた），1日，1ブロック，全体など）を基に，この期間内に施工できる作業数量（出来高）と，その施工に必要な材料・労力・機械などの費用を算出し，それらを作業数量で除（÷）して単位数量当たりの費用を計算する方法である。

施工計画による現場の段取りを頭に描きつつ，一つのまとまった作業グループ（異職種の組合せ）として1組当たり，1パーティ当たりでとらえる方法である。工事の難易度や工期，施工の制約条件等を加味して作業数量（出来高）を実態に合うように設定でき，比較的欠落が少ない基本的な方法である。予算作成の基準は張付けにありといっても過言ではない。

　b　歩掛方式

一般に過去の経験や実績が豊富で自信のある場合に用いられる方式で，前述の張付けと本質的に異なるものではなく，単位作業当たりの材料・労力・機械などの必要な数量（これを歩掛という）が，過去の実績などからあらかじめ把握されている場合に使用される簡便法である。ただし，過去の実績とこれから算定する作業内容・条件が類似していることを確認する必要があり，内容・条件に多少の相違があるときは歩掛を修正しなければならない。

実際の予算は，前記二つの方法を適宜組み合わせて単価内訳を作成している場合が多い。

　c　その他

少額・小規模作業の場合には，作業単価内訳の作成を省略して直接単価を決めたり（これを単価方式という），又は単価を表示しないで直接作業金額を計上すること（これを一式金額方式という）もある。ただし，金額が小さくても内容が特殊な作業であるときは，作業単価内訳を作成することが望ましい。

以上，述べた4方式の算出方法を比較したものを〔表4-1〕に示す。

〔表4-1〕 張付け，歩掛，単価，一式金額の各計算比較表
型枠作業（労務費）　　　　作業数量　1,000㎡

計算手順 作成方法	張　付　け	歩　掛	単　価	金　額
張付け 方　式	型わく工　3人/30㎡・日 普通 作業員　1人/30㎡・日	0.1人/㎡・日 0.033人/㎡・日	@30,000円・日/人×0.1人/㎡・日＝3,000円/㎡ @25,400円・日/人×0.033人/㎡・日≒830円/㎡	(3,000＋830)円/㎡×1,000㎡＝3,830,000円
歩　掛 方　式		型わく工　　0.1人/㎡ 普通作業員　0.033人/㎡	30,000円/人×0.1人/㎡＝3,000円/㎡ 25,400/人×0.033人/㎡≒830円/㎡	同　　　上
単価方式			型枠作業単価 3,000円/㎡＋830円/㎡＝3,830円/㎡	@3,830/㎡×1,000㎡＝3,830,000円
一式金額 方　式				型枠作業 一式　3,830,000円

4.4.3　材料費

材料費は本体工事の施工に必要な材料の費用であって，次のように分類している。

(1)　**材料費の分類**

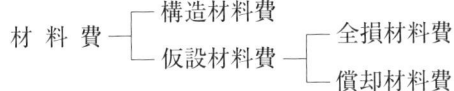

構造材料費とは，その工事の目的物である構造物を築造するための材料で，その構造物本体の一部となる材料の費用である。例えば，擁壁工事に使用する生コンクリート，鉄筋などである。

仮設材料費とは，その工事の目的たる構造物を築造するために消費される材料で，その構造物の一部とならないで，その施工の手段として使用される材料費である。それには全部消費されてしまう全損材料費（例えば，結束鉄線）や，一部残る償却材料費（例えば，合板型枠材）などがある。

また，償却材料のうちで，主として鋼製仮設材料などのように繰り返し転用のできる材料で，使用1回当たりの損耗がほぼ一定のものは仮設損料額を決め，その現場修繕費及び減失費は実績から割り出して損料に含めて考えるのが一般的である。

直接工事費では，同一の材料であってもあるときは構造材料費として計上し，あるときは仮設材料費として計上する。これを〔表4-2〕に示す。

Ⅰ　解　説　編

〔表4－2〕　コンクリートの例　　　（○印に計上する）

使用場所＼分類	構造材料費	仮設材料費
コンクリートダム本体	○	
コンクリートプラント基礎		○

　請負者にとっては発注者によって数量や仕様が決められる構造材料費は品質の確保が重要であるが，仮設材料費も転用や回収を合理化することでコストダウンを図ることができ，決して軽視してはならない。

(2)　**材料単価**

　材料単価は，購入価格と工場や倉庫から使用現場までの運賃を加算した現場渡し価格として一般には取引きしている。材料費は工事の種類・規模・支給材料の有無などによって差異はあるが，一般に工事費中に占める比率は大きい。

　　a　**構造材料費**

　構造材料費の構成は次のとおりである。

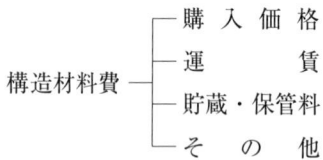

構造材料の購入にあたっての留意事項は次のとおりである。
① 構造材料の数量・仕様・使用時期・納期等をあらかじめ整理，把握する。
② 現地調達材料の調達可能数量・価格・仕様・品質・納期等をよく調査する。
③ 外国からの輸入材料についても市場調査する（規格・基準を確認）。
④ 生コンクリート・セメント・鋼材・コンクリート二次製品・ＰＣ鋼材・ゴム石油製品・火薬類等の重要材料は，一現場単位でなく地域単位，会社単位の一括集中購買方式で調達することを心掛ける（大量一括購入のメリット・企業間のギブアンドテイクによる購買）。
⑤ 主要な材料は，商社等から見積りを徴収し十分比較検討して，実勢取引き単価や過去の購入実績等を参考にして金額を決める。
⑥ 月刊「建設物価」等の物価資料は，主要材料の価格決定の参考とするほか，その他材料の価格についてもそれを利用すると便利である。
⑦ 長期間の工事では価格変動が大きい材料，例えば，鋼材等は先の見通しを考慮して納入時期，購入時期を決める。
⑧ 工事費を左右するような主要材料，例えば，生コンクリート・セメント・骨材・鋼

材・既製基礎杭等については，当該工事全体の使用数量に対して商社等と価格折衝する。

b 仮設材料費

仮設材料費の構成は次のとおりである。

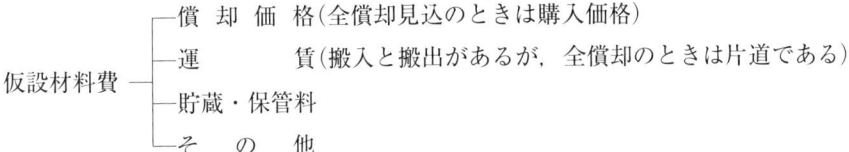

仮設材料費のうち，全償却材料費は構造材料費と同様に全額を見込めばよいが，型枠材・支保工材・足場材等の転用使用される，いわゆる，償却材料費は一般に〔償却材料費＝新品材料費－回収材料費〕であって新品材料費に償却率を乗じて算出する。

仮設材料の償却率は次の二つに大別される。

① 同一工事内で数次にわたって転用される仮設材料

型枠・型枠支保工・足場・土留め杭・土留支保工・トンネルの型枠フォーム材等

② 一つの工事に一度設備されるとある期間存置される仮設材料

桟橋・土留支保工等

現実には上記区別で明確にできるものではなく，②でも何回も転用されるものもあるから予算作成にあたってはその償却率をそのつど適正に判定する必要がある。

以下それぞれについて説明する。

① 同一工事内で数次にわたって転用される仮設材料

ア．木製仮設材料

転用回数ごとにその損耗の程度が大きくなり，転用可能回数も比較的少なく，材料の種類・材質・形状寸法・目的構造物の仕上り程度・取り扱いの良否等によって決定される。木製仮設材料の償却率の一例を〔表4－3〕に示す。

木材は鋼材に比べて製作・加工が簡単であるので，支保荷重が小さい構造物等材料の転用が少ないときは有利である。しかし，近年は地球環境への負荷低減が求められており，できるだけ木材の使用が少なくなるような施工法を採用するよう心掛けなければならない。

〔表4－3〕 木製仮設材料の償却率の一例

区分（％） 使用回数	1	3	5	7
損　耗　率	30	55	70	90
補　充　率	0	5	10	10
計	30	60	80	100

イ．鋼製仮設材料

メタルフォーム・パイプサポート・鋼製足場・H形鋼・I形鋼・鋼矢板・各種管類等の鋼製仮設材料は，長期にわたって繰り返し使用できて，かつ転用回数が多くても損耗の程

Ⅰ　解　説　編

度はほとんど変わらないため，損料として計上するのが合理的であると考えられる。

Uクリップ・Lピン等の型枠付属品及び雑小仮設材料等の償却率は次のように考えるのが合理的である。

当該工事での使用回数／材料の耐用回数

鋼製仮設材料は許容耐力が大きくて消耗率が小さく，一般に組立解体が比較的容易であるが木材に比べ高価なため稼働率が問題となる。すなわち，稼働率が高ければよいが低いと不経済となりやすい。請負者としては，特に稼働率にバラツキが多いH形鋼・鋼矢板等については必要最小限の自社保有とし，工事施工のつどリース業者から賃借あるいは買戻し条件付きで購入することが多い。

一般に長期間になると買戻し条件付き購入（所謂，売り買い）が有利になるようであるが，詳細に比較検討して決めなければならない。

月当たり損料の算定は一般に次式によるが，この場合その稼働率が問題となる他に，修理費率にはロスを考慮する必要がある。

$$月当たり損料 = \frac{年償却費 + 年修理費率}{12 \times 稼働率}$$

② 一つの工事に一度設備されるとある期間存置される仮設材料

当該材料は主として仮設工事に多く使用されている仮設材料で，損耗率の採用値で材料費用が増減する。したがって損耗率を定める場合は安易な考えで決めるのではなくて，現場条件・過去の経験・参考資料等を基に慎重に決めなければならない。

経過年数による各種仮設材料の損耗率の一例を〔表4－4〕に示す。

〔表4－4〕　各種仮設材料の経過年数による損耗率の一例
(%)

仮設材料の種類	経過年数による損耗率の一例			
	6か月未満	1年未満	2年未満	3年未満
角　　　　　　　材	45	55	75	95
板　　　　　　　材	65	75	95	—
足　場　丸　太	40	50	70	90
かすがい，ボルト	45	55	65	80
木　製　支　保　工	55	65	80	95
レ　　ー　　ル	8	11	17	25
電　　　　　　　線	25	30	45	60

(3)　予算作成方法

a　構造材料費

構造材料費は材料単価に数量を乗じて算出するが，運搬中・取扱い中・施工中にロスが予測されるものは，施工数量の他に損失分を見込んでおかなければならない。主要材料の施工数量に対するロス率の一例を〔表4－5〕に示す。

〔表 4 − 5〕 主要材料の施工数量に対するロス率の一例

材　料　名	ロス率	材　料　名	ロス率
コンクリート（無筋）	1〜3％	砂　　利（骨材）	4〜6％
コンクリート（鉄筋）	▲1〜2％	砕　　石（骨材）	4〜6％
コンクリート（小型）	3〜5％	砂　　　（骨材）	7〜10％
セ　メ　ン　ト	1〜3％	鉄筋（切断のロス等）	2〜4％

次に，材料単価は一般に「現場到着価格」としてその中に工場や倉庫から現場までの運搬費が含まれているが，次の場合にはその運搬費を忘れないで計上しなければならない。
① 工場渡し，倉庫渡し，オンレール渡し等の場合は，引渡し場所から現場までの運搬費
② 発注者からの支給材料や貸与材料の場合は，支給・貸与場所から現場までの運搬費
③ 現場内の小運搬費は材料費に含まないで，別途計上する必要がある。
つまり，構造材料費＝材料単価（購入単価＋運搬費他）×数量（施工数量＋ロス数量）である。

b　仮設材料費

基本的には構造材料費の考え方と同じであるが，前述のとおり，材料単価は全償却材料か一部償却材料かによって費用が違ってくる。

ロスの考え方は構造材料費と同じであるが，運搬費は全損（全部償却）材料では現場持込み費のみであるが，償却材料の場合は現場持込み費と現場からの搬出費を計上する必要がある。自社仮設材料損料には現場修理費などが現場負担となっている場合があるので注意が必要である。

仮設材料費
　├─ ＝材料単価（購入価格又は償却価格＋運搬費他）
　│　　　　　　　　　　　　　　　×数量（施工数量＋ロス数量）
　└─ ＝仮設損料（損料＋現場修理費＋減失費）×使用月数
　　　　　　　　　　　　　　×供用数量（転用を考慮）＋運搬費

c　リース業者から賃借する仮設材料

これも仮設工事に使用する仮設材料であって，リース単価・現場持込み及び搬出時の運搬費・返納時修理費・減失費を計上する。

> **コラム　材料費と場内小運搬費との関連**
>
> 一般に，材料費は数量をまとめて購入すれば安価になるが，土木工事は線状の施工が多いため，一度搬入した材料を使用場所まで運搬しなければならない場合もある。この場合の運搬を場内小運搬と呼ぶが，当然ながらこの費用も予算として計上しなければならない。したがって，場内小運搬の規模が大きくなる場合は，納入場所を数カ所にし，材料の納入も数回に分けた方が場内小運搬の量が少なくなり，材料単価が多少高くても，予算トータルでは安価になることもある。このような時は，両者の施工性，経済性を比較検討して施工計画に反映させることが必要となる。
>
> なお場内小運搬の予算計上は，通常，間接仮設工事のなかの「運搬費」に計上するが，特定工種あるいは特定の場合で発生する場合は，直接工事費に計上することもある。

4.4.4　労務費

労務費は施工に直接従事する作業員の費用で，その工事費全体に占める割合は工事の機械化が進むにつれて減少傾向にはあるが一般には多い。したがって，予算作成では，張付け職種・張付け人員・基本賃金などについて十分検討して適正なものとしなければならない。

(1)　労務単価の決め方（請負者の場合の例）

労務単価は次のような構成になっている。

```
労務単価 ── 労務賃金 ┬─ 基本賃金 ── 基本給＋基準内手当＋実物給与（食事の支給等）
                   │                                     ＋臨時給与（賞与等）
                   └─ 割増賃金（労働基準法により定められている）
```

基本賃金は1日8時間を基準とした賃金で，割増賃金等の算定根拠となるものであり，実際に雇用するとき及び労務単価算定の基準となるものである。

割増賃金は，時間外勤務手当，深夜勤務手当，休日勤務手当等の各種手当等であって，基本賃金を基準として算定される。

労務単価の決定にあたって留意することは次のとおりである。

① 土木構造物はその要求される地域における現場生産であるから，その地方の労働市場における労務単価を原則として採用する。

② 賃金形態には定額給制（時間給制，日給制，月給制）・出来高給制（単位出来高給制，標準時間出来高制）があり，どの形態にするかは施工実態などを十分検討して決めなければならない。一般には日給制が採用されている。出来高制の場合は，「建設現場の賃金管

理の手引：一般社団法人全国建設業協会」を参照されたい。
③　工期が数年にわたるものは，賃金変動を考慮する必要がある。

　労務賃金を決定する場合の参考として，〔表4－6〕に令和6年2月16日に公表された国土交通省・農林水産省の「公共工事設計労務単価」の概要（主要12職種）を示す。これは国土交通省・農林水産省が所管する公共事業から調査対象工事を選定し，調査月に当該工事に従事した建設労働者等に対する賃金の支払い実施を把握するもので毎年定期的に実施している。その内容は職種別・都道府県別に設計労務単価が示され，調査と公表時期の関係は次のとおりである。

　調査時期：10月

　公表時期：翌年2月

ただし，労務賃金の変動が大きいと考えられる場合は臨時に6月調査を実施する場合がある。

④　労務単価は作業員が通勤することを前提として定める場合が多い。この場合の通勤費は，外注であれば「外注費」のなかの「下請経費」に計上するのが一般的である。遠隔地の施工等で労務宿舎（賃貸も含む）を元請けが設置するような場合は，その費用（設置・撤去・維持）を「間接仮設工事」の「準備費」に計上することもある。

〔表4－6〕　主要12職種の平均額

職　種　名	単価の平均（円）(注)		伸び率（％）
	R3単価	R6単価	
特 殊 作 業 員	22,200	25,500	14.9
普 通 作 業 員	18,900	21,800	15.3
軽 作 業 員	14,600	16,900	15.8
と び 工	25,100	28,400	13.1
鉄 筋 工	24,800	28,300	14.1
運 転 手（特殊）	22,800	26,800	17.5
運 転 手（一般）	19,900	23,400	17.6
型 わ く 工	25,500	28,800	12.9
大 工	24,700	27,700	12.1
左 官	24,400	27,400	12.3
交通誘導警備員A	14,400	16,900	17.4
交通誘導警備員B	12,600	14,900	18.3
主要12職種平均	20,800	23,900	14.9

（注）　各都道府県の単価を単純平均したもの。

Ⅰ 解説編

ただし，協力会社との下請契約においては，協力会社が雇用している作業員の職種も考慮して算定することが必要である。たとえば，型枠支保工について契約する場合，当該協力会社が普通作業員と大工のみを有しているのであれば，軽作業員やとび工が行う作業であっても普通作業員と大工で行わなければならないので，単価もそれに応じて変動する。特に協力会社が多機能工を有している場合は，その能力によって労務単価が異なる場合もあるので，協力会社との折衝によって定めることになる。

「労務費」と「外注労務費」

「4.4.4労務費」で述べたように，労務費は施工に直接従事する作業員の費用であるが，本事では単に「労務費」とした場合は，自社で雇用している作業員（いわゆる「直庸作業員」）をさし，外注先の作業員については「外注労務費」（あるいは「外注費」のなかの「労務費」）として区別している。

従って「労務費」に関する経費については現場管理費で計上するのに対し，「外注労務費」の経費は「下請経費」に計上している。

(2) 公共工事積算における職種の分類（参考）

公共工事の積算における作業員は，その専門とする作業により分類されており，職種の定義と作業内容は国土交通省・農林水産省が所管する公共事業労務費調査で職種分類しているものを一般的に使用している。その職種分類を〔表4−7〕に示す。

〔表4-7〕 職種分類表（令和6年3月から適用）

職　　　　種	定　義　・　作　業　内　容
① 特 殊 作 業 員	① 相当程度の技能及び高度の肉体的条件を有し，主として次に掲げる作業について主体的業務を行うもの 　a．軽機械（道路交通法第84条に規定する運転免許ならびに労働安全衛生法第61条第1項に規定する免許，資格及び技能講習の修了を必要とせず，運転及び操作に比較的熟練を要しないもの）を運転又は操作して行う次の作業 　　イ．機械重量3t級未満のブルドーザ・トラクタ（クローラ型）・バックホウ（クローラ型）・トラクタショベル（クローラ型）・レーキドーザ・タイヤドーザ等を運転又は操作して行う土砂等の掘削，積込み又は運搬 　　ロ．吊上げ重量1t未満のクローラクレーン，吊上げ重量5t未満のウインチ等を運転又は操作して行う資材等の運搬 　　ハ．機械重量3t未満の振動ローラ（自走式），ランマ，タンパ等を運転又は操作して行う土砂等の締固め 　　ニ．可搬式ミキサ，バイブレータ等を運転又は操作して行うコンクリートの練上げ及び打設 　　ホ．ピックブレーカ等を運転又は操作して行うコンクリート，舗装等のとりこわし 　　ヘ．動力草刈機を運転又は操作して行う機械除草 　　ト．ポンプ，コンプレッサ，発動発電機等の運転又は操作 　　チ．コンクリートカッター，コアボーリングマシンの運転又は操作 　b．人力による合材の敷均し及び舗装面の仕上げ 　c．ダム工事において，グリズリホッパ，トリッパ付ベルトコンベア，骨材洗浄設備，振動スクリーン，二次・三次破砕設備，製砂設備，骨材運搬設備（調整ビン機械室）を運転又は操作して行う骨材の製造，貯蔵又は運搬 　d．コンクリートポンプ車の筒先作業 ② その他，相当程度の技能及び高度の肉体的条件を有し，各種作業について必要とされる主体的業務を行うもの
② 普 通 作 業 員	① 普通の技能及び肉体的条件を有し，主として次に掲げる作業を行うもの 　a．人力による土砂等の掘削，積込み，運搬，敷均し等 　b．人力による資材等の積込み，運搬，片付け等 　c．人力による小規模な作業（たとえば，標識，境界ぐい等の設置） 　d．人力による芝はり作業（公園等の苑地を築造する工事における芝はり作業について主体的業務を行うものを除く。） 　e．人力による除草 　f．ダム工事での骨材の製造，貯蔵又は運搬における人力による木根，不良鉱物等の除去 ② その他，普通の技能及び肉体的条件を有し，各種作業について必要とされる補助的業務を行うもの
③ 軽 作 業 員	① 主として人力による軽易な次の作業を行うもの 　a．軽易な清掃又は後片付け

Ⅰ 解説編

	b．公園等における草むしり c．軽易な散水 d．現場内の軽易な小運搬 e．準備測量，出来高管理等の手伝い f．仮設物，安全施設等の小物の設置又は撤去 g．品質管理のための試験等の手伝い ② その他，各種作業において主として人力による軽易な補助作業を行うもの
④ 造　　園　　工	造園工事について相当程度の技能を有し，主として次に掲げる作業について主体的業務を行うもの ① 樹木の植栽又は維持管理 ② 公園，庭園，緑地等の苑地を築造する工事における次の作業 　a．芝等の地被類の植付け 　b．景石の据付け 　c．地ごしらえ 　d．園路又は広場の築造 　e．池又は流れの築造 　f．公園設備の設置
⑤ 法　　面　　工	法面工事について相当程度の技能及び高度の肉体的条件を有し，主として次に掲げる作業について主体的業務を行うもの 　a．モルタルコンクリート吹付機又は種子吹付機の運転 　b．高所・急勾配法面における，ピックハンマ，ブレーカによる法面整形又は金網・鉄筋張り作業 　c．モルタルコンクリート吹付け，種子吹付け等の法面仕上げ
⑥ と　　び　　工	高所・中空における作業について相当程度の技能及び高度の肉体的条件を有し，主として次に掲げる作業について主体的業務を行うもの 　a．足場又は支保工の組立，解体等（コンクリート橋又は鋼橋の桁架設に係るものを除く。） 　b．木橋の架設等 　c．杭，矢板等の打ち込み又は引き抜き（杭打機の運転を除く。） 　d．仮設用エレベーター，杭打機，ウインチ，索道等の組立，据付，解体等 　e．重量物（大型ブロック，大型覆工板等）の捲揚げ，据付け等（クレーンの運転を除く。） 　f．鉄骨材の捲揚げ（クレーンの運転を除く。）
⑦ 石　　　　　工	石材の加工等について相当程度の技能及び高度の肉体的条件を有し，主として次に掲げる作業について主体的業務を行うもの 　a．石材の加工 　b．石積み又は石張り 　c．構造物表面のはつり仕上げ
⑧ ブ ロ ッ ク 工	ブロック工事について相当程度の技能を有し，積ブロック，張ブロック，連節ブロック，舗装用平板等の積上げ，布設等の作業について主体的業務を行うもの（㊽建築ブ

第4章　実行予算作成方法

		ロック工に該当するものを除く。)
⑨	電　　　　工	電気工事について相当程度の技能及び必要な資格を有し，建物ならびに屋外における，受電設備，変電設備，配電線路，電力設備，発電設備，通信設備等の工事に関する，主として次に掲げる作業について主体的業務を行うもの 　　a．配線器具，照明器具，発電機，通信機器，盤類等の取付け，据付け又は撤去 　　b．電線，電線管等の取付け，据付け又は撤去 　「必要な資格を有し」とは，電気工事士法第3条に規定する以下の4つの資格のいずれかの免状又は認定証の交付を受けていることをいう。 　①　第1種電気工事士 　②　第2種電気工事士 　③　認定電気工事従事者 　④　特殊電気工事資格者
⑩	鉄　筋　　工	鉄筋の加工組立について相当程度の技能を有し，鉄筋コンクリート工事における鉄筋の切断，屈曲，成型，組立，結束等について主体的業務を行うもの
⑪	鉄　骨　　工	鉄骨の組立について相当程度の技能を有し，鉄塔，鉄柱，高層建築物等の建設における鉄骨の組立，H.T.ボルト締め又は建方及び建方相番作業について主体的業務を行うもの（工場製作に従事するもの及び鋼橋の桁架設における作業，鉄骨の組立に必要な足場もしくは支保工の組立，解体等又は鉄骨材の捲揚げ作業に従事するものを除く。）
⑫	塗　装　　工	塗装作業について相当程度の技能を有し，塗料，仕上塗材，塗り床等の塗装材料を用い，各種工法による塗装作業（塗装のための下地処理を含む。）について主体的業務を行うもの（塗装作業上必要となる足場の組立又は解体に従事するもの及び㉓橋りょう塗装工に該当するものを除く。）
⑬	溶　接　　工	溶接作業について相当程度の技能を有し，酸素，アセチレンガス，水素ガス，電気その他の方法により，鋼杭，鋼矢板，鋼管，鉄筋等の溶接（ガス圧接を含む。）又は切断について主体的業務を行うもの（工場製作に従事するものを除く。）
⑭	運　転　手（特殊）	重機械（道路交通法第84条に規定する大型特殊免許又は労働安全衛生法第61条第1項に規定する免許，資格もしくは技能講習の修了を必要とし，運転及び操作に熟練を要するもの）の運転及び操作について相当程度の技能を有し，主として重機械を運転又は操作して行う次に掲げる作業について主体的業務を行うもの。 　　a．機械重量3t以上のブルドーザ・トラクタ・パワーショベル・バックホウ・クラムシェル・ドラグライン・ローディングショベル・トラクタショベル・レーキドーザ・タイヤドーザ・スクレープドーザ・スクレーパ・モータスクレーパ等を運転又は操作して行う土砂等の掘削，積込み又は運搬 　　b．吊上げ重量1t以上のクレーン装置付トラック・クローラクレーン・トラッククレーン・ホイールクレーン，吊上げ重量5t以上のウインチ等を運転又は操作して行う資材等の運搬 　　c．ロードローラ，タイヤローラ，機械重量3t以上の振動ローラ（自走式），スタビライザ，モータグレーダ等を運転又は操作して行う土砂等のかきならし又は締固め 　　d．コンクリートフィニッシャ，アスファルトフィニッシャ等を運転又は操作して

Ⅰ 解説編

		行う路面等の舗装 e．杭打機を運転又は操作して行う杭，矢板等の打込み又は引抜き f．路面清掃車（3輪式），除雪車等の運転又は操作 g．コンクリートポンプ車の運転又は操作（筒先作業は除く。）
⑮	運転手（一般）	道路交通法第84条に規定する運転免許（大型免許，普通免許等）を有し，主として機械を運転又は操作して行う次に掲げる作業について主体的業務を行うもの a．資機材の運搬のための貨物自動車の運転 b．もっぱら路上を運行して作業を行う散水車，ガードレール清掃車等の運転 c．機械重量3ｔ未満のトラクタ（ホイール型）・トラクタショベル（ホイール型）・バックホウ（ホイール型）等を運転又は操作して行う土砂等の掘削，積込み又は運搬 d．吊上げ重量1ｔ未満のホイールクレーン・クレーン装置付トラック等を運転又は操作して行う資材等の運搬 e．アスファルトディストリビュータを運転又は操作して行う乳剤の散布 f．路面清掃車（4輪式）除雪車等の運転又は操作
⑯	潜 か ん 工	加圧された密室内における作業について相当程度の技能及び高度の肉体的条件を有し，潜かん又はシールド（圧気）内において土砂の掘削，運搬等の作業を行うもの
⑰	潜かん世話役	加圧された密室内における作業について相当程度の技術を有し，潜かん工事又はシールド工事（圧気）についてもっぱら指導的な業務を行うもの
⑱	さ く 岩 工	岩掘削作業について相当程度の技能及び高度の肉体的条件を有し，爆薬及びさく岩機を使用する岩石の爆破掘削作業（坑内作業を除く。）について主体的業務を行うもの
⑲	トンネル特殊工	坑内における作業について相当程度の技能及び高度の肉体的条件を有し，トンネル等の坑内における主として次に掲げる作業について主体的業務を行うもの a．爆薬及びさく岩機を使用する爆破掘削 b．支保工の建込，維持，点検等 c．アーチ部，側壁部及びインバートのコンクリート打設等 d．ずり積込機，バッテリカー，機関車等の運転等 e．アーチ部及び側壁型わくの組立，取付け，除去等 f．シールド工事（圧気を除く。）における各種作業
⑳	トンネル作業員	坑内における作業について普通の技能及び肉体的条件を有し，トンネル等の坑内における主として人力による次に掲げる作業を行うもの a．各種作業についての補助的業務 b．人力による資材運搬等 c．シールド工事（圧気を除く。）における各種作業についての補助的業務
㉑	トンネル世話役	トンネル坑内における作業について相当程度の技術を有し，もっぱら指導的な業務を行うもの
㉒	橋りょう特殊工	橋りょう関係の作業について相当程度の技能を有し，主として次に掲げる作業（工場製作に係るもの及び工場内における仮組立に係るものを除く。）について主体的業務を行うもの a．ＰＣ橋の製作のうち，グラウト，シース及びケーブルの組立，緊張，横締め等

		b．コンクリート橋又は鋼橋の桁架設及び桁架設用仮設備の組立，解体，移動等
		c．コンクリート橋又は鋼橋の桁架設に伴う足場，支保工等の組立，解体等
23	橋りょう塗装工	橋りょう等の塗装作業について相当程度の技能を有し，橋りょう，水門扉等の塗装，ケレン作業等（工場内を含む。）について主体的業務を行うもの
24	橋りょう世話役	橋りょう関係作業について相当程度の技術を有し，もっぱら指導的な業務を行うもの（工場内作業を除く。）
25	土木一般世話役	土木工事及び重機械の運転又は操作について相当程度の技術を有し，もっぱら指導的な業務を行うもの （17潜かん世話役，21トンネル世話役又は24橋りょう世話役に該当するものを除く。）
26	高 級 船 員	海面での工事における作業船（土運船，台船等の雑船を除く。）の各部門の長又は統括責任者をいい，次に掲げる職名を標準とする 　船長，機関長，操業長等（各会社が俗称として使用している水夫長，甲板長等を除く。） 　　以下の水面は，海面に含める。（27普通船員，28潜水士，29潜水連絡員及び30潜水送気員についても同様） 　　① 海岸法第3条により指定された海岸保全区域内の水面 　　② 漁港法第5条により指定された漁港の区域内の水面 　　③ 港湾法第4条により認可を受けた港湾区域内の水面
27	普 通 船 員	海面での工事における作業船（土運船，台船等の雑船を含む。）の船員で，高級船員以外のもの
28	潜 水 士	潜水士免許を有し，海中の建設工事のため，潜水器を用いかつ空気圧縮機による送気を受けて海面下で作業を行うもの 〔潜水器（潜水服，靴，カブト，ホース等）の損料を含む。〕 「潜水士免許」とは，労働安全衛生法第61条に規定する免許のことをいう。
29	潜 水 連 絡 員	潜水士との連絡等を行うもので次に掲げる業務等を行うもの 　a．潜水士と連絡して，潜降及び浮上を適正に行わせる業務 　b．潜水送気員と連絡し，所要の送気を行わせる業務 　c．送気設備の故障等により危害のおそれがあるとき直ちに潜水士に連絡する業務
30	潜 水 送 気 員	潜水士への送気の調節を行うための弁又はコックを操作する業務等を行うもの
31	山 林 砂 防 工	相当程度の技能及び高度の肉体的条件を有し，山地治山砂防事業（主として山間遠かく地の急傾斜地又は狭隘な谷間における作業）に従事し，主として次に掲げる作業を行うもの 　a．人力による崩壊地の法切，階段切付け，土石の掘削・運搬，構造物の築造等 　b．人力による資材の積込み，運搬，片付け等 　c．簡易な索道，足場等の組立，架設，撤去等 　d．その他各作業について必要とされる関連業務
32	軌 道 工	軌道工事及び軌道保守について相当程度の技能及び高度の肉体的条件を有し，主として次に掲げる作業について主体的業務を行うもの 　a．軽機械（タイタンパー，ランマー，パワーレンチ等）等を使用してレールの軌間，高低，通り，平面性等を限度内に修正保守する作業 　b．新線建設等において，レール，マクラギ，バラスト等を運搬配列して，軽機械

Ⅰ 解説編

		（タイタンパー，ランマー，パワーレンチ等）等を使用して軌道を構築する作業
③③	型 わ く 工	木工事について相当程度の技能を有し，主として次に掲げる作業について主体的業務を行うもの 　a．木製型わく（メタルフォームを含む）の製作，組立，取付け，解体等（坑内作業を除く。） 　b．木杭，木橋等の仕伏え等
③④	大　　　　工	大工工事について相当程度の技能を有し，家屋等の築造，屋内における造作等の作業について主体的業務を行うもの
③⑤	左　　　　官	左官工事について相当程度の技能を有し，土，モルタル，プラスター，漆喰，人造石等の壁材料を用いての壁塗り，吹き付け等の作業について主体的業務を行うもの
③⑥	配　　管　　工	配管工事について相当程度の技能を有し，建物ならびに屋外における給排水，冷暖房，給気，給湯，換気等の設備工事に関する，主として次に掲げる作業について主体的業務を行うもの 　a．配管ならびに管の撤去 　b．金属・非金属製品（管等）の加工及び装着 　c．電触防護
③⑦	は つ り 工	はつり作業について相当程度の技能を有し，主として次に掲げる作業について主体的業務を行うもの 　a．コンクリート，石れんが，タイル等の建築物壁面のはつり取り（はつり仕上げを除く。） 　b．建築物の床又は壁の穴あけ
③⑧	防　　水　　工	防水工事について相当程度の技能を有し，アスファルト，シート，セメント系材料，塗膜，シーリング材等による屋内，屋外，屋根又は地下の床，壁等の防水作業について主体的業務を行うもの
③⑨	板　　金　　工	板金作業について相当程度の技能を有し，金属薄板の切断，屈曲，成型，接合等の加工及び組立・取付作業ならびに金属薄板による屋根ふき作業について主体的業務を行うもの （⑥ダクト工に該当するものを除く。）
④⓪	タ イ ル 工	タイル工事について相当程度の技能を有し，外壁，内壁，床等の表面のタイル張付け又は目地塗の作業について主体的業務を行うもの
④①	サ ッ シ 工	サッシ工事について相当程度の技能を有し，金属製建具の取付作業について主体的業務を行うもの
④②	屋 根 ふ き 工	屋根ふき作業について相当程度の技能を有し，瓦ふき，スレートふき，土居ぶき等の屋根ふき作業又はふきかえ作業について主体的業務を行うもの（③⑨板金工に該当するものを除く。）
④③	内　　装　　工	内装工事について相当程度の技能を有し，ビニール床タイル，ビニール床シート，カーペット，フローリング，壁紙，せっこうボードその他のボード等の内装材料を床，壁もしくは天井に張り付ける作業又はブラインド，カーテンレール等を取り付ける作業について主体的業務を行うもの

㊹ ガ ラ ス 工	ガラス工事について相当程度の技能を有し，各種建具のガラスはめ込み作業について主体的業務を行うもの
㊺ 建 具 工	戸，窓，枠等の木製建具の製作・加工及び取付作業に従事するもの
㊻ ダ ク ト 工	金属・非金属の薄板を加工し，通風ダクトの製作及び取付作業に従事するもの（㊴板金工に該当するものを除く。）
㊼ 保 温 工	建築設備の機器，配管及びダクトに保温（保冷，防露，断熱等を含む）材を装着する作業に従事するもの
㊽ 建築ブロック工	建築物の躯体及び帳壁の築造又は改修のために，空洞コンクリートブロック，レンガ等の積上げ及び目地塗作業に従事するもの（⑧ブロック工に該当するものを除く。）
㊾ 設 備 機 械 工	冷凍機，送風機，ボイラー，ポンプ，エレベーター等の大型重量機器の据付け，調整又は撤去作業について主体的業務を行うもの
㊿ 交通誘導警備員A	警備業者の警備員（警備業法第2条第4項に規定する警備員をいう。）で，交通誘導警備業務（警備員等の検定等に関する規則第1条第4号に規定する交通誘導警備業務をいう。）に従事する交通誘導警備業務に係る一級検定合格警備員又は二級検定合格警備員
51 交通誘導警備員B	警備業者の警備員で，交通誘導警備員A以外の交通の誘導に従事するもの

(3) 予算作成方法

労務費は"労務単価×歩掛"で求められ，適正な労務費を算出するには労務単価・歩掛が適正でなければならない。

労務単価は前述したとおり変動するのに対し歩掛は単位施工量当たりの必要数値で，同一条件・同一工種で施工方法がまったく変わらなければ一般には変動はあまりない。例えば，型枠組立・解体の労務費は，30,000円／人日×0.2人日／㎡＝6,000円／㎡というように表される。つまり，当該型枠の組立・解体作業をするのに，型わく工は基本賃金30,000円で，1日当たり1人で5㎡の組立・解体作業をするから，1人／日÷5㎡／日＝0.2人／㎡の歩掛となり，これに基本賃金30,000円を乗じて，1㎡当たり6,000円を要することになる。

このように，歩掛は人又は機械が1日（8時間）にどれだけの作業（出来高）をするかということから逆算して算定される。つまり，歩掛は施工計画から考えやすい期間（1日とか1ブロックとか）における工種や条件による人や機械の張付け仕事量で決まってくる。この工種や条件が多種多様にわたっているので歩掛の算定が複雑になってくる。定まった条件変化の少ない単純作業を除いては，施工計画を立てないで歩掛や単価を算出する方法は，前述したとおり慎まなければならない。また，重要なことは歩掛の基になる作業量（出来高）が1日8時間当たりのものであるか，超過勤務時間を含む場合はそれを明確にしておく必要がある。

なお，設定した歩掛は，その出来高が確保できるような段取り，作業条件の整備がなされて，はじめて有効となる。前述の例でいえば，1人で5㎡の組立・解体が可能なような作業条件をつくることが，労務単価決定の前提条件となる。

次に，労務単価の決め方について述べると，労務単価には基本賃金のほかに割増賃金（時間

Ⅰ 解 説 編

外勤務手当・深夜勤務手当・休日勤務手当・特殊作業手当等）があり，予算作成にあたっては基本的に基本賃金（1日8時間）を基にしたもので作成し，やむを得ず割増賃金（時間外勤務手当・深夜勤務手当・休日勤務手当等）を考慮した予算作成をしなければならない場合でも必要最低限の割増賃金を計上するよう心掛けることが重要である。また，特殊作業手当（圧気作業手当・坑内手当・火薬類取扱手当等）は対象者に必要な手当を計上することを忘れないようにする必要がある。

次に割増勤務手当の算定方法について述べる。これはいずれも労働基準法で最低限度の割増として決められているものである。

① 時間外割増賃金

基本時間（8時間）を超えて作業する場合に支払う割増賃金で基本賃金の25％増。

$$時間外割増賃金（1時間当たり）=\frac{基本賃金}{8（時間）}\times 1.25$$

② 深夜割増賃金

午後10時から翌朝午前5時までの作業に対して支払う割増賃金で，基本賃金の25％増。

$$深夜割増賃金（1時間当たり）=\frac{基本賃金}{8（時間）}\times 1.25$$

時間外勤務が午後10時から午前5時までの間に及んだときは，時間外割増賃金と深夜割増賃金とが合算される。

〔時間外割増賃金＋深夜割増賃金〕（1時間当たり）

$$=\frac{基本賃金}{8（時間）}\times(1.25+0.25)=\frac{基本賃金}{8（時間）}\times 1.5$$

時間外割増賃金と深夜割増賃金との関係を〔表4-8〕に示す。

〔表4-8〕 時間外割増・深夜割増（割増率算定）例

	昼 間 作 業													夜 間 作 業											
	7	8	9	10	11	12	13	14	15	16	17	18	19	20	21	22	23	24	1	2	3	4	5	6	7
普 通 の み		1	2	3	4	休	5	6	7	8				1	2			休							
時 間 外											1	2												1	2
深 夜						憩											3	4	憩	5	6	7	8		
深夜＋時間外																									

実働時間	時間帯	昼間作業		夜間作業	
実働8時間 （定　時）	基本時間のみ 時間外 ② 深夜 ③ 時間外＋深夜 ④	① 1/8 × 8 時間 = 1.000	小計 ① = 1.000	1/8 × 2 時間 = 0.25 1/8 × 6 時間 × 1.25 = 0.938	小計 ① + ③ = 1.188
実働9時間 (時間外1時間)	基本時間のみ 時間外 深夜 時間外＋深夜	① 1/8 × 8 時間 = 1.000 ② 1/8 × 1 時間 × 1.25 = 0.156 ③ ④	① + ② = 1.156	1/8 × 2 時間 = 0.25 1/8 × 1 時間 × 1.25 = 0.156 1/8 × 6 時間 × 1.25 = 0.9375	① + ② + ③ = 1.344
実働10時間 (時間外2時間)	基本時間のみ 時間外 深夜 時間外＋深夜	① 1/8 × 8 時間 = 1.000 ② 1/8 × 2 時間 × 1.25 = 0.313 ③ ④	① + ② = 1.313	1/8 × 2 時間 = 0.25 1/8 × 2 時間 × 1.25 = 0.313 1/8 × 6 時間 × 1.25 = 0.9375	① + ② + ③ = 1.501

(注) トンネル工事の場合は，坑内における休憩時間は作業時間とみなされ賃金支払いの対象となる。また坑内連続10時間超過作業は禁止されている。

③　休日割増賃金

休日は毎週少くとも1回又は4週間を通じ4日以上与えられなければならないと労働基準法に定められており，この休日に出勤した場合の手当は次式で表わされる。

$$\text{法定休日勤務手当（1時間当たり）} = \frac{\text{基本賃金}}{8\text{（時間）}} \times 1.35$$

これは法定休日の基準時間内及び深夜時間帯以外の時間外勤務に適用され，法定休日の深夜勤務は1.6倍（1.35＋0.25）となる。法定休日以外の休日における時間外や深夜勤務は普通の日と同様に考えればよい。

4.4.5　機械経費

機械経費は工事に使用する機械に関する費用である。工事規模の大型化，多様化，施工精度の向上，生産性の向上，作業員不足に対処する省力化等の要求から，現在では機械施工が工事の主体を占めるようになっていて，機械なくして工事は不可能である。したがって，工事費中に占める機械経費の割合はますます大きくなってきており，損料（自社所有物）や賃料（他社所有物）の算定は市場調査や基礎価格などから慎重に決めなければならない。近年，建設機械は自社所有から社外業者からのリース・レンタル方式に大部分移行しており，大型機械から超小型機械までその機種・性能などさまざまなものが市場で調達可能となっていて，賃借料金は市販の諸図書などに取引価格が掲載されている。実際の賃借料金は賃借業者と請負者との折衝で決まるもので，適正な価格で決め，予算計上するよう心掛ける必要がある。折衝の際には，賃借条件をお互いに明示し文書で取り交わしておくことが大切である。

(1)　構成内容

機械経費は機械損料と運転経費に分類できる。機械経費の構成の一例を〔図4－2〕に示す。

Ⅰ 解説編

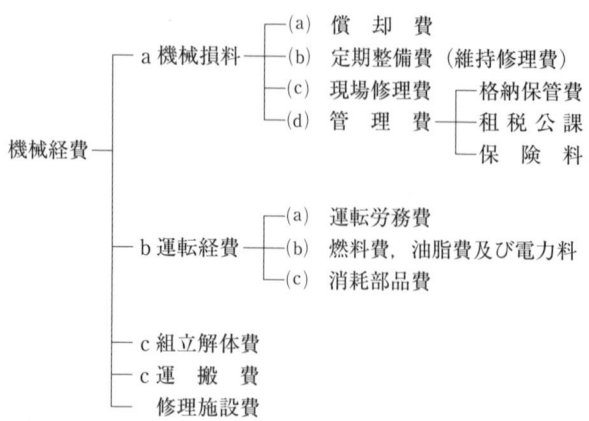

〔図4－2〕 発注者による機械経費の構成の一例（P－98～99）

a 機械損料

(a) 償却費

償却費とは機械の使用又は経年による価値の減価額をいい，償却費の全体額は機械の基礎価格（機械の新品取得価格を基に設定している損料算定のための価格）から機械が耐用年数を終え廃棄処分される際に残る経済価格を除いたものである。

(b) 定期整備費（維持修理費）

機械の耐用時間中に定期的に行うオーバーホールや大修理，損耗部品を交換する費用である。

(c) 現場修理費

工事現場で行う比較的小規模な修理に要する費用で，請負会社によってはこれを機械損料中に含めず，現場負担としている場合もある。

(d) 管理費

機械を保有していくために必要な経費で，機械の稼働に関係なく必要とする固定費である。

ア．格納保管費

格納施設の償却費，維持修理費，格納中の機械の保全に要する費用や，機械を広域的に運用するための各支店工作所と本店工作所との間の輸送費，その他運用管理のための事務費及びオペレータ経費（運転労務費に含まれる部分を除く）等である。

イ．租税公課

建設機械に課せられる固定資産税，自動車税，重量税及び自動車取得税である。

ウ．保険料

建設機械の損害保険（車両保険）及び自動車にかけられる自動車損害賠償責任保険，対人・対物保険等である。

― 98 ―

第4章　実行予算作成方法

　　b　運転経費
　　　建設機械を稼働させる場合に必要な経費である。
　　(a)　運転労務費
　　　建設機械を運転・操作するのに要する費用である。
　　(b)　燃料油脂費
　　　建設機械の運転に要する燃料や潤滑油等の費用である。
　　(c)　消耗部品費
　　　建設機械を運転することにより消耗する部品で，例えばワイヤー・カッティングエッジ・ブレード・ボルト類等で，このうち定期整備費や現場修理費等に含まれるものを除く。
　　c　組立解体費及び運搬費
　　　組立解体費及び運搬費の計上は，実行予算と発生原価との比較という観点から，例えばクレーン等共用機械は仮設工事費の運搬費に，杭打機等特定の直接工事に関わる場合は当該直接工事費に計上するなど，請負会社によってまちまちとなっている。
　　　そこで，本書では国土交通省工事構成に則って組立解体費，運搬費とも仮設工事費の運搬費に計上することとし，論を進める。

(2)　機械単価の決め方（リース・レンタル方式の場合）

　　機械単価とは一般に運転1時間当たりの機械のコストをいう。これは機種・規格別の標準的な耐用時間，作業条件におけるもので前述の各構成要素を全部含むものであり，機械費算定の前提となる重要なものである。これは後述のように，作業単位量当たりのコストに換算して求めるのが一般的だからである。なお，機械単価は，運転時間当たりのほか，日当たり，月当たり等も機種や作業の関係から採用されることが多い。

　　リース・レンタル方式の場合，一般土工機械のように機械単体でリースするケースと，クレーンのように運転手を含めてリースするケースとがある。

　　前者のケースでは〔図4－2〕における「機械損料」が一般的なリース料に相当する。したがって，「運転経費」等他の構成要素は別途予算計上しなければならない。また，〔図4－2〕の構成要素以外に，機械返納時に整備費が発生する場合も多いが，その場合は損料とは別に計上した方が機械単価の比較等が容易になる。

　　一方，運転手も含めるケースではその他の構成要素もすべて含む場合もあるが，施工条件やリース機械の使用形態によっては元請けが負担する場合もあるので，前述（☞ P－97　4.4.5　機械経費）したように賃借条件を文書で取り交わしておく。

　　その他，リース・レンタル方式を採用する場合は，次の事項について留意する。
　①　長期に渡ってリースする場合は月極め契約等，単価の割引についても折衝する。
　②　ひとつの機械を昼夜で使用する場合等，特殊なケースで使用する場合は，事前にリース会社と折衝して単価を決定する。

Ⅰ 解 説 編

③ 定期整備費や現場修理費は機械の使用期間や使用状況により負担する主体が異なることが多いので，上記文書の取り交わしの際は詳細な確認が必要である（例としてはリース期間と定期整備費および返納時の整備費との関係，リース中に機械が故障した場合の修理費等があげられる）。

④ 燃料油脂費を元請けが負担する場合は機種別・規格別の標準運転時間当たりの燃料，潤滑油消費量にその単価を乗じて求める。

⑤ なお，長期にわたってリースする場合，燃料，油脂等については調達価格についてリース会社と元請けとの比較を行い安価な方を採用する。

⑥ 消耗部品費を元請けが負担する場合は，過去の実績と現場条件に応じて計上するが，運転経費に対する乗率で算定する場合が多い。

以上述べた運転1日当たりの機械単価は，機種別・規格別に作成して一覧表にしておき一定期間ごとに補正していくと予算作成のつど調査せずに済み，非常に便利である。また，機械損料や機械単価は稼働率を考慮して決めるようにすることが望ましい。

機械単価表の一例を〔表4−9〕に示す。

〔表4−9〕 機械単価の一例（「建設機械等損料算定表」，「月刊建設物価」による）

機 種	仕 様	単位	単 価	単 位 内 訳			
				機械賃料	労務費	油脂燃料費	適用
ブルドーザ	普通 11t級	日	45,800	10,700	28,900	6,240	4.9hr/日
〃	湿地 13t級	〃	46,800	11,700	28,900	6,240	〃
バックホウ	クローラ型 山積0.45㎥（平積0.35㎥）	〃	40,000	5,300	28,900	5,816	5.8hr/日
〃	〃 山積0.8㎥（平積0.6㎥）	〃	47,500	8,500	28,900	10,144	〃
ダンプトラック	4t積級	〃	34,500	5,400	25,400	3,715	5.9hr/日
クローラクレーン	油圧式4.9t吊	〃	47,500	16,600	28,900	2,088	6.0hr/日
タイヤローラ	質量8〜20t	〃	37,300	4,400	28,900	4,060	5.0hr/日
タンパ・ランマ	〃 60〜80kg	〃	26,500	500	25,400	696	〃

（注）1．下請経費を含まず。各機種は排ガス対策型（第2次）とし単価は有効3桁としている。
2．「機械賃料」は「建設物価」による。なお，長期割引を適用している。

(3) 機械単価の決め方（自社機械の場合）

請負各社の機械損料算定方法は，各社の事情で多少異なっているが次のような考え方が一般的であると思われる。

a 償却費

償却費率には定額償却法と定率償却法とがあり，請負各社によっていずれかの方法を採用しており，また，重機械と一般機械に対して別の償却法を適用している会社もある。つまり，重機械のうちのバックホウ，ブルドーザ等の大型機械は拘束損料（日当たり）と稼働損

料(運転時間当たり)を組み合せた損料であるのに対し,小型機械は拘束損料(日当たり又は月当たり)だけにしている等である。しかし,最近の傾向として上記の拘束,稼働損料の組合せ損料はあまり適用されなくなり,拘束いわゆる供用損料1本(日当たり又は月当たり)にして,しかも機械の所有年次による年次損料をやめて,各年次共通の定額損料として管理業務の合理化・簡素化を図っているところが多くなってきている。

機械経費は原則として運転時間当たり損料を算出して求めるのが一般的である。運転時間とは,機械の主エンジンが運転している時間をいい,出来高となる直接生産作業をする実作業時間のほかに,小移動・小待機・暖気運転等の時間を含むものである。機械の作業能力や運転経費等を算定するときに,運転時間と実作業時間とを混同しないようにする必要がある。

〔図4-3〕に償却費率のグラフを示す。

また,耐用時間には税法上の法定耐用年数と,それに関係のない実用耐用年数とがあり,請負各社とも償却費の算定には実用耐用年数を採用しているようである。

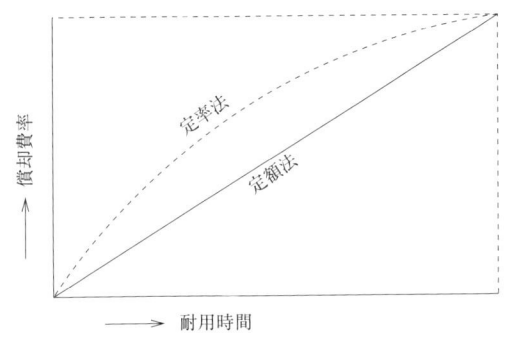

〔図4-3〕 償却費率

b 定期整備費,現場修理費

これらは実績値のばらつきが大きく,作業条件によっても差異があるので,状況に応じてそれらの率を修正する必要がある。また,現場からモータープールに返却された機械の返納時修理費のうち,明らかに現場で適切な管理を怠り,その使用方法が不適当であったために生じた修理費等はこの率でカバーされないで除外して当該現場負担としている場合が多い。しかし,原則として返納時修理費はできるだけ損料に含めて,特別の場合以外は当該現場負担にしないようにして償却費同様に管理業務の合理化を考えているのが最近の傾向である。

現場修理費は,現場負担として,損料には計上していない会社もある。

c 管理費

単位時間当たりの機械費に占める管理費の比率はかなり大きく,年間稼働時間により時間当たり管理費率は大きく変わってくる。作業条件により,機械の稼働状況が著しく低く見込まれる場合は管理費率も補正する必要がある。

Ⅰ 解 説 編

d 機械損料算定基本式

$$1\text{時間当たり損料}=\text{基礎価格（千円）}\times\frac{\text{償却費率}+\text{維持修理費率}+\text{使用年数}\times\text{年間管理費率}}{\text{使用年数}\times\text{年間運転時間}}$$

（例）ブルドーザ21 t 級（普通・排出ガス対策型）（第2次基準値）

$$1\text{時間当たり損料（円／h）}=32,100\text{千円}\times\frac{0.87+0.40+11.5\times0.10}{11.5\times720}=32,100\text{千円}\times\frac{2.42}{8,280}$$

$$=32,100\text{千円}\times0.0002922=32,100\text{千円}\times296\times10^{-6}$$

$$=9,379 \fallingdotseq 9,370\text{（円／h）}$$

e 自社機械を使用する場合の留意事項

自社保有の機械を使用する場合は，次の事項について留意する。

① 機械損料は社内でルール化された損料による。

② 現場修理費は現場負担として過去の実績と現場条件に応じて計上するが，実績の蓄積より標準的な機種，作業の場合には損料の何パーセントという計上方法がより合理的である。この場合も社内ルールとして定めておく必要がある。

③ 運転労務費は一般には請負会社のオペレーター等の費用であり，その給与，手当，賞与，退職金を計上する。月給制のところが多いが，この場合は月間運転時間から換算する。

④ 燃料油脂費は機種別・規格別の標準運転時間当たり燃料，潤滑油消費量にその単価を乗じて求める。

⑤ 消耗部品費は現場修理費と同様に，過去の実績と現場条件に応じて計上するが，運転経費に対する乗率で算定する場合が多い。

f 国土交通省建設機械等損料定義（参考）

国土交通省の「建設機械等損料算定表」は，機械を保有する請負会社から国土交通省が実態調査を行い，基礎価格，標準使用時間数，供用1日当たり損料等について定めているもので，自社損料を定める際の参考として，一例を〔表4－10〕に示す。

第4章　実行予算作成方法

機械損料における「運転日数」と「供用日数」

　機械損料に関して「運転日数」,「供用日数」という言葉が用いられるが，一般的にその区分は次のようになる。

--- 運転日数 ---

　運転時間の多少にかかわらず，作業のために機械が実際に運転された日を通算したもので，運転時間には次の項目が含まれる。

　　1）　機械の実作業時間
　　2）　目的作業のための自走時間
　　3）　目的作業に伴うエンジンの空転時間
　　4）　組み合わせ施工における，一般的な待ち時間

--- 供用日数 ---

　運転の有無にかかわらず，工事現場に搬入されている日数で，搬入した日から搬出する日までを通算した以下の数値に，搬入・搬出に要する日数を加えた日数となる。

　　1）　機械の運転日
　　2）　日曜，祭日等の作業休止日
　　3）　悪天候で作業のできない日
　　4）　工事現場における機械の修理・点検の日
　　5）　工事現場における組立・解体の日
　　6）　法令，契約，その他工事施工上の必要または発注者の都合によって，機械が工事現場に拘束される日

　一方，機械損料は償却費，維持修理費，管理費で構成されるが，運転時間，運転日数に応じて発生する費用（変動費）として
　　償却費×1/2＋維持修理費
供用日数に応じて発生する費用（固定費）として
　　償却費×1/2＋管理費
とに区分される。
　なお，「〔表4-10〕建設機械等損料算定表（抜粋）」のなかで(8),(9)は運転損料（変動費），(10),(11)は供用損料（固定費）に関わる数値であり，(12),(13)は運転損料（変動費）と供用損料（固定費）を統合して運転1時間当たりに均した数値であり，(14),(15)は統合して供用1日当たりに均した数値である。

Ⅰ 解説編

[表4−10] 建設機械等損料算定表（抜粋）

「令和6年度版建設機械等損料算定表」より抜粋

機械名	規格 諸元	機関出力 kW	機械質量 (t)	(1) 基礎価格 (千円)	(2) 標準使用年数 (年)	(3) 運転時間 (時間)	(4) 運転日数 (日)	(5) 供用日数 (日)	(6) 維持修理費率 (%)	(7) 年間管理費率 (%)	残存率 (%)	(8) 運転1時間当たり 損料率 (×10⁻⁶)	(9) 運転1時間当たり 損料 (円)	(10) 供用1日当たり 損料率 (×10⁻⁶)	(11) 供用1日当たり 損料 (円)	(12) 運転1時間換算値 損料率 (×10⁻⁶)	(13) 運転1時間換算値 損料 (円)	(14) 供用1日当たり換算値 損料率 (×10⁻⁶)	(15) 供用1日当たり換算値 損料 (円)	摘要
ブルドーザ	ガソ21t級(普通)	152	21.9	32,100	11.5	750	120	190	40	10	15	96	3,080	721	23,100	278	8,920	1,098	35,200	低騒音型、※ROPS装備車を含む
〃	ガソ20t級(湿地)	139	20.3	24,800	11.5	750	120	190	40	10	15	96	2,380	721	17,900	278	6,890	1,098	27,200	
バックホウ	ガソクローラ型山積0.8m³(平積0.6m³)	104	19.8	14,100	9.0	700	120	180	25	10	15	107	1,510	818	11,600	317	4,470	1,235	17,400	
〃	ガソクローラ型山積0.13m³(平積0.1m³)	25	4.2	4,610	10.0	—	90	160	25	10	14	(日)756	(日)3,490	894	4,120	(日)2,344	(日)10,800	1,319	6,080	
タンパ及びランマ	(質量)60〜80kg	3.0	0.04	219	6.0	—	90	120	35	8	7	(日)1,509	330	1,313	288	(日)3,259	(日)714	2,444	535	
タンプトラック	10t級(オンロード・ディーゼル)	246	9.7	14,400	10.5	830	140	180	40	13	13	96	1,380	952	13,700	302	4,350	1,394	20,100	タイヤの消耗費は別途とする
変圧器(トランス)	(油入変圧器・単相)500kVA	—	1.2	2,700	20.0	—	—	220	60	8	7	—	—	711	1,920	—	—	711	1,920	トランス油を含む
タイヤローラ	ガソ8〜20t	71	14.8	9,300	14.5	350	70	130	30	10	9	149	1,390	1,011	9,400	524	4,870	1,411	13,100	低騒音型機械を含む
バイブロハンマ(単体)	起振力344〜362	45	3.8	7,150	10.0	470	80	120	45	10	10	191	1,370	1,208	8,640	500	3,580	1,958	14,000	懸垂チャック装置一式、二次冷却ケーブル成形ショッククワリーパッキ含む
油圧式鋼管圧入引抜機(4本ジャッキ式)	管径1,000mm 圧入力980 引抜力3530	30	10.0	13,000	10.0	—	—	80	35	10	10	—	—	2,813	36,600	—	—	2,813	36,600	油圧ユニットを含む。ジャッキストローク0.5m
工事用水中モータポンプ	口径100mm 全揚程10m	3.7	0.06	245	10.5	—	100	140	115	8	8	(日)1,533	(日)376	884	217	(日)2,771	(日)679	1,980	485	

（注）(日) は1日当り、ガ印は排出ガス対策型（第2次基準値）機種を示す

※ROPS：転倒時保護構造

(4) 機械の分類

現在多く使用されている機械分類の一例を〔表4-11〕に示す。

〔表4-11〕 建 設 機 械 分 類 表　　　　　(その1)

分　類　項　目	該　　当　　機　　械
1．ブルドーザ及びスクレーパ	ブルドーザ，スクレープドーザ，被けん引式スクレーパ
2．掘削及び積込機	小型バックホウ，バックホウ，トラックバックホウ，ドラグライン及びクラムシェル，泥上掘削機，クローラローダ，ホイールローダ，バックホウ用アタッチメント
3．運搬機械	ダンプトラック，トラック，トレーラ，不整地運搬車
4．クレーンその他の荷役機械	クローラクレーン，トラッククレーン，ラフテレーンクレーン，タワークレーン，ジブクレーン，門型クレーン，ケーブルクレーン，工事用リフト，工事用エレベータ，フォークリフト，玉掛外しロボット，高所作業車
5．基礎工事用機械	ディーゼルハンマ，油圧ハンマ，バイブロハンマ，杭打ち用ウォータージェット，アースオーガ，クローラ式杭打機，油圧式鋼管圧入引抜機（ジャッキ），油圧式杭圧入引抜機，クローラ式サンドパイル打機，粉体噴射攪拌機，クローラ式アースオーガ，トラック式アースオーガ，ラフテレーンクレーン装着式アースオーガ，揺動式オールケーシング掘削機，全回転型オールケーシング掘削機（硬質地盤用），アースドリル，リバースサーキュレーションドリル，地下連続壁施工機，等厚式ソイルセメント地中連続壁施工機，泥排水処理装置，アルカリ水中和装置，汚泥吸排車，グラウトポンプ，グラウトミキサ，ニューマチックケーソン施工機器，深層混合処理機（スラリー式），高圧噴射攪拌用地盤改良機，深礎用ロータリ吹付機，水中切断機，杭抜き機，杭破砕機
6．せん孔機械及びトンネル工事用機械	ボーリングマシン，ダウンザホールハンマ，さく岩機，さく岩機大型ブレーカ（ベースマシン含まず），クローラドリル，ドリルジャンボ，自由断面トンネル掘削機，バックホウ，クローラローダ，ホイールローダ，ズリ積機，電動油圧ショベル（ズリ積用），コンクリート吹付機，ダンプトラック，支保工建込エレクタ，油圧式トンネル切削機（ベースマシン含まず），濁水処理装置，グラブホッパ，グラブリフター，トンネル断面測定器，機関車，シャトルカー，油圧転倒装置，NATM用機器，シールドマシン用機器，泥水式シールド関連機器，泥水式・泥土圧式共通機器
7．モータグレーダ及び路盤用機械	モータグレーダ，スタビライザ，ミキシングプラント，超軟弱地盤用混合機
8．締固め機械	ロードローラ，タイヤローラ，振動ローラ，タンパ及びランマ，振動コンパクタ，土工用振動ローラ
9．コンクリート機械	コンクリートプラント，アジテータトラック，コンクリートポンプ車，コンクリートポンプ，コンクリートプレーサ，アジテータカー

Ⅰ 解説編

(その2)

分類項目	該当機械
10. 舗装機械	アスファルトプラント，アスファルトフィニッシャ，アスファルトケットル，ディストリビュータ，チップスプレッダ，アスファルトクッカ，コンクリートスプレッダ，コンクリートフィニッシャ，コンクリートレベラ，コンクリート簡易仕上機，コンクリート横取機，インナーバイブレータ，アスファルトエンジンスプレーヤ，アスファルトカーバ，プレーサスプレッダ，スリップフォームペーバ，キュアリングマシン
11. 道路維持用機械	路面ヒータ，ジョイントクリーナ，ジョイントシーラ，路面清掃車，ラインマーカ，区画線消去機，路面切削機，路上表層再生機，ガードレール清掃車，路面安全溝切削機（グルービング機械），散水車，ガードレール支柱打込機，床版上面増厚機，マイクロサーフェースマシン，排水性舗装機能回復機，コンクリートカッタ
12. 空気圧縮機及び送風機	空気圧縮機，送風機，ファン
13. 建設用ポンプ	小型うず巻ポンプ，深井戸用水中モータポンプ，真空ポンプ，工事用水中モータポンプ（潜水ポンプ），水中サンドポンプ（攪拌装置付工事用水中ポンプ），スラリーポンプ
15. 電気機器	変圧器（トランス），高圧気中開閉器（柱上用・手動操作形），キュービクル式高圧受変電設備，発動発電機
16. ウインチ類	電動ホイスト（電動トロリー式），ウインチ，チェーンブロック
17. 試験測定機	CBR試験器（現場用），ガス検知器，騒音計・振動計測機器，粉塵計，トータルステーション
18. 鋼橋・PC橋架設用機器	架設桁，ベント，門型クレーンフレーム，門型クレーン走行装置，電動ホイスト，チェーンブロック，ギャードトロリー，巻上機，ウインチ，油圧ジャッキ，センターポールジャッキ，ジャーナルジャッキ，油圧ジャッキ送り台，油圧ポンプ，重量台車，自走台車，発電機積載台車，多軸式特殊台車，油圧式昇降ジャッキ本体，送り出しローラ，鉄塔，キャリア，サドル，バックステイ調整装置，ケーブル定着装置，ターンバックル，ロープハンガ，アンリーラー，送り出し装置，横取り装置エンドレスローラ型，鋼桁横取装置油圧ジャッキ式，降下装置ジャッキングホイスト，降下装置（鋼橋用），手延機，トラベラークレーン，トラベリングエレクションクレーン，移動型枠工，桁吊り装置，二組桁用桁吊り装置，桁吊り金具，桁吊り門構移動装置，横取装置スチールボール型，片持架設用移動作業車，押出し手延桁，手延先端油圧ジャッキ，集中方式押出し工法用機器，アンカー，押出しジャッキ，油圧ポンプ，分散方式押出し工法用機器滑り架台，水平ジャッキ，鉛直ジャッキ，中央制御盤，現場制御盤，大型移動支保工，地覆高欄作業車，台車式PC桁横取装置，仮受梁，電気溶接機，整流器，フラックス回収器，溶接棒乾燥機，溶接裏当材治具，レバーブロック，チルホール，電動油圧チルホール，仮締ボルト，ドリフトピン，工具，溶接部超音波探傷装置（自動・手動），工具，軌条，枕木，グラウト注入器，グラウトミキサー

第4章　実行予算作成方法

(その3)

分類項目	該　当　機　械
20. その他の機器	コンクリートミキサ，骨材計量器，コンクリートバケット，コンクリートバイブレータ，インパクトクラッシャ，電気溶接機，ベルトコンベヤ，急結剤供給装置，種子吹付機，中小型トラック，草刈機，フロート，工事用高圧洗浄機，自走式破砕機，自走式土質改良機，自走式木材破砕機，コンクリート穿孔機，コンクリート壁面カッター
30. 主作業船	ポンプ浚渫船，グラブ浚渫船，揚土船（リクレーマ船），杭打船，深層混合処理船，サンドコンパクション船
31. 付属作業船	引船，ガット船，台船
32. 作業船用付属品	排砂管，仕切弁，曲管，分岐管，フロータ，ジョイント，汚濁防止枠，ケーシングパイプ等
33. 港湾工事用付属機器	受変電機器等，ケーブル，浮標灯等，測定・探査機器

(5) **予算作成の方法**

　機械費は一般に，運転1日当たりの機械単価を作業単位量当たりのコスト（例えば掘削㎥当たり等）に換算して算定する。

　一例をあげると，バックホウ（山積0.8㎥（平積0.6㎥））の運転1日当たりの機械単価が47,500円で1日300㎥の掘削作業をする場合，その掘削㎥当たりのコストは

　　　47,500円／日÷300㎥／日＝158.3≒153円／㎥

となる。

　機械費の算定に最も影響の大きいのが，機種の選定，組合せと共に各使用機械ごとの運転1日当たりの作業能力（例えば，1時間に何㎥掘削できるか，1日当たり何時間稼働できるか等）と年間（月間）作業日数である。

　機械単価は稼働時間によって著しく変動する。したがって，予算作成における機械の稼働時間設定では，地形・気象・作業内容・土質等を考慮して一日当たりの拘束時間・運転時間・月間作業日数・年間作業日数を算定する必要がある。

　次に留意しなければならないのは，昨今の多様化した工事現場内の作業，特に市街地工事等では，機械が種々の作業の制約条件（例えば騒音・振動による環境問題，交通渋滞による車両運行の支障，作業場所が点在して非能率である，地下支障物が多い，作業時間制限がある等）によって，標準的な作業能力を見込めないことが多いので，作業能力の設定は慎重に行うことが重要である。

　機械化作業が主体となる工事では，概してオペレータの予備員を多少見込んでも主要機械の遊休が少なく，稼働時間をできるだけ多くすることが機械費節減の基本である。

Ⅰ 解説編

4.4.6 外注費

外注費とは下請契約に基づき出来高に応じて協力会社（下請負者）に支払う費用をいい，材料・機械を作業と共に提供し，これを完成することを約束した支払額をいう。

(1) **外注費の構成**

外注費は，下請負契約による協力会社（下請負者）持ちの費用一切でその構成は〔図4－4〕のとおりである。

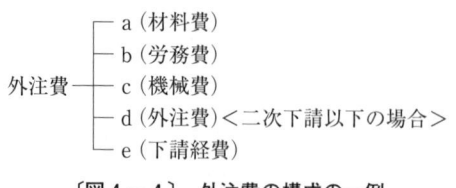

〔図4－4〕 外注費の構成の一例

a **材料費**

協力会社（下請負者）が自社の責任において調達する材料費である。

b **労務費**

協力会社（下請負者）が直接あるいは間接的に雇用する作業員に支払う費用である。

c **機械費**

協力会社（下請負者）が自社の責任において調達する機械に要する費用である。

d **外注費〈二次下請以下の場合〉**

外注費はできるだけ材料費・労務費・機械費・下請経費に分解して算出するが，二次下請以下の会社に一部を外注して要素区分を分割することが難しい場合には契約項目ごとに〔単価×数量＝金額〕というように計上する。

例えば，地質調査・電気防触・特殊地盤改良など専門業者の施工部分などが二次下請以下にある場合である。

e **下請経費**

下請負契約をした協力会社（下請負者）の経費で，直接施工に従事する作業員の賃金（労務費に計上）以外のもので，〔図4－5〕のとおりである。

下請経費は可能であれば積上げ計上が望ましいが，現実的には下請経費率による計上もやむを得ない。

下請経費率は，協力会社（下請負者）の経営規模・業種・元請・下請の負担区分によって変わってくるのは当然である。つまり，①経営内容が確立していて自主管理のできる場合，②年間施工高の多寡，③専門とする業務形態（労務主体，機械主体など），④仮設材料等の負担により異なってくる。

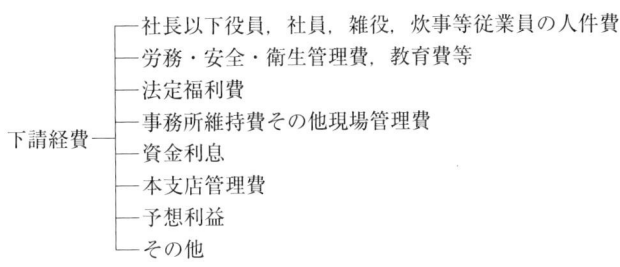

〔図4－5〕 下請経費の項目

なお，労務管理費の中には作業員の募集および解散に要する費用（赴任手当，解散手当を含む），元請による支給の対象とならない作業用具等を含む。安全・衛生管理費の中には日常的な安全・衛生活動の費用も含まれるが，安全訓練等元請が負担すべき費用との区別が必要となる。

(2) **外注費の算定**

外注費は〔Σ契約項目単価×数量〕であるが，可能な限り契約項目を①材料費・②労務費・③機械費・④外注費・⑤下請経費に区分して計上することが望ましい。

〔契約項目〕
　①材料費
　②労務費
　③機械費
　④外注費
　⑤下請経費

4.4.7 作業単価内訳の作成

作業単価表は予算体系の各作業ごとに，前項までに述べた各要素別（材料・労務・機械・外注の各要素）単価を加算して作成する〔図４－６参照〕。

〔図４－６〕 作業単価内訳作成のフローチャート

次に，コンクリート擁壁工事におけるコンクリート工の作業単価内訳の一例を示す〔図４－７，表４－12，13，14－１，14－２参照〕。

〔表４－12〕 作業単価内訳の一例

作業単価表	
作業	要素
コンクリート（作業単価）	材料費（価格×歩掛） 労務費（賃金×歩掛） 機械費（機械単価×運転時間） 外注費（外注単価×数量） （＋ ＝ Σ（要素別単価）

（条件）
逆Ｔ型鉄筋コンクリート擁壁
高さ３ｍ，延長＝300ｍ，コンクリート数量＝402㎥
15ブロックに分割し，１ブロック（20ｍ）ごとに施工する。
コンクリートは生コンクリート使用。
コンクリートポンプ打設とする。
１ブロック当たり
402㎥÷15ブロック＝26.8㎥（底部12.5㎥ 立上り14.3㎥）
（別ブロックの底部と立上りを１回に打設する）
（このほかに基礎コンクリート60㎥あり）

〔図４－７〕 作業概要

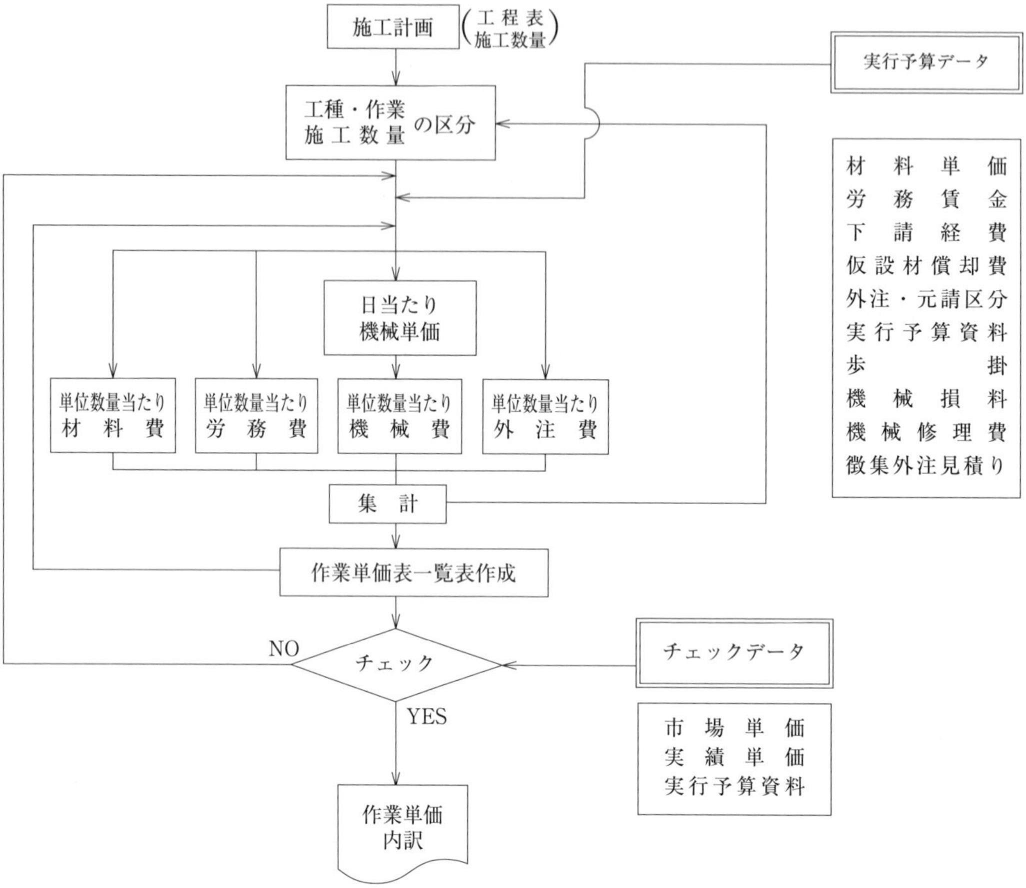

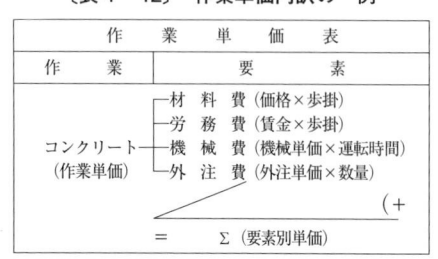

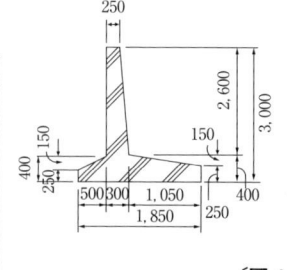

〔表4－13〕 第1号作業単価内訳

コンクリート $\begin{pmatrix} 1ブロック当たり \\ 402㎡÷15＝26.8㎡ \\ 底部　12.5㎡ \\ 立上り　14.3㎡ \end{pmatrix}$　　　作業数量　26.8㎡

1㎡当り　29,520円

名　称	規　格	単位	数量	単　価	金　額	摘　要
材料費						
生コンクリート	24-12-25	㎥	27.6	20,100	554,760	26.8㎡×1.03（ロス）
モルタル	1：3	〃	0.25	23,800	5,950	打設1回当たり
計					560,710	
1㎡当たり					20,920	560,710円÷26.8㎡≒20,922円／㎡
外注費						
（労務費）						
土木一般世話役		人	0.5	31,000	15,500	作業員×1／7
特殊作業員		〃	1	28,300	28,300	1人／日×1日
普通作業員	打設	〃	2	25,400	50,800	2人／日×1日
〃	養生	〃	0.5	25,400	12,700	0.5人／日×1日
小計					107,300	
（材料費）						
消耗工具		㎡	26.8	370	9,916	〔表4-14-1〕第2号作業単価内訳
雑材料		〃	26.8	140	3,752	〔表4-14-2〕第3号作業単価内訳
小計					13,668	
（外注費）						
ポンプ打設料		式	1		88,300	オペ，燃料含む
（下請経費）						
下請経費		式	1		21,460	労務費×20％
計					230,728	
1㎡当たり					8,600	230,728円÷26.8㎡≒8,600円／㎡
合計					29,520	20,920円＋8,600円

Ⅰ 解 説 編

〔表4-14-1〕 第2号作業単価内訳

消耗工具370円／㎥

名　　　称	規　　格	単位	数　量	単　価	金　額	摘　　　要
バイブレータ	高周波φ40㎜×4本	組日	2	4,800	9,600	賃料（インナパイブ，発電機，インバーター）前日搬入
そ の 他	こて他	㎥	26.8	20	536	
計					10,136	10,136円÷26.8㎥≒378円／㎥

〔表4-14-2〕 第3号作業単価内訳

雑材料140円／㎥

名　　　称	規　　格	単位	数　量	単　価	金　額	摘　　　要
養 生 マ ッ ト	1.2m×50m×3㎜	巻	5	5,800	29,000	17,400円／巻×15回／45回
シ ュ ー ト	0.6×914×1,830	本	10	1,440	14,400	9,340円／本×462㎥／3,000㎥
鋼 製 足 場 板	軽量240×4,000	枚	20	450	9,009	3,900円／枚×462㎥／4,000㎥
単 管 パ イ プ	4m×φ48.6×2.4㎜	本	40	261	10,440	2,260円／本×462㎥／4,000㎥
そ の 他	養生剤他	式	1		3,142	上記（62,849円）×5％
計					65,991	65,991円÷462㎥≒143円／㎥
<u>コンクリート：消耗工具・雑材料（1㎥当たり）</u>配分数量462㎥ $\begin{pmatrix}均しコンクリート　60㎥\\躯体コンクリート　402㎥\end{pmatrix}$						

4.5　仮設工事費の予算作成

仮設工事費の意義については，P－56「3.2.4詳細計画(4)仮設工事計画」の項で述べたとおりである。また，仮設工事の分類と内容についても同項の〔表3－13〕及び〔表3－14〕に示すとおりである。

4.5.1　構成と予算作成方法

仮設工事費の構成は材料費・労務費・機械費・外注費からなり，直接工事費と同じ構成である。このうち，材料費は仮設に使用する仮設材料で，任意仮設の場合は請負者独自の判断で使用でき，効率のよい償却・転用を図ることでコストダウンにつながり，請負者のノウハウを発揮できるものである。その他の要素については，直接工事費と根本的な考え方の違いはない。

4.5.2　予算作成のポイント

① 任意仮設の計画は請負者独自の考え方で計画・施工ができるもので，請負者の技術力を駆使して合理的な仮設計画を立てることが重要である。現場経験や専門知識の豊富な人たちで十分な現地調査をして，よく検討された施工計画に基づいて可能な限りの資料を準備して行わなければならない。

② 仮設工事には各工種に共用する共通仮設，一つの工種専用の特定仮設並びにその他の雑仮設とがある。共通仮設は設置期間が長く重要なものが多いので，その計画，予算作成は慎重に検討すべきである。また，特定仮設は直接工事と一体になって考えられるべきものであるから，その工事種類の重要性に応じて計画し，予算を作成する必要がある。

③ その工事の死命を制するような重要な仮設で将来工事期間中にその機能アップの必要が考えられるときは，必要にして十分な設備が増設可能なように計画しなければならない。その他の仮設にあっては多少の余裕は必要であるが，設備投資を極力少なくする意味でも無駄のない設備になるよう計画しなければならない。

④ 工事規模に比較して仮設規模が過大にならないようにする必要がある。

⑤ 仮設計画，仮設予算作成は細かく積み上げるほど割高になりやすいので，過去の実績などを参考に全体をマクロ的につかんで検討する必要がある。

⑥ 仮設工は特殊な場合を除いて移動や撤去を伴うが，特に撤去が容易なように計画・施工することが重要である。設置は安価であったが移動・撤去が割高であれば，全体として最適な仮設とは言えない。そのためにも請負者の技術力・ノウハウを駆使して最適と考えられる計画にしなければならない。

Ⅰ 解 説 編

⑦　仮設工は一般に短期的な設備が多いので，仮設物の設計や使用材料は本体構造物に比べ安全率を割り引いて計画する場合が多いが，安易に考えてはならない。また使用材料は規格にとらわれず，経済性を考えて認定された仮設材料の組合わせで決めることが望ましい。

⑧　仮設工は一度設備すると，工事途中における設備変更はきわめて困難であるばかりでなく，多大な出費を余儀なくされ，本工事の工程遅延はもとより，現場の士気低下につながり，発注者に対する信用も失われることになるから避けなければならない。そのためには事前に入念な施工計画の検討が必要である。

⑨　技術力を結集して行った合理的な仮設工は，他工事へのフィードバックや他の資料とするために，その計画，算定の資料はもとより，施工記録や事後では実証困難な部分の写真等を施工中に取りまとめておくことが大切である。

⑩　当該工事に関する経費について，本支店からの振り替えを計上する場合もある。

4.5.3 仮設工事の作業単価内訳の作成

仮設工事における作業単価内訳の一例を〔表4－15〕に示す。

〔表4－15〕 仮設工事の作業単価内訳の一例

材料置場　　　　　　　作業数量200㎡

900円／㎡

名　称	規　格	単位	数量	単価	金　額	摘　　　要
材料費						
再生クラッシャラン	RC-40	㎥	22	1,200	26,400	0.1m×200㎡×1.1
雑材料		式	1		8,000	
計					34,400	
1㎡当たり					170	34,400円÷200㎡≒172円/㎡
外注費						
（労務費）						
土木一般世話役		人	0.6	31,000	18,600	作業員×1/7
普通作業員		〃	4	25,400	101,600	2人×2日
小計					120,200	
（材料費）						
消耗工具		式	1		3,606	労務費×3％
（下請経費）						
下請経費		式	1		24,040	労務費×20％
計					147,846	
1㎡当たり					730	147,846円÷200㎡≒739円/㎡
合　計					900	170円＋730円＝900円

4.6 現場管理費の予算作成

4.6.1 意　義

　工事費のうち，直接に工事施工に要する費用（直接工事費＋間接仮設工事費）以外の費用はいわゆる諸経費であるが，そのうちで一般管理費他と利潤を除いたその工事現場に必要な間接的な費用を現場管理費という。

　現場管理費の費目は前出Ｐ－14〔表２－２〕の経費の欄のように定められているが，その分類定義は必ずしも明確ではなく実際の取扱い・運用にあたっては，発注者間，請負者間で統一されていないのが現状である。

　発注者の積算に採用する現場管理費の算定は，直接工事費，共通仮設費並びに，〔図４－８〕の工事条件によってその「率」は変動する。その算定は発注者ごとに定められており，国土交通省では（直接工事費＋共通仮設費＋支給品費＋無償貸与機械評価額）×現場管理費率で算出している。

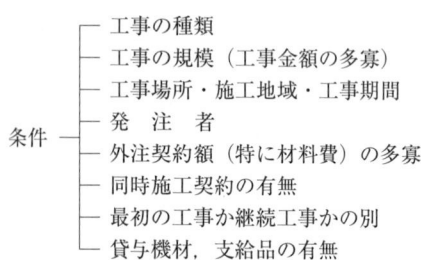

〔図４－８〕　現場管理費算定時の工事条件（発注者の率設定条件）

　請負者の積算見積り・実行予算作成での現場管理費は，発注者積算のように管理費率を乗じて算出するのではなく，現場管理に必要な各費目ごとに積み上げて計上しなければならない。現場管理費は請負者にとって不可欠であって，その中で一番大きなウエイトを占めるものは現場社員の給料関連の費用である。最近では安全関連費用や福利厚生費用等の増加等もあって軽視できないし，必要なものは忘れずに計上しなければならない。

　一方，会社経営の立場からみれば，コストダウンによって企業努力につながる費用であるので，予算作成にあたってはその意義をよく認識しなければならない。

　なお，外注契約によって協力会社（下請負者）負担のものは現場管理費には計上しない。

4.6.2　構成と内容

　現場管理費の構成は，発注者間・請負者間で同一でなく，異なっている。したがって，その構

成と計上基準については詳細な社内ルールを定め，周知徹底を図らなければならない。請負者についてその一例を述べる。

(1) 労務管理費
   ① 現場契約派遣社員の賃金
   ② 現場契約事務員の賃金
   ③ 賄婦の賃金
   ④ 安全管理諸費用（教育，訓練，行事等）

> **コラム　安全管理諸費用**
>
> 安全管理に関わる費用としては，「3.2.5現場管理計画〔表3－22〕安全衛生行事計画の一例」のような内容が考えられる。厳密にいえばここでの行事内容は，作業員を拘束するという点で，すべて原価として発生するので，予算化する必要がある。
> 　ただし，日常的な内容および週間的な内容については，協力会社との請負契約書に明記することで請負契約に含むものとし，それ以外の内容は現場管理費のなかで計上するのが一般的である。請負契約に含ませる場合は外注費の下請経費のなかで処理する。
> 　一方，自社の作業員がいる場合は，現場管理費において計上する。

(2) 法定福利費
   ① 労災保険料（労災保険料及び法律に定められた医療費，休業補償費の事業主負担分）
   ② 社会保険料（健康保険料，厚生年金保険料，雇用保険料等の事業主負担分）
   ③ 建設業退職金共済制度（証紙代で全額事業主負担）

参考として，労災保険料の労務費率と労災保険率の一例を，〔表4－16〕に示す。

〔表4－16〕労災保険料の労務費率と労災保険率の一例（注）

事業の種類	請負金額に乗ずる労務費率(%)	労災保険率
1. 水力発電施設，ずい道等新設事業	19	34/1,000
2. 道路新設事業	19	11/1,000
3. 舗装工事業	17	9/1,000
4. 鉄道又は軌道新設事業	19	9/1,000
5. 建築事業	23	9.5/1,000
6. 既設建築物設備工事業	23	12/1,000
7. 機械装置の組立又は据付けの事業　組立又は取付けに関するもの	38	6/1,000
7. 機械装置の組立又は据付けの事業　その他のもの	21	6/1,000
8. その他の建設事業	23	15/1,000

（注）令和6年4月1日改定

Ⅰ 解説編

(3) 補償費

用地補償費，立木農作物補償費，事故補償費，隣接物毀損補償費，公害補償費（騒音，振動等）等である。

(4) 設計費（デザインビルド，詳細設計付工事）

社内設計料の負担額及び外注支払い設計料で，これに伴う製図代，測量代等も含む。

(5) 租税公課

現場に賦課される固定資産税，都市計画税，自動車税，軽自動車税等である。
① 国　税
印紙税法により納付する印紙税等で，請負契約書には収入印紙が必要である。
② 地方税
・固定資産税（土地，家屋，償却資産が対象で現場の仮設建物及び機械器具類が該当する場合がある）
・都市計画税（土地，家屋が対象で条例で定められた地域に限る）
・自動車税（社有車両を使用する場合）
③ 公　課
道路，河川敷使用料や諸出願手数料

(6) 保険料

法定福利費に計上した強制保険に対して，当該保険料は任意保険である。
① 火災保険
② 自動車保険（社有車両の場合。リース車は，賃料に含めて契約する。）
・車両保険（自動車自体の物的損害に対するもの）
・対人賠償保険（他人への賠償損害が自動車損害賠償責任保険の支払い額を超えた分に対するもの）
・対物賠償保険（他人の財物に対するもの）
・搭乗者損害保険（運転者，同乗者に対するもの）
・自動車損害賠償責任保険（第三者に損害を与えたときに対するもので，これは法定強制保険である）
③ 賠償責任保険（第三者障害に対するもの）
④ 工事保険（工事中に生じる損害に対するもの）
・建設工事保険（主として建築工事が対象）
・組立保険（各種の鋼構造物の組立が対象）
・土木工事保険〜担当部署と調整する。
・動産総合保険（あらゆる偶然の事故に対するもの）

・労働災害総合保険（労災保険で付保されないところを補うもので所謂，上乗せ保険料）

(7) 従業員給料手当

現場に勤務する社員及び準社員に対する給料と諸手当などである。諸手当の一例を示すと次のようなものがある。

・役付手当　・資格手当　・現場手当　・時間外勤務手当　・休日勤務手当　・宿日直手当
・火薬類取扱い保安責任者手当　・鉱山保安手当　・潜函手当　・住宅手当　・その他

工期が数年にわたる工事では給料手当の昇給分を見越して計上しておく必要がある。

(8) 従業員賞与引当金

現場に勤務する社員及び準社員に対する賞与を計上する。

(9) 従業員退職金引当金

現場に勤務する社員及び準社員に対する退職金と退職金引当金を計上する。

(7)〜(9)をまとめて「標準給与」等，あるいはJV工事の場合は「協定給与」とする場合もある。

(10) 福利厚生費

① 清掃用具，炊事用具，食事補助，娯楽・レクリエーションなどに関する費用
② 福利施設関係費用（テレビ，ラジオ，消火器，暖冷房設備，洗濯機，冷蔵庫，慶弔見舞金，医薬品費，健康診断料，吸取代，事業系ゴミ処理費等）

(11) 事務用品費

事務用備品，同消耗品及びそれに付帯する費用である。
什器備品，事務用機器，事務用消耗品，コピー印刷製本代，OA機器代等

(12) 旅費・交通費・通信費

① 旅費（出張旅費・赴任旅費・派遣旅費等）
② 交通費（近距離出張費，電車・バス・タクシー代，通勤定期代，傭車代，社有車の費用，有料道路通行料金，駐車料金等）
③ 通信費（郵便，電信，電話料及び電話架設・移設・撤去料等）

(13) 交際費

来客の接待費，中元歳暮等の贈答品費等

Ⅰ 解説編

(14) 広告・宣伝・寄付金

広告料，式典費，カレンダー・手帳・パンフレット代，地元神社祭礼その他の寄付金等

(15) 保証料

発注者の前払い金に対する保証料及び工事履行保証制度（平成8年度から採用）による保証料を計上する。工事の支払い条件によって前払い金を受領するときは，この前払い金の保証について保証会社と契約を結び保証料を支払わなければならない。前払い金額の金額区分ごとにそれぞれの保証料率を乗じて求めることになっている。また工事履行保証料は，2種類の保証構成のうち1種類を発注者が決め，その決められた保証方式の中での種類選択は請負者が決めるようになっている。

(16) 会議費・諸会費

工事打合せ会議費，各種会議，協力会社分担金等

(17) 雑費

上記のいずれの費用にも属さない費用で，来客用茶菓代・食事代・社員残業夜食補助費，寝具代，工事契約前調査・見積り及び乗込時諸費用，その他経常雑費等

(18) 出張所等経費配賦額等

工事事務所等において工事を施工する場合の管轄出張所（営業所）の費用（人件費，事務用品費等）の分担額を計上する。（会社の規範と社内規定によるが，通常は計上しない。ただしJV工事の場合は計上する場合もある。）

4.6.3 算定方法

請負者は現場管理費を各項目ごとに積上げ算定している。

現場管理費の中には工事金額にほぼ比例して定まるものもあるが，むしろ工事工期に比例して変動するものが多く，工程が大きく影響する。

経費費目中には法令等で定められた比率を適用するもの，すなわち労災保険，社会保険，租税公課，各種保険料の料率等がある。このうち労災保険（労働者災害補償保険）の保険料は，当該事業の種類によって料金が大きく変わり，適用にあたっては社内担当部署及び管轄の労働基準監督署とよく相談して適切な事業種類を選択することが重要で，当項目は現場管理費に占める割合が大きいので特に留意が必要である。

現場管理費のうち，最も多額の予算となるのは従業員（社員）給料関連となるので，社員編成と従事期間は社員1人月当たりの出来高（出来高生産性）などを基に，最少の社員数で最大の出来高や現場管理が実施できるよう慎重に決めなければならない。

予算作成にあたり大切なことは，各費目ごとに詳細に積上げた金額を請負金額全体に対する比率により，検討・修正してそのバランスを考慮しなければならないことである。

> **コラム　給与費の取扱い**
>
> 　企業によっては「従業員給料手当」，「従業員賞与手当」，「従業員退職金引当金」等を合算した金額を，例えば「標準給与」等の名称で定めている場合も多い。この場合は，その内容で予算に計上する。
> 　共同企業体の場合は，一般的に協定書等に明示されているので，その内容で予算に計上する。自社の規定と共同企業体の規定とに齟齬がある場合は，「自社原価」のなかで計上する。（例えば共同企業体が年齢給として定めているが，自社では職能給として規定している場合，その差額を自社原価として計上する。）

> **コラム　現場管理費の0計上**
>
> 　現場管理費については，請負会社独自の項目を集計表として定めている場合も多い。その場合，該当がない項目については0計上とする。独自の集計表がない場合は実行予算作成時に集計表を作成するようになるが，この場合，該当がない項目については削除するか，0計上とするかの二通りの考え方がある。削除した場合は，当該項目の費用が発生した際，対応する予算項目がないことになり，変更予算を作成しないと対処できない。特に支払いシステムを導入している場合は，支払い処理ができなくなることもあるので，社内事情が許されるなら，0計上とした方が原価管理上望ましい。

4.7　一般管理費他の予算作成

4.7.1　意　　義

　今まで述べてきた直接工事費，間接仮設工事費，現場管理費は，主として個々の工事を施工するために直接・間接に必要とされる費用であるが，営利会社としてはそれだけの経費では経営が成り立っていかない。すなわち，工事とは直接関係なく経営全般の管理運営上の経費が当然必要となってくる。これが一般管理費他である。
　つまり経常的な経営経費であって，個々の工事施工に必要な現場管理費とは異なり，経営規模あるいは業種等によって定まる固定的な経費である。

4.7.2 算定方法

一般管理費他は次の二費目からなると考えられる。

(1) 資金利息

請負工事契約をすると材料購入，協力会社（下請負者）への支払い，社員の人件費などの原価が発生してくる。このためこれらに支払う資金が必要となる。一方発注者からは前払い金や工事の部分完了（出来高）に応じて請負者が工事代金の一部を請求した場合は支払うのが原則（契約時の契約条件により支払い方法が異なる）となっており，これを一般に取下げ金と言う。

現場で必要な資金は請負会社が銀行などから借り入れ，そのつど商社や協力会社（下請負者）に支払っている。金融機関と資金の貸し借りが生ずると当然それに対して利息が発生する。この利息を当該工事で予算として一般管理費他に計上する。

利息の算定は，その工事の毎月の収入予定（発注者からの取下げ金（受入金））と支出予定（商社や協力会社への支払予定金）から金融工程表（前払い金・予想出来高・予想支出高・社内金利率の工程）を作成し，これを基に利息を算定する。

民間発注者工事で長期の手形サイトが支払い条件になっている場合は利息が大きくなるので注意が必要である。

社内金利は各会社ごとに年利率で決めている場合が多いようである。

(2) 本支店経費（会社経費）

本支店経費とは，本社・支店のような管理部署での発生費用のうち，工事費に割り当てられる費用をいう。その支出形態は現場管理費と大差はないが，この両者の区分は定義困難の面もあり，実状は各社ごとに相違があると思われる。

これは管理費賦課額（割掛け）と称し，一般には工事価格（請負工事全額－消費税）に対して各社ごとにその定義に従った一定の率を乗じて算定される。

4.8　予想利潤の確保

請負者が会社を維持発展させていくためには，適正利潤が必要なことは言うまでもない。予算に見込むべき適正利潤とは，工事契約の際の条件により，あるいは各請負者の施策や経営状態等により複雑であるが，工事価格（請負工事全額－消費税）に対して何パーセントと目標を立てるのが一般的である。

利潤の使用目的は次のとおりである。
① 資本金に対する配当金
② 上記①以外の自己資本に対する利息
③ 内部留保金
④ 役員の賞与
⑤ 税金（利益から支払う法人税等）

そこで，利潤を確保するために今まで述べてきた各費用を集計して工事原価＋一般管理費他を算定する。

Ⅱ．事例編A　「○○盛土及び土留め擁壁工事」の例により，その算定手順を述べる。

コラム　実行予算作成の手順（例）

実行予算作成に当たっては工種項目の欠落，数量間違い等を防止して，正確な実行予算を作成することが求められるが，P－53コラム『「工種作業別工程一覧表」の重要性』でも述べたように，非常に繁忙な時期に作成しなければならない。そこで，このような状況下での実行予算作成の手順を一例として示す。

(A) 項目拾い出し・数量算出
- 実行予算総覧
- 工事費集計
- 経費内訳
- 直接工事費・間接仮設工事費内訳
- 現場管理費
- 一般管理費他
- 作業単価内訳
- （経費）単価内訳
- 主要材料単価表
- 労務賃金表
- 機械単価内訳

(B) 金額算出

①実行予算総覧⇨内訳の順に項目の拾い出しを行う。
②**項目の抜けのチェックを念入りに行う。**
③各項目ごとの数量を算出する。
④各単価表を基に，上記各項目に対応する単価内訳を作成する。
⑤**単価内訳と施工計画が一致しているかを念入りにチェックする。**
⑥単価内訳で算定した単価を工事費内訳に代入し，数量と掛け合わせて工事金額を算出する。
⑦各工事金額を集計して工事費集計を作成する。
⑧経費についても同様に単価内訳から順番に積上げていく。
⑨最終的に実行予算総覧を作成する。

※数量算出と金額算出を同時に行わない
⇦項目の抜け，計算ミス，集計ミス防止

Ⅰ 解説編

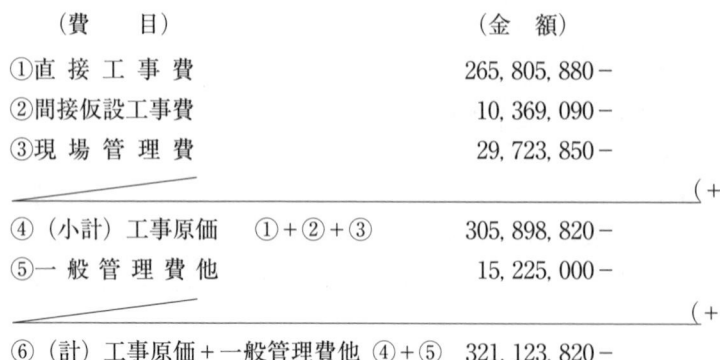

既に請負工事契約により請負工事費が決まっているので工事価格も定まり，ここでいま工事原価＋一般管理費他が算定されたので，次のようになる。

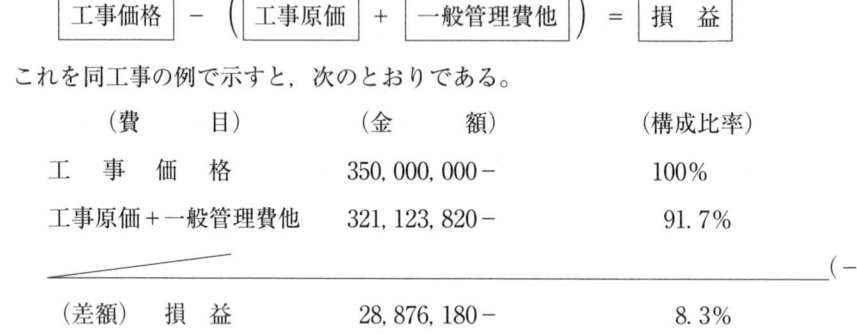

これを同工事の例で示すと，次のとおりである。

```
    （費    目）       （金    額）       （構成比率）
   工 事 価 格        350,000,000-        100%
   工事原価＋一般管理費他 321,123,820-        91.7%
                                              (-
   （差額）損  益     28,876,180-          8.3%
```

この例では，損益率が6.4％になったが期待損益率に満たない場合は，工事原価と一般管理費他の各項目を今一度検討して，コストダウンを図って繰り返し試算し，期待損益率（指示損益率）に近づける努力をしなければならない。これが実行予算作成における最も肝要な点であることを十分わきまえておかなければならない。

4.9 消費税相当額の計上

工事価格に消費税相当額を乗じて求める。

4.10 実行予算作成の完了

今まで述べてきた手順によって，工事原価と一般管理費他が算定され，予想利潤が確保されれば実行予算作成は完了したことになる。
これまでの積上げは工種別内訳の積上げであるが，実行予算ではその他に工事管理の指針として，原価管理，経理処理などのために使用される「要素別原価科目表」を作成するのが一般的であ

る。これは，作業単価内訳の中から要素ごとに取り出して集計する。

工種別集計と要素別集計とを対比した実行予算総覧の一例を〔表4-17〕に示す。また，直接工事費集計と内訳の一例（部分）を〔表4-18〕〔表4-19〕に示す。

〔表4-17〕 実行予算総覧

実 行 予 算 総 覧							
工 種 別 集 計				要 素 別 集 計			
	費 目	金 額	%		費 目	金 額	%
（工事費部分）	直接工事費	① 265,805,880	75.9	（工事費部分）	材 料 費	17,527,650	5.0
	間接仮設工事費	② 10,369,090	3.0		労 務 費	0	0
					機 械 費	2,621,270	0.7
					外 注 費	256,062,050	73.2
	工 事 費 計	③＝①＋② 276,174,970	78.9		工 事 費 計	276,174,970	78.9
（経費部分）	現 場 管 理 費	④ 29,723,850	8.5	（経費部分）	現 場 管 理 費	29,723,850	8.5
	工 事 原 価	⑤＝③＋④ 305,898,820	87.4		工 事 原 価	305,898,820	87.4
	資 金 利 息	⑥ 1,225,000	0.4		資 金 利 息	1,225,000	0.4
	会 社 経 費	⑦ 14,000,000	4.0		会 社 経 費	14,000,000	4.0
	一般管理費他	⑧＝⑥＋⑦ 15,225,000	4.4		一般管理費他	15,225,000	4.4
損 益		⑨＝⑩－（⑤＋⑧） 28,876,180	8.3	損 益		28,876,180	8.3
工 事 価 格		⑩ 350,000,000	100.0	工 事 価 格		350,000,000	100.0
消費税相当額		⑪＝⑩×0.10 35,000,000	10.0	消費税相当額		35,000,000	10.0
請 負 工 事 費		⑫＝⑩＋⑪ 385,000,000	110.0	請 負 工 事 費		385,000,000	110.0

Ⅰ 解説編

〔表4－18〕 実行予算集計（直接工事費部分）

集　計

265,805,880円

工種別内訳						要素別内訳								摘要
名称	規格	単位	数量	単価	金額	材料費		労務費		機械費		外注費		
						単価	金額	単価	金額	単価	金額	単価	金額	
直接工事費														
盛土工事		式	1		204,331,200		0		0		0		204,331,200	
土留め擁壁工事		〃	1		52,562,960		16,169,290		0		0		36,393,670	
工事用道路工事		〃	1		5,091,840		950,400		0		0		4,141,440	
水替工事		〃	1		1,114,990		0		0		189,000		925,990	
電力設備工事		〃	1		2,704,890		0		0		612,700		2,092,190	
直接工事費計					265,805,880		17,119,690		0		801,700		247,884,490	

第4章 実行予算作成方法

〔表4－19〕 実行予算内訳（直接工事費部分）

内　　訳

265,805,880円

工種別内訳						要素別内訳								摘要
名称	規格	単位	数量	単価	金額	材料費		労務費		機械費		外注費		
						単価	金額	単価	金額	単価	金額	単価	金額	
直接工事費														
盛土工事														
場内切盛土工		㎥	20,000	410	8,200,000							410	8,200,000	内訳No.1
客土積込運搬工		〃	95,000	1,910	181,450,000							1,910	181,450,000	〃 No.2
客土敷均し締固め工		〃	86,360	170	14,681,200							170	14,681,200	〃 No.3
計					204,331,200		0		0		0		204,331,200	
土留め擁壁工事														
構造物掘削工		㎥	924	570	526,680							570	526,680	内訳No.4
構造物埋戻し工		〃	543	180	97,740							180	97,740	〃 No.5
基礎割栗石工		〃	123	16,010	1,969,230	7,090	872,070					8,920	1,097,160	〃 No.6
均しコンクリート工		〃	60	29,600	1,776,000	19,940	1,196,400					9,660	579,600	〃 No.7
コンクリート工		〃	402	29,520	11,867,040	20,920	8,409,840					8,600	3,457,200	〃 No.8
型枠工		㎡	1,710	11,910	20,366,100							11,910	20,366,100	〃 No.10
鉄筋工		t	32	211,930	6,781,760	124,670	3,989,440					87,260	2,792,320	〃 No.13
足場工		掛㎡	1,560	2,350	3,666,000							2,350	3,666,000	〃 No.15
裏込砕石工		㎥	207	26,630	5,512,410	8,220	1,701,540					18,410	3,810,870	〃 No.17
計					52,562,960		16,169,290		0		0		36,393,670	
工事用道路工事														
仮設道路路床工		㎥	1,517	2,520	3,822,840							2,520	3,822,840	内訳No.18
仮設道路路盤工		〃	540	2,350	1,269,000	1,760	950,400					590	318,600	〃 No.19
計					5,091,840		950,400		0		0		4,141,440	
水替工事														
水替工		式	1		1,114,990		0		0		189,000		925,990	内訳No.20
電力設備工事														
低圧幹線設備工		式	1		891,460								891,460	内訳No.21
動力照明設備工		〃	1		1,200,730								1,200,730	〃 No.22
工事用電力料		〃	1		612,700						612,700			〃 No.23
計					2,704,890		0		0		612,700		2,092,190	
直接工事費合計					265,805,880		17,119,690		0		801,700		247,884,490	

Ⅰ　解説編

第5章　実行予算資料の作り方・求め方

5.1　概　　説

　実行予算作成の考え方について述べてきたが，実行予算を作成するためには道具としての資料（データ・情報・施工実績・発注者積算資料や積算基準書等）が必要である。
　土木工事は一品生産であって，一つ一つ即地性に対応しており，同じものは築造されないと言われているが土木工事の実行予算体系を分解していくと，そこには共通の要素・繰り返しの要素が存在することがわかる。その共通の要素・繰り返しの要素を集積しているのが実行予算資料というものである。土木工事の実行予算にとって，その道具としての実行予算資料がいかに重要であるかがわかるであろう。どのようなエキスパートでもこの実行予算資料を駆使して積上げ集計するか，頭の中で暗算しなければ実行予算を作成することはできないのである。
　土木工事が経験工学であるといわれているゆえんもここにある。さらに，この実行予算資料をいかに効果的に求めるかということが，実行予算作成の合理化・標準化につながるわけである。

5.2　施工実績・公刊資料の収集とフィードバック

　前述のように，土木工事の実行予算作成の道具として広い意味での実行予算資料が不可欠であることから，必要に応じて活用できるよう収集・整備されなければならない。

5.2.1　施工実績の収集とフィードバック

　施工実績を収集・分析してそれを新規の類似工事の実行予算作成に反映させることは，きわめて重要で意義のあることである。
　工事入札に際しての応礼価格の算出は，誠に遺憾ながら官積算基準によって予定価格と制限価格を弾き出す「数当てゲーム」化しているケースも見られる。本来のコスト管理という面からとらえてみると，工事入手時に概略施工計画を立てこの工事を完成するのに必要な工費（概算原価）を算出し，工事契約後に概算原価を基に詳細施工計画を立てて実行予算を編成し，これを基準として工事を施工する。施工中は定期的に実際原価を把握し現在損益，最終損益を予測して差異があれば，その原因を調べ対策を取る，いわゆるコストのPDCAを回しながらコストを管理して現場運営をしていかなければならない。
　この現場運営によって得られた各種データは貴重な資料であり，誰でもいつでも使用できるよ

第5章　実行予算資料の作り方・求め方

うに整理・分析して，将来類似工事の施工計画・概算原価・実行予算にフィードバックできるようにしておくことが大切である。また，官積算との比較もする。

これらをわかりやすく表現したのがP-23〔図3-1〕のコストサイクルであり，コストのPDCAを回すことによってコスト低減が図れるのである。

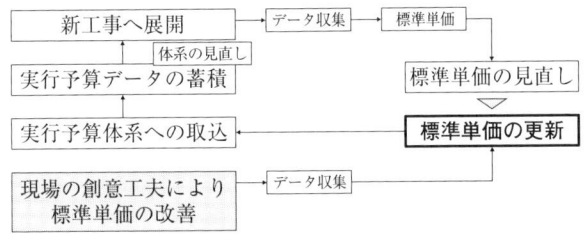

〔図5-1〕　施工実績の収集とフィードバック

施工実績を収集できる社内資料の一例を示すと次のようなものがある。
- 工事原価計算書（いわゆる会計表）
- 工種別原価管理報告書
- 工事完了報告書
- 工事別施工記録
- 社内発行　各種概算原価・実行予算資料

施工実績収集の要点をあげると次のとおりである。

① 施工実績は社内ルールで標準化した体系に沿った内容に変換し，誰が見てもその内容が理解できるようにする。

　実行予算の作成は標準化された体系の下で定められたルールに従って行わなければならない。この予算を基に収集した施工実績は，不特定多数の社員が参考資料として使用するので，その内容は事実を具体的にわかりやすく簡潔にまとめたものとなるよう心掛けて作成しなくてはならない。作成者しか理解できない施工実績では利用できず，役に立たない。

② 施工実績は実行予算と同じ条件で収集する。

　予算と実績はその内容が同じ考え方（同一条件）を基にして収集したものでなければならない。もし違ったものであると，その結果はそのままでは他工事に反映できなくなり，そのつど修正して使用しなければならず，非常に面倒になりその実績は必然的に使われなくなる。例をあげれば，機械費込みと機械費を含まない場合，経費込みと経費抜き，運搬費込みと運搬費別途などが考えられる。

③ 施工実績収集は実行予算での条件と対比できるように施工条件を明らかにしておく。

　全く同じ条件の工事は一つもないので，同じ歩掛や価格になったといってもその基になる張付け条件は同じではないことが多い。したがって実績収集は可能な限り施工条件・仕様・規格を明記するのがベターである。

　張付けや施工条件が明確であれば，他工事にフィードバックするときに施工条件の違いを勘案して補正・加減して適用することができる。

④ 施工実績はグラフや表にするとわかりやすい。

　必要なデータをできるだけ多く取り，同種・同条件のものを分類・ランク分けして，マトリックス的早見表や相関図のようなグラフ等にまとめるとわかりやすく利用しやすい。

⑤ 施工実績はそのレベルを明記し，それぞれのレベルで利用できるようにする。

　工事種別ごとの工事費全体に対する実績（例えば，トンネル工事の掘削1㎥当たりの工事費を示すもの等，一般にマクロ単価という）から，工事のうちの一つの作業単価等に対する実績（例えば，基礎杭打込み作業の打込み1m当たり作業単価を示すもの等，一般にミクロ単価という）など，そのレベルを明確に明記することが大切である。

⑥ 請負企業は施工実績を収集するための仕組みと手順を示して収集し，永続的なメンテナンスを確実に実行することが最重要である。

　①～⑥まで重要と考えられる要点を述べたが，これらを実施するための仕組みと手順を示すことが先決であり，ただ漠然と実績収集について理想論を言っても現場担当者には伝わらない。5W1H等で具体的に示し標準化して，実績を収集しやすい環境づくりをして実行することが肝要である。また収集してもそれを資料として使用しなければ何の意味もないのでフォローと定期的な見直しも非常に大事なことである。

5.2.2 公的・公開資料の収集とフィードバック

　施工実績は自社が施工した結果をまとめるものであるが，複雑多岐にわたる土木工事においては，自社が施工し経験できる工種はそのすべてにわたるわけにはいかない。自社に施工実績のないケースも少なくないはずである。また，自社に施工実績がある工種でもその施工条件は限られており，異なる施工条件の実績は他所に存在することも多い。

　そこで，自社以外の施工実績に基づく資料は公的・公開資料に依存せざるを得ないことになる。自社の経験できなかった工事・工種に関する知識を実行予算作成資料として，できるだけ収集する必要がある。

　幸いに，現在では情報開示が進み，コストに関する情報が入手しやすくなり，公開情報も多く得ることができて参考資料とすることが可能である。資料を多く持っていることが実行予算作成をより適正により早く行うための必要条件である。試算時の実行予算が適正か否かを調べる場合等には特にこれが威力を発揮する。

　〔表5-1〕に現在刊行されているコストに関連する市販図書の一例を，また，〔表5-2〕に現在刊行されているコストに関連する定期刊行物の一例を示す。

　その他，公刊はされていないが入手できる資料に，各専門工事業団体・協会等の発行している積算資料・積算基準・積算の手引き等がある。また，「日刊建設工業新聞」「建設通信新聞」等のいわゆる業界新聞にも，コストに関する情報が掲載されている。

第5章　実行予算資料の作り方・求め方

[表5-1]　コストに関連する参考図書

書　名	著　者　名	発　行　所　名	掲　載　内　容　等
国土交通省土木工事積算基準	国土交通省大臣官房技術調査課　監修	（一財）建設物価調査会	国土交通省の積算方法、標準歩掛
国土交通省土木工事標準積算基準書【共通編】	〃	〃	〃
国土交通省土木工事標準積算基準書【河川・道路編】	〃	〃	〃
国土交通省土木工事標準積算基準書【機械編】	〃	〃	〃
国土交通省土木工事標準積算基準書【電気通信編】	〃	〃	〃
土木工事積算基準マニュアル	建　設　物　価　調　査　会		国土交通省の積算基準を積算事例により解説
建　設　工　事　標　準　歩　掛	〃		国土交通省の標準歩掛について（土木・建築・設備）
港湾土木請負工事積算基準	国土交通省港湾局　監修	（公社）日本港湾協会	国土交通省の積算方法、標準歩掛
土地改良工事積算基準	農林水産省農村振興局設計課　監修	（一社）農業農村整備情報総合センター	農林水産省の積算方法、標準歩掛
下水道工事積算の実際	建　設　物　価　調　査　会	（一財）建設物価調査会	下水道工事の計画、設計、積算及び開削、小口径推進工法等の実例による解説
橋　梁　架　設　工　事　の　積　算		（一社）日本建設機械施工協会	橋梁工事の積算とその事例
建設機械等損料表		〃	国土交通省の機械等損料表
災害復旧工事の設計要領	防　災　研　究　会	（公社）全　国　防　災　協　会	災害復旧工事の積算基準と標準歩掛

〔表5-2〕 コストに関連する定期刊行物

書　　名	発行所名	刊行期日	掲載内容等
Ｗｅｂ建設物価 月刊建設物価	(一財)建設物価調査会	毎月	全国の資材単価，機材リース価格，公共工事設計労務単価等
土木コスト情報 デジタル土木コスト情報	〃	季刊	土木工事の市場単価，標準単価

5.3 実行予算作成の合理化

　実行予算は個人のノウハウを主に個人独特の手法や考えで作成されることも多く，他人（本人以外のもの）にはその内容がわかりづらいために，調達・原価管理等に適切に反映しづらい場合が多々見受けられてきた。

　このような状況が過去長年にわたり繰り返され現場運営が行われてきたが，建設事業の縮減・入札契約制度の法改正・業界内の価格競争激化・情報公開の要求・業界に対する世論の関心等が急速に変化し，建設関連業界においても変革していかなければ企業を維持発展できない時代になった。特にコストに関し価格破壊ともいうべき競争になって各会社ともコストの基本である積算見積り・実行予算の内容をよりシビアなものとして作成しなければ企業間競争に勝てないこと，またベテラン人材の高齢化による急速な減少，少子化現象，若手の建設業離れ等から，積算見積り・実行予算の作成・実績収集方法等を企業内で基準を定めマニュアル化し，現場経験が比較的浅いものでも合理的に作成・運用できるよう組織的に実行していかなければならない。

5.3.1 実行予算の標準化

　実行予算の標準化とは予算作成の基準を定め，マニュアルを作り，誰が，どこでも，どのような条件の工事でも対応できるようにルールを決めることである。
　そのルールは大別して次のようなものが考えられる。
　　① 標準化する「入れ物」を作る
　　② 標準化する「中身」を作る
　　「入れ物」は仕組みであって標準化する目的，標準化する対象，標準化する条件，方法，どの時点でデータを取るのか，また，そのデータの管理・検索・メンテナンスの仕方を明確にしたものである。
　　「中身」は個々のデータであって，中身を作る具体的な手順を定めそれに準じて作れば，大きなばらつきがでないようになる。データをまとめるときに大切なことは，中身を脚色しないで現実を反映した内容にすることである。ややもすると過大となっているものが見受けられる場合があるが，これは厳に慎まなければならない。特に実行予算作成時の「労務」「材料」「機械損料」等を明確にしておく。

5.3.2 実行予算作成のDX化による変革

　コンピュータが普及する以前の実行予算・積算見積り等の作成は，会社内で定めた書式に則り手作業で文字や数値を記述し，ソロバン，電卓等で計算を行っていた。これに要する労力・時間は膨大なもので，業務の改善が望まれ試行錯誤しながら作成作業を実施していた。昨今の情報化の急速な進歩によって建設業においても，DXによるデジタル技術の活用により実行予算・積算見積等も効率化やデータベースの管理・展開が大容量にもスムーズ対応できるようになっている。
　アナログからデジタルへの流れは以下のような流れとなる。

STEP1 アナログだったものをデジタルにする
たとえば，紙だった見積書を電子化して情報の共有を図る。

STEP2 生産効率・業務効率が向上し，デジタルデータが蓄積される
デジタル化により業務効率が高まり，生産性が上がる。
それとともにノウハウとデジタルデータが蓄積されていく。

STEP3 デジタル・トランスフォーメーション（ビジネス・組織を変える）
宝の山であるデジタルデータを設計変更に活用する。
大容量のデータの取り出しや整理に優位性がある。

〔図5－2〕　DX導入の流れ

　IT化の主な目的は，業務の効率化である。例えば，いままで実行予算をノートに数字を書いて電卓で計算していた会社が，パソコンを導入して表計算ソフトや実行予算ソフトなどを使うようになった。その結果，積算業務が短時間で済むようになったならば，IT化による業務の効率化だといえる。業務の基本的な性格（役割）は変わっていないが，IT（情報技術）によって業

Ⅰ　解 説 編

務が大幅に効率化した，生産性が向上したという大きなメリットを得られる。

　DX（デジタル・トランスフォーメーション）は社会や生活・業務の変革を目的とすると定義されている。例えば，積算ソフトのデータを，原価管理にフィードバックする業務フローをつくり，実行予算の「変革・拡充」につなげていくようなイメージである。

〔図5－3〕　DXの考え方

　実行予算のDX化によって積算・実行予算のデータベースの蓄積と計算・集計ならびに繰り返し計算や修正計算等が正確に短時間で行うことができる。また，IT化により現場管理業務の省力化・効率化・精度の向上などが実現し，情報の共有化も図れることになる。また，会社内でネットワーク環境を整備することにより，関係者全員が必要な情報を必要な時に取り出したり，見たりすることができるようになる。このように実行予算がシステム化することにより以下の優位性がある。

　①　現場運営管理状況が管理部門も含め情報の共有ができる
　②　積算見積りデータの他工事への転用等が可能となる
　③　工種別・要素別集計，資源別集計が容易に行える
　④　管理部署が現場に対し支援・指導ができる情報を提供できる

　これらを基にしてシステムを構築し，業務の迅速化・正確性を向上させるとともに現場の特徴，管理のやり方に合わせた自由な使い方ができるよう業務の質の向上を狙ったものとする必要がある。

　〔図5－4〕にパソコンによる実行予算作成システムのフローチャートの一例を示す。

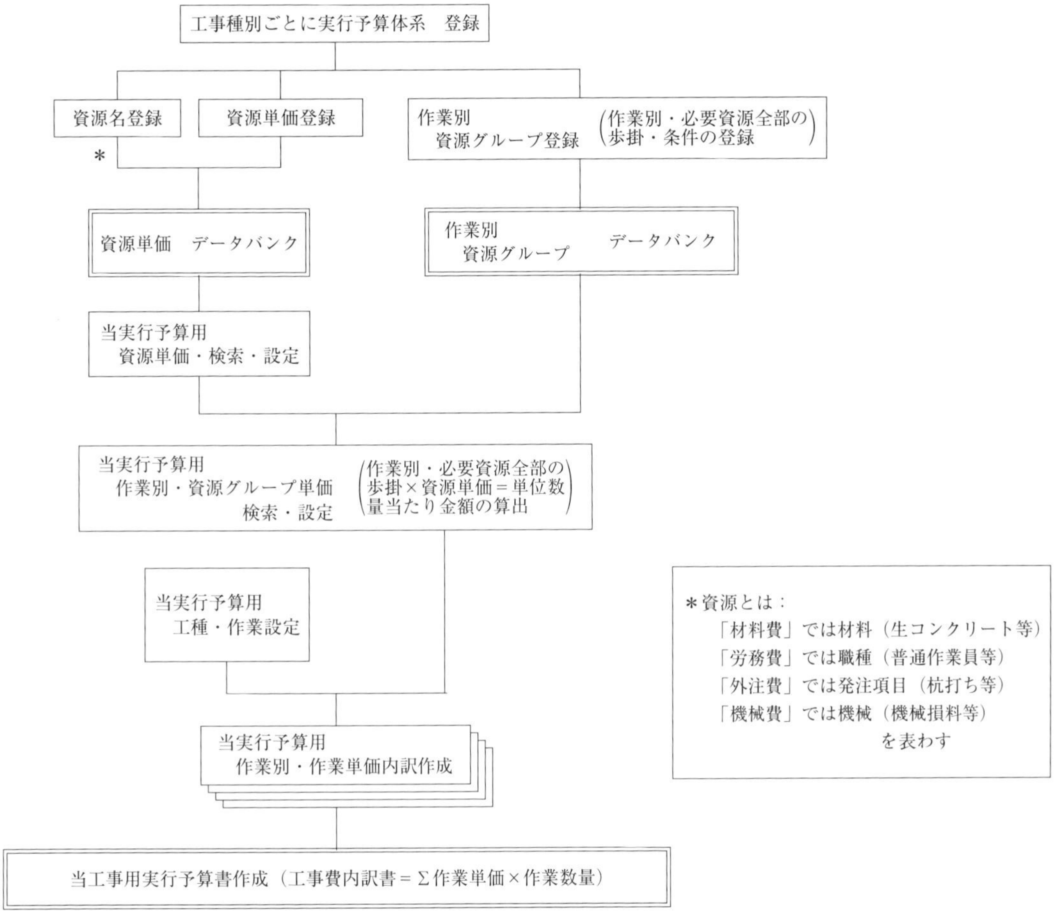

第5章　実行予算資料の作り方・求め方

```
          ┌─────────────────────────────┐
          │ 工事種別ごとに実行予算体系　登録 │
          └─────────────────────────────┘
                       │
        ┌──────────────┼──────────────────────┐
        │              │                      │
┌──────────┐ ┌──────────┐    ┌──────────┐ ┌──────────────────────┐
│ 資源名登録 │ │資源単価登録│    │  作業別  │ │(作業別・必要資源全部の)│
│          │ │          │    │資源グループ登録│ │ 歩掛・条件の登録      │
│    *     │ │          │    │          │ └──────────────────────┘
└──────────┘ └──────────┘    └──────────┘
                  │                │
          ┌──────────────┐   ┌──────────────┐
          │ 資源単価     │   │  作業別      │
          │ データバンク │   │資源グループ データバンク│
          └──────────────┘   └──────────────┘
                  │
          ┌──────────────┐
          │  当実行予算用  │
          │ 資源単価・検索・設定│
          └──────────────┘
                  │
          ┌──────────────────────┐   ┌──────────────────────┐
          │    当実行予算用        │   │(作業別・必要資源全部の)│
          │作業別・資源グループ単価 │   │歩掛×資源単価＝単位数  │
          │    検索・設定          │   │量当たり金額の算出      │
          └──────────────────────┘   └──────────────────────┘
                  │
          ┌──────────────┐              ┌─────────────────────────┐
          │  当実行予算用  │              │＊資源とは：              │
          │ 工種・作業設定 │              │「材料費」では材料（生コンクリート等）│
          └──────────────┘              │「労務費」では職種（普通作業員等）    │
                  │                      │「外注費」では発注項目（杭打ち等）    │
          ┌──────────────┐              │「機械費」では機械（機械損料等）      │
          │  当実行予算用  │              │          を表わす               │
          │作業別・作業単価内訳作成│      └─────────────────────────┘
          └──────────────┘
                  │
          ┌────────────────────────────────────┐
          │当工事用実行予算書作成（工事費内訳書＝Σ作業単価×作業数量）│
          └────────────────────────────────────┘
```

〔図5－4〕　パソコンによる実行予算作成システムのフローチャートの一例

— 135 —

II 事例編

実行予算事例

A　盛土及び土留め擁壁工事

1　工事概要

1. 工　事　名：　○○盛土及び土留め擁壁工事
2. 工 事 場 所：　○○県○○市
3. 発　注　者：　○○市
4. 設　計　者：　○○市
5. 入 札 年 月 日：　令和○○年5月20日
6. 入 札 方 法：　条件付き一般競争入札
7. 工　　　期：　着工　令和○○年7月1日
　　　　　　　　　竣工　令和○○年3月31日
8. 請 負 工 事 費：　385,000,000円（うち工事価格：350,000,000円，消費税：35,000,000円）
9. 支 払 条 件：　前払金　154,000,000円（40％）
　　　　　　　　　中間払金（1回）　　出来高の90％
　　　　　　　　　竣工払金残金額
10. 支　給　品：　な　し
11. 貸 与 機 材：　な　し
12. 工 事 概 要：　本工事は盛土工事と土留め擁壁工事に大別される。（〔図A－1，図A－2〕参照）
　　　　　　　　　工事現場の形状は大略300m×133mである。
　　　　　　　　　土留め擁壁を300mにわたり新設するものである。
　　　　　　　　(1)　盛土工事
　　　　　　　　　　切土流用土（砂質土，地山）　20,000㎥（平均運搬距離　50m）
　　　　　　　　　　補　給　土（　〃　）　　　　95,000㎥（運搬距離　8km）
　　　　　　　　(2)　土留め擁壁工事
　　　　　　　　　　逆T型鉄筋コンクリート擁壁　高さ3m　延長300m
13. 工 事 内 容：　主要な工事数量を〔表A－1〕に示す。

Ⅱ 事例編

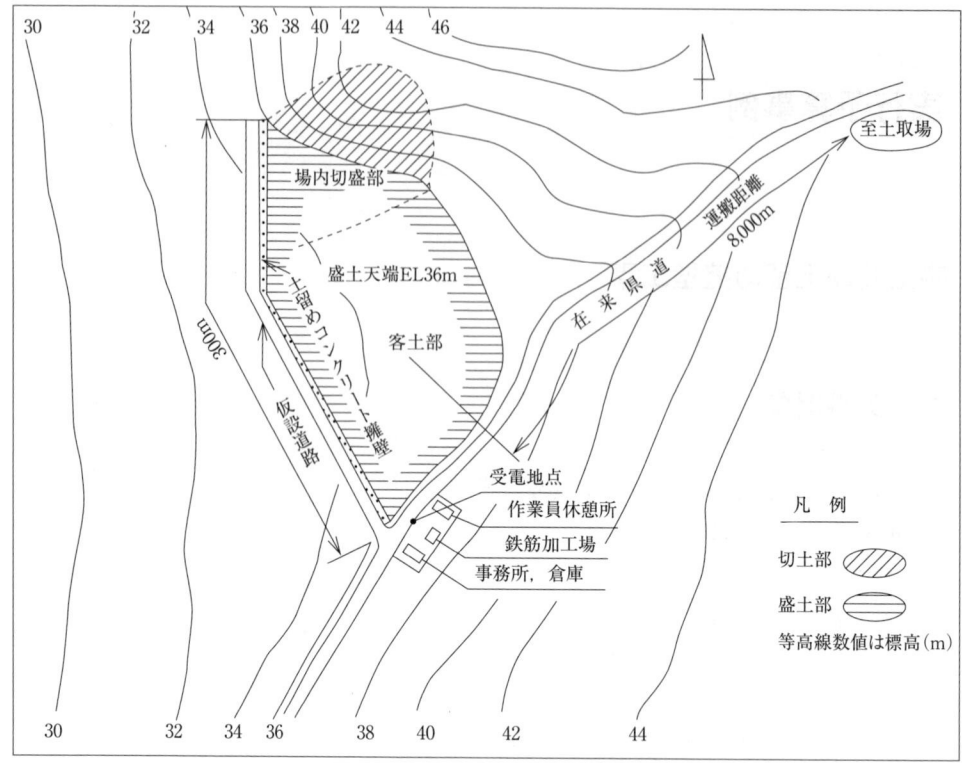

〔図A-1〕 ○○盛土及び土留め擁壁工事平面図

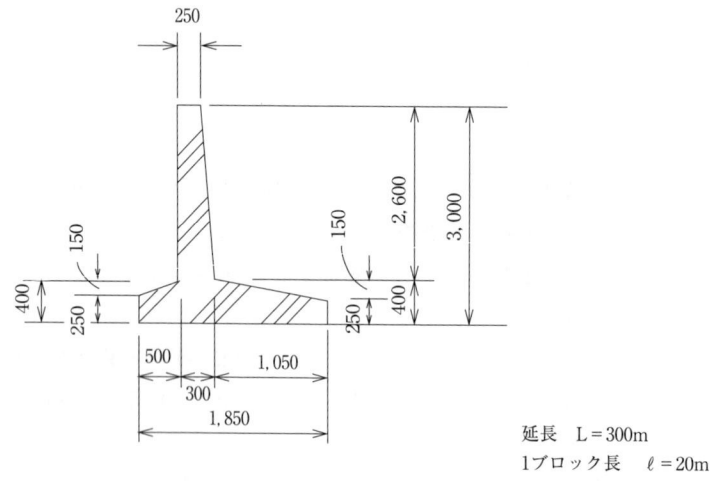

延長　L＝300m
1ブロック長　ℓ＝20m

〔図A-2〕 土留め擁壁標準断面図

― 140 ―

A 盛土及び土留め擁壁工事

[表A-1] 工事数量一覧表

工事	工　種	仕　様	単位	数　量	摘　要
盛土工事	場内切盛土工	砂質土 平均運搬距離 50m	m³	20,000	地山土量
	客土積込み，運搬工	砂質土 運搬距離 8km	〃	95,000	〃
	客土敷均し，締固め工	砂質土	〃	86,360	95,000/1.1
土留め擁壁工事	構造物掘削工	砂質土	〃	924	
	構造物埋戻し工	〃	〃	543	
	基礎割栗石工	50～150mm	〃	123	
	均しコンクリート工	$\sigma_{28}=18\mathrm{N/mm^2}$	〃	60	
	コンクリート工	$\sigma_{28}=24\mathrm{N/mm^2}$	〃	402	
	型枠工		m²	1,710	
	鉄筋工	SD345 D13～16	t	32	
	足場工	手摺先行枠組足場	掛m²	1,560	
	裏込砕石工	単粒度砕石4号	m³	207	
工事用道路工事	仮設道路路床工	幅員6m， 施工延長300m	式	1	土捨場土砂使用，撤去含まず
	仮設道路路盤工	再生クラッシャラン使用	〃	1	
水替工事	水替工		〃	1	
電力設備工事	電力設備工		〃	1	

(注) 本事例の工事数量は，主要なもののみを計上した。

14. 工事条件： ① 現地は雑木林のゆるやかな傾斜地で，附近に人家は少ない。

② 土質は砂質土である。

③ 稼働日数は　土工工事　　月平均18日
　　　　　　　構造物工事　　〃　21日とする。

④ 稼働日当たり機械運転時間は7時間とする。

⑤ 盛土地盤は良好で，圧密沈下は見込まないものとする。

⑥ 客土運搬途中の待ち時間は見込まないものとする。

⑦ 現場条件は普通とする。

Ⅱ 事例編

2 施工計画

　土木工事の実行予算は，その基礎となる施工計画を立案し，それを基に実行予算を作成することになる。施工計画の良し悪しが実行予算を支配することになるので，前項の契約条件及び施工条件等を十分調査・把握して施工計画を作成しなければならない。

　工事落札後速やかに現地調査を実施し，それに基づき基本計画として主要工種の施工法を比較検討し，施工順序，概略工程を計画し，工期面及び工費面などから判断して最適な施工法を選定する。

1．詳細計画

　基本計画で，最適の施工法として絞り込まれたものについて，詳細施工計画を作成する。

(1) 基本方針の決定

　まず，工事基地を設けて，同時に仮設道路等の仮設工事を先行施工し，引き続いて直接工事に着手する。

　当工事は，盛土工事と土留め擁壁工事に大別され，原則的には土留め擁壁工事は盛土工事に先がけて施工するが，土留め擁壁工事着工と同時に，着工できるところから盛土工事を開始し，並行作業を行い，土留め擁壁工事終了後，盛土工事の仕上げを完了する。

　基本方針をフローで示すと次のようになる。

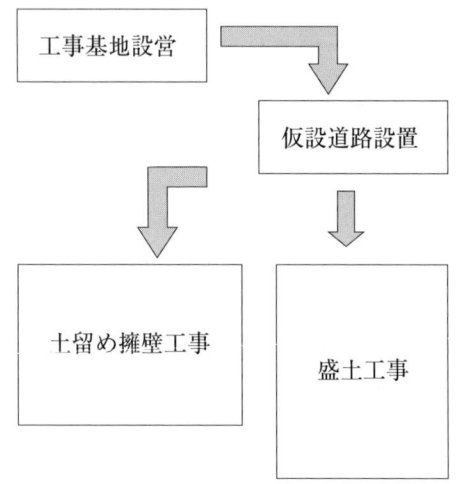

a．盛土工事

　盛土工事は重建設機械施工とし，客土の運搬は土取場にバックホウを持込みダンプトラックに積み，在来道路を使用して場内の所定位置にダンプする。

　土工作業での使用機械は次のとおりとする。

A 盛土及び土留め擁壁工事

作 業 名	使用建設機械	仕様・規格
場 内 切 盛 土	ブルドーザ	普通21t級排出ガス対策型
客 土 積 込 み	バックホウ	山積0.8㎥（平積0.6㎥）排出ガス対策型
〃 運 搬	ダンプトラック	10t積級
客土敷均し・締固め	ブルドーザ	普通21t排出ガス対策型

b．土留め擁壁工事

擁壁工事の施工方針は次のとおりとする。

土工工事		
作 業 名	使用建設機械	仕 様
掘 削	ブルドーザ	普通21t級排出ガス対策型
埋 戻 し	バックホウ	山積0.8㎥（平積0.6㎥）排出ガス対策型

（注）埋戻しに必要な土砂は掘削場所付近に仮置きする

構築工事
施工延長300mを15ブロックに分割施工　300m÷15ブロック＝20m／ブロック
コンクリート：生コン使用，ポンプ打設
型枠　　　　：3.5ブロック分設備し5回転用，木製型枠を主体に使用する
足場　　　　：3.5ブロック分設備する
構造目地　　：目地材（発泡体）使用

(2) 直接工事計画

施工方針が決定したので，この工事の工程を左右する主体工事の工程計画を立てる。

a．盛土工事

(a) 場内切盛土工　20,000㎥（砂質土）

ブルドーザ（21t級）を使用する（平均運搬距離50m，1台で掘削押土・敷均しと締固めの両作業を行う）。

ア．運転1時間当たりの掘削押土量の算定

$$Q = \frac{60 \times q \times f \times E}{Cm} \ (㎥／h)$$

ここに，Q：運転1時間当たりの作業量（㎥／h）

　　q：1サイクル当たり掘削押土量（㎥，ルーズ）……………… 4.14㎥
　　　　$q = 0.69LH^2 = 0.69 \times 3.66 \times 1.28^2 ≒ 4.14㎥$
　　L：排土板の幅 ……………………………………………………… 3.66m
　　H：排土板の高さ …………………………………………………… 1.28m

Ⅱ 事例編

　　　　　　f：土量換算係数 …………………………………………… 0.83
　　　　　　　砂質土の場合 f ＝ 1／L ＝ 1／1.2 ≒ 0.83
　　　　　　E：作業効率 ……………………………………………………… 0.6
　　　　　Cm：サイクルタイム（min）
　　　　　　　Cm ＝ 0.038ℓ ＋ 0.20 ＝ 0.038×50 ＋ 0.20 ＝ 2.1min

　　そこで，$Q = \dfrac{60 \times 4.14 \times 0.83 \times 0.6}{2.1} = 58.91 ≒ 58.9 ㎥／h$（地山）となる。

　　故に，1日当たり施工量は，58.9㎥／h × 7h／日 ＝ 412.3 ≒ 412㎥／日となる。
　　実働日数は，20,000㎥ ÷ 412㎥／日 ＝ 48.5 ≒ 49日となる。

　イ．運転1時間当たりの締固め量の算定

$$Q = \dfrac{V \times W \times D \times E}{N} \ (㎥／h)$$

　ここに，Q：運転1時間当たり締固め量（㎥／h）
　　　　　V：締固め速度（m／h）………………………………………… 3,500m／h
　　　　　W：1回の有効締固め幅（m）………………………………… 0.9m
　　　　　D：仕上がり厚さ（m）………………………………………… 0.3m
　　　　　E：作業効率 ……………………………………………………… 0.6
　　　　　N：締固め回数 …………………………………………………… 4回

　　そこで，$Q = \dfrac{3,500 \times 0.9 \times 0.3 \times 0.6}{4} = 141.75 ≒ 141.8 ㎥／h$ となる。

　　地山土量に換算すると，141.8㎥／h × 1.1 ($\dfrac{1}{C}$) ≒ 156㎥／h になる。
　　ブルドーザ（21t級）の1日当たりの施工量は，156㎥／h × 7h／日 ＝ 1,092㎥／日
　となる。
　　実働日数は，20,000㎥ ÷ 1,092㎥／日 ＝ 18.3 ≒ 18日となる。

　ウ．実働日数・暦日数の算定
　　実働日数は，ア＋イ＝49日＋18日＝67日となり，暦日数は，67日÷18日／30日≒112日
　（約3.7か月）を要する。

(b) 客土積込み運搬工　95,000㎥（砂質土）

　掘削・積込みをバックホウ（山積0.8㎥），運搬はダンプトラック（10t積級）の組合せで行う（平均運搬距離8km）。

A 盛土及び土留め擁壁工事

① バックホウ（山積0.8㎥（平積0.6㎥））による掘削・積込み

ア．運転１時間当たりの掘削・積込み量の算定

$$Q = \frac{3,600 \times q_0 \times K \times f \times E}{Cm}$$

ここに，Q：運転１時間当たり掘削・積込み量（㎥／h）
　　　　q_0：１サイクル当たり掘削・積込み量（㎥，ルーズ）………………… 0.8㎥
　　　　K：バケット係数……………………………………………………………… 0.7
　　　　f：土量換算係数……………………………………………………………… 0.83
　　　　　　砂質土の場合 f ＝ 1／L ＝ 1／1.2 ≒ 0.83
　　　　E：作業効率…………………………………………………………………… 0.8
　　　　Cm：サイクルタイム（sec）……………………………………………… 30sec

そこで，$Q = \dfrac{3,600 \times q_0 \times K \times f \times E}{Cm} = \dfrac{3,600 \times 0.8 \times 0.7 \times 0.83 \times 0.8}{30} = 44.6 ≒ 45$㎥／h

となる。

　故に，１日当たり施工量は，45㎥／h × 7 h／日＝315㎥／日となる。

イ．実働日数・暦日数の算定

　バックホウ３台使用することにすると，

　１日当たりの施工量は，315㎥／日台×３台＝945㎥／日となる。

　実働日数は，95,000㎥÷945㎥／日＝100.5≒101日となる。

　暦日数は，101日÷18日／30日≒168日（約5.6か月）を要する。

② ダンプトラック（10 t 積級）による運搬

ア．運転１時間当たりの運搬量の算定

$$Q = \frac{60 \times C \times f \times E}{Cm}$$

ここに，Q：運転１時間当たり運搬量（㎥／h）
　　　　C：１台当たり積載土量（㎥，ルーズ）……………………………… 6.05㎥

　　　　積載土量 $V = \dfrac{T \times L}{\gamma_t} = \dfrac{9.0 t \times 1.2}{1.9 t／㎥} ≒ 5.68$㎥

　　　　V ＝ 5.68㎥＜荷台の平積容量 6.05㎥　P － 49〔表3－13〕

　　　　よって，C ＝ 5.68㎥とする。

　　　　f：土量換算係数，砂質土の場合 f ＝ 1／L ＝ 1／1.2 ≒ 0.83 ………… 0.83
　　　　E：作業効率 ………………………………………………………………… 0.8
　　　　Cm：サイクルタイム（min）

Ⅱ　事例編

$$Cm = \frac{Cm_s \times n}{60 \times E_s} + (T_1 + T_2 + T_3)$$

ここに，Cm_s：積込機械のサイクルタイム ……………………………… 30sec

　　　　n：積込機械の積込回数

$$n = \frac{C}{q_0 \times K} = \frac{5.68㎥}{0.8㎥ \times 0.7} ≒ 10回$$

　　　　E_s：積込機械の作業効率 ……………………………………… 0.8

$$T_1（往）= \frac{8km \times 60}{30km/h} = 16min$$

$$T_2（復）= \frac{8km \times 60}{35km/h} = 13.7min$$

$T_3 = 10$ 分とする

$$Cm = \frac{30 \times 10}{60 \times 0.8} + (16 + 13.7 + 10) = 6.3 + 39.7 = 46.0min$$

そこで，$Q = \dfrac{60 \times 5.68 \times 0.83 \times 0.8}{46.0} = 4.91 ≒ 4.9㎥/h$ となる。

1日当たり運搬量は，4.9㎥/h × 7h/日 = 34.3 ≒ 34㎥/日 となる。

イ．ダンプトラック（10 t 積級）台数の算定

　　バックホウ1台当たり作業量　　：315㎥/日
　　ダンプトラック1台当たり運搬量：34㎥/日

故に，バックホウ1台に対してのダンプトラック必要台数は，315㎥/日 ÷ 34㎥/日 ≒ 9.3 ≒ 10台である。

したがって，バックホウ3台に対してのダンプトラック必要台数は，3 × 10台 = 30台となる。

(c)　客土敷均し・締固め工　86,360㎥（砂質土）

ブルドーザ（21 t 級）を使用して敷均し・締固めをする。

ア．運転1時間当たり敷均し量の算定

　$Q_1 = 10E(18D + 13)$　　　（㎥/h）

　ここに，Q_1：運転1時間当たり敷均し土量（締固め後土量㎥/h）

　　　　　D：締固め後の仕上がり厚さ（m）　ただし，$0.15 ≦ D ≦ 0.35$ ……… 0.35m
　　　　　E：作業効率 ……………………………………………………… 0.8

　　　　$Q_1 = 10 \times 0.8(18 \times 0.35 + 13) = 154.4㎥/h$ となる。

A 盛土及び土留め擁壁工事

イ．運転1時間当たり締固め土量の算定

$$Q_2 = \frac{V \times W \times D \times E}{N} \quad (\text{m}^3/\text{h})$$

ここに，Q_2：運転1時間当たり締固め土量（m³／h）
　　　　 V：締固め速度（m／h）……………………………… 3,500m／h
　　　　 W：1回の有効締固め幅（m）……………………… 0.9m
　　　　 D：仕上がり厚さ（m）……………………………… 0.35m
　　　　 N：締固め回数（回）………………………………… 3回
　　　　 E：作業効率 ………………………………………… 0.8

そこで，$Q_2 = \dfrac{3,500 \times 0.9 \times 0.35 \times 0.8}{3} = 294$（m³／h）となる。

ウ．運転1時間当たり及び運転1日当たり敷均し・締固め土量の算定

　ブルドーザで敷均しを行いながら締固め作業を行う場合のブルドーザ運転1時間当たり敷均し・締固め土量の算定式は，前項のア，イを合成して求める。式で示すと次のとおりである。

$$Q = \frac{Q_1 \times Q_2}{Q_1 + Q_2}$$

ここに，Q：運転1時間当たり敷均し・締固め土量（m³／h）
　　　　 Q_1：運転1時間当たり敷均し土量 ……………………… 154.4m³／h
　　　　 Q_2：運転1時間当たり締固め土量 ……………………… 294m³／h

そこで，$Q = \dfrac{154.4 \times 294}{154.4 + 294} = 101.23 ≒ 101.2$m³／hとなる。

　1日当たり敷均し・締固め土量は，101.2m³／h × 7h／日 ≒ 708m³／日

エ．実働日数・暦日数の算定

　実働日数は，86,360m³ ÷ 708m³／日 = 121.98日 ≒ 122日となる。
　暦日数は，122日 ÷ 18日／30日 ≒ 203日（約6.8か月）を要する。

b．土留め擁壁工事

(a) 構造物掘削工　924m³（砂質土）

　土留め擁壁の基礎掘削をバックホウ（山積0.45m³）で行う。掘削土は，埋戻し工（543m³×1.1≒597m³（地山））に用いる土量のみ周囲に仮置くものとし，その他土量（924m³－597m³＝327m³）については，客土として使用する。ただし，その土量は少数量であるので客土量算定から除外するものとする。

Ⅱ 事例編

　ア．運転1時間当たり掘削土量の算定

$$Q = \frac{3,600 \times q_0 \times K \times f \times E}{Cm} \quad (\text{m}^3/\text{h})$$

ここに，Q：運転1時間当たり掘削土量（m³／h）
　　　　q_0：1サイクル当たり掘削土量（m³，ルーズ）‥‥‥‥‥‥‥‥ 0.45m³
　　　　K：バケット係数 ‥‥‥‥‥‥‥‥‥‥‥‥‥‥‥‥‥‥‥‥ 0.7
　　　　f：土量換算係数，砂質土の場合 f = 1／L = 1／1.2 ≒ 0.83 ‥‥‥‥‥ 0.83
　　　　E：作業効率 ‥‥‥‥‥‥‥‥‥‥‥‥‥‥‥‥‥‥‥‥‥‥ 0.6
　　　　Cm：サイクルタイム（sec）‥‥‥‥‥‥‥‥‥‥‥‥‥‥‥ 30sec

そこで，$Q = \dfrac{3,600 \times 0.45 \times 0.7 \times 0.83 \times 0.6}{30} = 18.82 ≒ 18.8\text{m}^3／\text{h}$ となる。

故に，1日当たり施工量は，18.8m³／h × 7h／日 ≒ 132m³／日 となる。

　イ．実働日数・暦日数の算定

　　実働日数は，924m³ ÷ 132m³／日 ＝ 7日 となる。
　　暦日数は，7日 ÷ 18日／30日 ≒ 12日 を要する。

(b) **構造物埋戻し工　543m³（砂質土）**

　埋戻しはブルドーザ（15t級）とランマ（60～80kg）により行う。

　ア．運転1時間当たり敷均し土量の算定

　　$Q_1 = 10E(13D + 9) \quad (\text{m}^3/\text{h})$

ここに，Q_1：運転1時間当たり敷均し土量（締固め後土量m³／h）
　　　　D：締固め後の仕上がり厚さ（m）　ただし，0.15 ≦ D ≦ 0.35 ‥‥‥‥ 0.35m
　　　　E：作業効率 ‥‥‥‥‥‥‥‥‥‥‥‥‥‥‥‥‥‥‥‥‥‥ 0.6

そこで，$Q_1 = 10 \times 0.6(13 \times 0.35 + 9) = 81.3\text{m}^3／\text{h}$ となる。

　イ．運転1時間当たり締固め土量の算定

$$Q_2 = \frac{V \times W \times D \times E}{N} \quad (\text{m}^3/\text{h})$$

ここに，Q_2：運転1時間当たり締固め土量（m³／h）
　　　　V：締固め速度（m／h）‥‥‥‥‥‥‥‥‥‥‥‥‥‥‥‥‥ 3,500m／h
　　　　W：1回の有効締固め幅（m）‥‥‥‥‥‥‥‥‥‥‥‥‥‥‥ 0.8m
　　　　D：仕上がり厚さ（m）‥‥‥‥‥‥‥‥‥‥‥‥‥‥‥‥‥ 0.35m
　　　　N：締固め回数（回）‥‥‥‥‥‥‥‥‥‥‥‥‥‥‥‥‥‥ 3回
　　　　E：作業効率 ‥‥‥‥‥‥‥‥‥‥‥‥‥‥‥‥‥‥‥‥‥‥ 0.6

そこで，$Q_2 = \dfrac{3,500 \times 0.8 \times 0.35 \times 0.6}{3} = 196$（㎥／h）となる。

ウ．運転1時間当たり及び運転1日当たり敷均し・締固め土量の算定

　ブルドーザで敷均しを行いながら締固め作業を行う場合のブルドーザ運転1時間当たり敷均し・締固め土量の算定式は，前項のア，イを合成して求める。式で示すと次のとおりである。

$Q = \dfrac{Q_1 \times Q_2}{Q_1 + Q_2}$

ここに，Q：運転1時間当たり敷均し・締固め土量（㎥／h）
　　　　Q_1：運転1時間当たり敷均し土量 ……………………………… 81.3㎥／h
　　　　Q_2：運転1時間当たり締固め土量 ……………………………… 196㎥／h

そこで，$Q = \dfrac{81.3 \times 196}{81.3 + 196} = 57.46 \fallingdotseq 57.5$㎥／hとなる。

　したがって，1日当たり敷均し・締固め土量は，57.5㎥／h×7h／日＝402.5≒403㎥／日となる。

エ．実働日数・暦日数の算定

　実働日数は，543㎥÷403㎥／日＝1.35日≒1日となる。

　暦日数は，1日÷18日／30日≒1日を要する。

(c) **基礎割栗石工　123㎥**

　作業員がタンパ（60〜80kg）を使用して敷均す。

　歩掛りは，作業員の能力を4㎥／人日とする。

　1日当たり5人で作業すると1日当たり作業量は，4㎥／人日×5人／日＝20㎥／日となる。

　実働日数は，123㎥÷20㎥／日＝6.15日≒6日となる。

　暦日数は，6日÷21／30＝8.6日≒9日を要する。

(d) **均しコンクリート工　60㎥**

　1ブロック当たり施工数量は，60㎥÷15ブロック＝4㎥となる。

　打設能力は，1回に3ブロック打設すると，

　4㎥／ブロック×3ブロック＝12㎥／回・日となる。

　実働日数は，60㎥÷12㎥／日＝5日となる。

　暦日数は，5日÷21／30≒7日を要する。

Ⅱ　事例編

◆　土留め擁壁工事の主体構築部分（構造物掘削工，構造物埋戻し工，基礎割栗石工，基礎コンクリート工を除く）のサイクルタイムは施工数量，作業の難易度，施工場所の面積，張付け人員などから勘案して次のとおりとする。

擁壁1ブロック（長さ20m）当たり

施工箇所	作業名	数量	単位	実働日数
擁壁底部	鉄筋組立	1.03	t	0.5
	型枠組立	10	㎡	0.5
	コンクリート	12.5	㎥	0.5
	養生	1	式	1.5
	型枠解体	10	㎡	0.5
	計			3.5
擁壁立上り	足場設置	104	掛㎡	1.0
	鉄筋組立	1.1	t	0.5
	型枠組立	104	㎡	2.5
	コンクリート	14.3	㎥	0.5
	養生	1	式	2.5
	型枠解体	104	㎡	1.5
	足場解体	104	掛㎡	0.5
	計			9.0
擁壁1ブロック	合計			12.5

　底部と立上りは異なったブロックにおいて並行作業を行うから，全体のサイクルタイムは8日と考える。

(e)　型枠工　1,710㎡

　1ブロック（延長20m）当たり

　$1,710㎡ ÷ 15ブロック = 114㎡ \begin{cases} 擁壁底部10㎡／ブロック \\ 立上り104㎡／ブロック \end{cases}$

　1ブロック（114㎡）当たりの工程
　擁壁底部と立上りは異なったブロックにおいて並行作業を行う。

職種＼作業	組立	解体
土木一般世話役	21人×1/7	10人×1/7
型わく工	5人×3日	3人×2日
普通作業員	2人×3日	1人×2日

　型枠は木製型枠を使用し，3.5ブロック分を用意して5回転用する。型枠1ブロック当たりの供用存置期間は，前項のサイクルタイムから，12.5日／ブロック×1ブロック÷21日／月≒0.60か月とする。

A　盛土及び土留め擁壁工事

(f)　鉄筋工　32 t

1ブロック（延長20m）当たり

32 t÷15ブロック≒2.133 t／ブロック

1ブロック当たりの工程は次のとおりとする。

職種＼作業	加　工	組　立
土木一般世話役	1人×1/7	3人×1/7
鉄　筋　工	2人×0.5日	4人×0.5日
普 通 作 業 員	－	2人×0.5日

(g)　足場工　1,560掛㎡

1ブロック（延長20m）当たり

1,560掛㎡÷15ブロック＝104掛㎡／ブロック

1ブロック当たりの工程は次のとおりとする。

職種＼作業	組　立	解　体
土木一般世話役	4.0人×1/7	1.0人×1/7
と　び　工	2人×1.0日	1人×0.5日
普 通 作 業 員	2人×1.0日	1人×0.5日

足場材は枠組足場を使用し，3.5ブロック分を用意して，5回転用する。足場材の供用存置期間は，サイクルタイムから，型枠と同様とし，(12.5日／ブロック×1ブロック＋3日／ブロック×3ブロック分)÷21日／月＝1.1か月とする。

(h)　コンクリート工　402㎥

1ブロック（延長20m）当たり

402㎥÷15ブロック÷2＝13.4㎥ $\begin{cases} 擁壁底部12.5㎥／ブロック \\ 立上り14.3㎥／ブロック \end{cases}$

1ブロック当たりの工程は次のとおりとする。

職種＼作業	打　設	養　生
土木一般世話役	3人×1/7	－
特 殊 作 業 員	1人×1日	－
普 通 作 業 員	2人×1日	0.5人×1日

ラフテレーンクレーン＋コンクリートバケットにより打設する。

Ⅱ 事例編

(i) 裏込砕石工　207㎥

1ブロック（延長20m）当たり
207㎥÷15ブロック＝13.8㎥／ブロック
作業能力を3㎥／人日とし，7人張付けとすると，
3㎥×7人／日＝21㎥／日となる。
実働日数は，13.8㎥÷21㎥／日＝0.66日≒1日／ブロックとなる。
そこで，全体では1日／ブロック×15ブロック＝15日となる。
暦日数は，15日÷21／30≒21日を要する。

c．工事用道路工事

　工事用道路は設計図書で一式計上で示され，指示事項として，土取場土砂の使用，道路撤去は含まない，施工延長300m，道路幅員6mの4項目となっており，当計画は，路床工1,517㎥（締固め後土量），路盤工540㎥（締固め後土量）として立案する。

(a) 仮設道路路床工　1,517㎥

　本体工事と同一の土取場とし，バックホウ（山積0.8㎥）で掘削・積込みを行い，ダンプトラック（10t積級）で運搬し，ブルドーザ（15t級）を使用して敷均し締固めを行う。

① バックホウによる掘削・積込み

ア．運転1日当たりの掘削積込量の算定

　1日当たり掘削・積込み量は，客土掘削・積込み量と同一条件であるので同一と考え1日当たり315㎥／日（地山土量）とする。

イ．実働日数・暦日数の算定

　実働日数は，$1,517㎥ \times (\frac{1}{C} = 1.1) \div 315㎥／日 = 5.3 \fallingdotseq 5$日とする。
　暦日数は，5日÷18／30＝8.33≒8日を要する。

② ダンプトラック（10t積級）による運搬

ア．運転1日当たりの運搬量の算定

　1日当たり運搬土量は，客土掘削・積込みと同一条件であり，ダンプ1日当たり運搬土量は34㎥である。

イ．ダンプトラック台数の算定

　ダンプトラック必要台数はバックホウ掘削・積込みによって決まる。したがってバックホウ1台を使用すると，

A 盛土及び土留め擁壁工事

$$運搬機械の所要台数 = \frac{バックホウ1日当たりの作業能力}{ダンプトラック1日当たりの作業能力} = \frac{315㎥}{34㎥} ≒ 10台となる。$$

ウ．実働日数・暦日数の算定

　バックホウの作業に合わせるので，実働日数は5日（1,517㎥÷315㎥／日），暦日数は8日となる。

③　ブルドーザ（15t級）による敷均し・締固め
ア．運転1日当たりの敷均し・締固め量の算定
　土留め擁壁工事の構造物埋戻しと同一と考えて，403㎥／日とする。

イ．実働日数・暦日数の算定
　実働日数は，1,517㎥÷403㎥／日＝3.76≒4日となる。しかし，バックホウと同一として5日とする。
　暦日数は，8日が必要である。

(b)　仮設道路路盤工　540㎥
　造成した仮設道路路床上に路盤材として再生クラッシャラン（40〜0）を厚30cmに敷均すものとする。使用機械は，ブルドーザ（15t級）とする。

ア．運転1日当たりの作業能力
　仮設道路路床工の敷均し・締固め量と同一として403㎥／日とする。

イ．実働日数・暦日数の算定
　実働日数は，540㎥÷403㎥／日＝1.34≒1.5日となる。
　暦日数は，1.5日÷18／30≒3日が必要である。

d．水替工事
　用地がゆるやかな傾斜地になっているので工事排水は，特別な設備は必要ないと考えられ工事用地周囲に釜場を設け水中ポンプで周囲に排水する。

e．電力設備工事
　電力契約使用期間が1年未満で動力・照明の使用であるので臨時電力を使用する。主な使用機器は排水ポンプ，バイブレータ，現場照明，事務所内の電灯などである。

Ⅱ 事例編

(3) 仮設工事計画
a．調査・準備工事
　当工事では測量・後片付け・清掃等の作業を考慮する。

b．安全対策工事
　主にダンプ走行のための安全設備，誘導員などの安全対策を考慮する。

c．技術管理工事
　擁壁，盛土の出来形を毎月測定する。

d．営繕工事
　現場事務所・倉庫並びに作業員休憩所として，レンタルのユニットハウスを設備し，材料置場として200㎡の用地を確保する。これらに使用する用地は借地するものとする。

A 盛土及び土留め擁壁工事

(4) 工種作業別工程一覧表及び工事工程表

前述の直接工事計画, 仮設工事計画を基に, 工種作業別工程一覧表〔表A−2〕及び工事工程表〔表A−3〕を示す。

〔表A−2〕 工種作業別工程一覧表

工種・作業			運搬距離	土質	数量	作業能力		運転時間	工種別延べ運転日数	使用数	実働日数	暦日数	摘要
工種	機種	作業				規格	能力						
〔盛土工事〕													
場内切盛土工	ブルドーザ	掘削押土	50m	砂質土	20,000 ㎥	21t級	412㎡/日台	49日	}67日	1台	49日	}112日	
〃	〃	締固め			20,000	21t	1,092㎡/日台	18〃		1〃	18〃		
客土積込運搬工	バックホウ	掘削積込み		〃	95,000	0.8㎥	315㎡/日台	302〃	302〃	3〃	101〃	168〃	
〃	ダンプトラック	運搬	8km		95,000	10t積級	34㎡/日台	2794〃	2794〃	30〃	101〃	168〃	掘削積込機械の時間に合わせる
客土敷均し締固め工	ブルドーザ	敷均し締固め		〃	86,360	21t級	708㎡/日台	122〃	122〃	1〃	122〃	203〃	
〔土留め擁壁工事〕													
構造物掘削工	バックホウ	基礎掘削		砂質土	924㎥	0.45㎥	132㎡/日台	7日	7日	1台	7日	12日	
構造物埋戻し工	ブルドーザ	埋戻し			543	15t	403㎡/日台	1〃	1〃	1〃	1〃	1〃	
基礎割栗石工	人力	割栗石敷均し			123	普通作業員	4㎡/人・日	6〃		5人	6〃	9〃	工程上は3日考慮
	タンパ	〃			123	60〜80kg		6〃		1台	6〃	9〃	工程上未考慮
均しコンクリート工	バケット	コンクリート打設			60	特殊作業員	12㎡/回・日	5〃			5〃	7〃	工程上は1日考慮
型わく工	人力	型枠組払			1,710㎡	型わく工	114㎡/5日	75〃		組立15人解体6人	75〃	107〃	(主体作業)
鉄筋工	〃	鉄筋加工組立			32t	鉄筋工	2.133t/日	15〃		*(加工1人)組立2人	15〃	21〃	107+21+21+107=256日
足場工		足場組払			1,560掛㎡	とび工	10掛㎡/日	15〃		組立2人解体0.5人	15〃	※21〃	−4日×15×30/21
コンクリート工	バケット打設	コンクリート打設			402㎥		13.4㎡/回・日	30〃		15日+60日=75日(養生)		107〃	※鉄筋加工と足場工は同時施工
裏込砕石工	人力	栗石・裏込め			207	普通作業員	3㎡/人・日	15〃		7人	15〃	21〃	工程上は5日考慮
仮設道路路床工	バックホウ	掘削積込み		砂質土	1,517㎥	0.8㎥	315㎡/日×0.9≒284㎡/日台	5〃		1台	5〃	8〃	
	ダンプトラック	運搬	8km	〃	1,517	10t積級	34㎡/台	45〃		10〃	5〃	8〃	掘削積込機械の時間に合わせる
	ブルドーザ	敷均し締固め		〃	1,517	15t	403㎡/日	4〃		1〃	5〃	8〃	
仮設道路路盤工	〃	砂利敷均し			540〃	15t	403㎡/日	1.5〃		1〃	1.5〃	3〃	
電力設備工事					1式					設備2日撤去1〃			
安全対策工事					1〃					設備1〃撤去1〃			
仮設建物工事					1〃					設備5〃撤去3〃			
調査準備工事					1〃					準備12〃後片付17〃			

〔表A−3〕 工事工程表

工事	工種	単位	数量	第 1 年						第 2 年		
				7月	8月	9月	10月	11月	12月	1月	2月	3月
盛土工事	場内切盛土工	㎥	20,000	══════				3.7月				
	客土工	〃	95,000(掘削)86,360(締固め)	══════════════════════								6.8月
土留め擁壁工事		m	300	══════════════════════								6.7月
仮設工事	準備・設備工	式	1	══								
	撤去・後片付工	〃	1									══

Ⅱ 事例編

(5) 施工管理計画
　　省　略

2. 管理計画

(1) 調達計画
　a．機械計画

　直接工事計画，仮設工事計画で各工種・作業ごとに計画した主要機械を機械工程表にまとめて，工事全体から検討して機種，台数，現場存置期間等を調整してとりまとめる。本工事における機械工程表を〔表A-4〕に示す。

〔表A-4〕 機　械　工　程　表

(線上の数字は台数を示す)

機　　種	規　　格	単位	第　1　年						第　2　年		
			7月	8月	9月	10月	11月	12月	1月	2月	3月
ブルドーザ	15 t 級	台	1			1		1	1		
〃	21 t 級	〃		1台×112日（切土） 2 2 1 1					1	1	
				1台×203日（客土敷均し締固め）							
バックホウ	山積0.45㎥(平積0.35㎥)	〃		1							
〃	山積0.8㎥(平積0.6㎥)	〃		1	3	3	3	3	3	3	
ダンプトラック	10 t 積級	〃		9	28	28	28	28	28	28	
タンパ・ランマ	60～80kg	〃		1		1		1	1		
水中ポンプ	100mm	〃			3	3	3	3	3	3	

　b．材料計画
　　省　略

　c．労務下請計画
　　省　略

　d．輸送計画
　　省　略

e．現場組織計画（人事計画）

請負者（元請）の社員業務分担は次のとおりである。

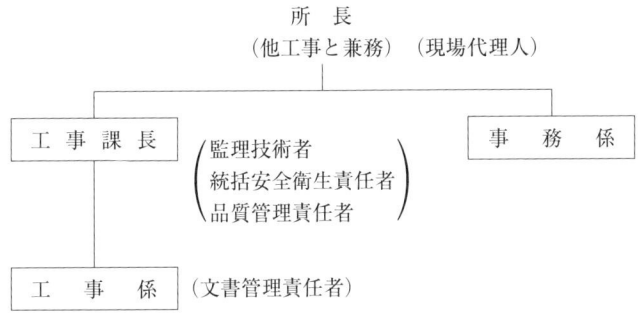

f．安全衛生計画

省　略

g．交通管理・環境保全計画

省　略

Ⅱ 事例編

3 実行予算

実 行 予 算 総 覧

工　事　概　要		実　行　予　算　総　括　表					
		工　種　別　集　計			要　素　別　集　計		
		費　目	金額(円)	%	費　目	金額(円)	%
1. 工 事 名	○○盛土及び土留め擁壁工事	①直接工事費	265,805,880	75.9	材　料　費	17,527,650	5.0
2. 工事場所	○○県○○市						
3. 発 注 者	○○市	②間接仮設工事費	10,369,090	3.0	労　務　費	0	0.0
4. 設 計 者	○○市						
5. 入札年月日	令和○○年5月20日				機　械　費	2,621,270	0.7
6. 入札方式	条件付一般競争入札				外　注　費	256,062,050	73.2
7. 工　　期	着工　令和○○年7月1日 竣工　令和○○年3月31日	③=①+② 工　事　費　計	276,174,970	78.9	③工事費計	276,174,970	78.9
8. 請負工事費	385,000,000円 (うち，工事価格350,000,000 円，消費税30,000,000円)	④現場管理費	29,723,850	8.5	④現場管理費	29,723,850	8.5
9. 支払条件	前払金　154,000,000　40% 中間・1回(出来高の90%) 竣工払い　　　　　残全額	⑤=③+④ 工　事　原　価	305,898,820	87.4	⑤=③+④ 工　事　原　価	305,898,820	87.4
		⑥資金利息	1,225,000	0.4	⑥資金利息	1,225,000	0.4
10. 支給品 貸与機材	なし	⑦会社経費	14,000,000	4.0	⑦会社経費	14,000,000	4.0
11. 工事諸元	本工事は，盛土工事と土留 め擁壁工事に大別される。 　(1)　盛土工事 　　　　場内切盛土　20,000㎥ 　　　　客　土　工　95,000㎥ 　(2)　土留め擁壁工事 　　　　逆T型RC構造延長300m	⑧=⑥+⑦ 一般管理費他	15,225,000	4.4	⑧=⑥+⑦ 一般管理費他	15,225,000	4.4
		⑨=⑩-(⑤+⑧) 損　　益	28,876,180	8.3	⑨=⑩-(⑤+⑧) 損　　益	28,876,180	8.3
		⑩工事価格	350,000,000	100.0	⑩工事価格	350,000,000	100.0
		⑪=⑩×0.10 消費税相当額	35,000,000	10.0	⑪=⑩×0.08 消費税相当額	35,000,000	10.0
		⑫=⑩+⑪ 請負工事費	385,000,000	110.0	⑫=⑩+⑪ 請負工事費	385,000,000	110.0

A　盛土及び土留め擁壁工事

工事費集計

工種別内訳					要素別内訳								摘要
名称	規格	単位	数量	単価	金額	材料費		労務費		機械費		外注費		
					単価	金額	単価	金額	単価	金額	単価	金額	
直接工事費														
盛土工事		式	1		204,331,200		0		0		0		204,331,200	
土留め擁壁工事		〃	1		52,562,960		16,169,290		0		0		36,393,670	
工事用道路工事		〃	1		5,091,840		950,400		0		0		4,141,440	
水替工事		〃	1		1,114,990		0		0		189,000		925,990	
電力設備工事		〃	1		2,704,890		0		0		612,700		2,092,190	
直接工事費計					265,805,880		17,119,690		0		801,700		247,884,490	
間接仮設工事費														
運搬費		式	1		1,765,000		0		0		451,400		1,313,600	
調査・準備費		〃	1		2,204,960		0		0		459,000		1,745,960	
安全対策費		〃	1		2,075,800		309,280		0		0		1,766,520	
役務費		〃	1		1,230,200		0		0		690,200		540,000	
技術管理費		〃	1		824,840		18,280		0		0		806,560	
営繕費		〃	1		2,268,290		80,400		0		218,970		1,968,920	
間接仮設工事費計					10,369,090		407,960		0		1,819,570		8,141,560	
工事費合計(直接工事費+間接仮設工事費)					276,174,970		17,527,650		0		2,621,270		256,026,050	

直接工事費・間接仮設工事費内訳

276,174,970 円

工種別内訳					要素別内訳								摘要
名称	規格	単位	数量	単価	金額	材料費		労務費		機械費		外注費		
					単価	金額	単価	金額	単価	金額	単価	金額	
直接工事費														
盛土工事														
場内切盛土工		㎥	20,000	410	8,200,000							410	8,200,000	内訳No.1
客土積込運搬工		〃	95,000	1,910	181,450,000							1,910	181,450,000	〃 No.2
客土敷均し締固め工		〃	86,360	170	14,681,200							170	14,681,200	〃 No.3
計					204,331,200		0		0		0		204,331,200	

Ⅱ 事例編

工種別内訳					要素別内訳								摘要
名称	規格	単位	数量	単価	金額	材料費		労務費		機械費		外注費		
						単価	金額	単価	金額	単価	金額	単価	金額	
土留め擁壁工事														
構造物掘削工		㎥	924	570	526,680							570	526,680	内訳No.4
構造物埋戻し工		〃	543	180	97,740							180	97,740	〃 No.5
基礎割栗石工		〃	123	16,010	1,969,230	7,090	872,070					8,920	1,097,160	〃 No.6
均しコンクリート工		〃	60	29,600	1,776,000	19,940	1,196,400					9,660	579,600	〃 No.7
コンクリート工		〃	402	29,520	11,867,040	20,920	8,409,840					8,600	3,457,200	〃 No.8
型枠工		㎡	1,710	11,910	20,366,100							11,910	20,366,100	〃 No.10
鉄筋工		t	32	211,930	6,781,760	124,670	3,989,440					87,260	2,792,320	〃 No.13
足場工		掛㎡	1,560	2,350	3,666,000							2,350	3,666,000	〃 No.15
裏込砕石工		㎥	207	26,630	5,512,410	8,220	1,701,540					18,410	3,810,870	〃 No.17
計					52,562,960		16,169,290		0		0		36,393,670	
工事用道路工事														
仮設道路路床工		㎡	1,517	2,520	3,822,840							2,520	3,822,840	内訳No.18
仮設道路路盤工		〃	540	2,350	1,269,000	1,760	950,400					590	318,600	〃 No.19
計					5,091,840		950,400		0		0		4,141,440	
水替工事														
水替工		式	1		1,114,990		0		0		189,000		925,990	内訳No.20
電力設備工事														
低圧幹線設備工		式	1		891,460								891,460	内訳No.21
動力照明設備工		〃	1		1,200,730								1,200,730	〃 No.22
工事用電力料		〃	1		612,700						612,700			〃 No.23
計					2,704,890		0		0		612,700		2,092,190	
直接工事費合計					265,805,880		17,119,690		0		801,700		247,884,490	

A 盛土及び土留め擁壁工事

工種別内訳						要素別内訳									摘要
名称	規格	単位	数量	単価	金額	材料費		労務費		機械費		外注費		
						単価	金額	単価	金額	単価	金額	単価	金額	
間接仮設工事費															
運搬費															
機械運搬		式	1		1,241,400						81,800		1,159,600	内訳No.25
仮設材運搬		〃	1		441,800						287,800		154,000	〃
その他運搬		〃	1		81,800						81,800			〃
運搬費計					1,765,000						451,400		1,313,600	
調査・準備費															
測量工		式	1		1,177,670						459,000		718,670	内訳No.27
後片付清掃工		〃	1		1,027,290								1,027,290	〃 No.28
調査・準備費計					2,204,960		0				459,000		1,745,960	
安全対策費															
安全対策工		式	1		2,075,800		309,280						1,766,520	内訳No.29
役務費															
材料置場借地		式	1		540,000								540,000	内訳No.30
電力・用水基本料金等		〃	1		690,200						690,200			〃 No.31
役務費計					1,230,200		0		0		690,200		540,000	
技術管理費															
出来形管理		式	1		384,040		18,280						365,760	内訳No.32
技術管理		〃	1		440,800								440,800	〃 No.33
技術管理費計					824,840		18,280		0		0		806,560	
営繕費															
現場事務所・倉庫		㎡	30	43,340	1,300,200	960	28,800					42,380	1,271,400	内訳No.34
作業員休憩所		〃	16	35,570	569,120	1,100	17,600					34,470	551,520	〃 No.35
材料置場		〃	200	900	180,000	170	34,000					730	146,000	〃 No.36
営業用用水・電気・ガス料金		式	1		218,970						218,970			〃 No.37
営繕費計					2,268,290		80,400		0		218,970		1,968,920	
間接仮設工事費合計					10,369,090		407,960		0		1,819,570		8,141,560	
工事費合計=直接工事費+間接仮設工事費					276,174,970		17,527,650		0		2,621,270		256,026,050	

Ⅱ　事例編

経　費　内　訳

29,723,850円／式　　　　　　　現　場　管　理　費

名　称	規　格	単位	数　量	単　価	金　額	摘　　要
労 務 管 理 費		式	1		241,500	内訳No.38
法 定 福 利 費		〃	1		4,351,000	〃 No.39
補 償 費		〃	1		0	〃 No.41
租 税 公 課		〃	1		104,000	〃 No.42
地 代 家 賃		〃	1		0	〃 No.43
保 険 料		〃	1		1,725,000	〃 No.44
従業員給料手当		〃	1		13,500,000	〃 No.45
従 業 員 賞 与		〃	1		4,725,000	〃 No.46
従 業 員 退 職 金		〃	1		2,025,000	〃 No.47
福 利 厚 生 費		〃	1		717,950	〃 No.48
事 務 用 品 費		〃	1		689,000	〃 No.49
旅費・交通費・通信費		〃	1		778,000	〃 No.50
交 際 費		〃	1		0	〃 No.51
広告宣伝・寄付金		〃	1		0	〃 No.52
保 証 料		〃	1		758,400	〃 No.53
会議費・諸会費		〃	1		45,000	〃 No.55
雑 費		〃	1		64,000	〃 No.56
出張所等経費配賦額等		〃	1		0	〃 No.57
計					29,723,850	

15,225,000円／式　　　　　　　一　般　管　理　費　他

名　称	規　格	単位	数　量	単　価	金　額	摘　　要
資 金 利 息		式	1		1,225,000	350,000,000円×0.7×0.5%
会 社 経 費	4%	〃	1		14,000,000	工事価格350,000,000円×0.04
計					15,225,000	

A 盛土及び土留め擁壁工事

主 要 材 料 単 価 表

名　　称	規　　格	単位	単　価	金　額	摘　　要
生コンクリート	24－12－25	㎥	20,100		
〃	18－8－25	〃	19,300		
モ ル タ ル	1：3	〃	23,800		
再生クラッシャラン	ＲＣ－40	〃	1,200		
割　栗　石	50～150㎜	〃	6,850		
単 粒 度 砕 石	4号	〃	5,600		
鉄　　筋	ＳＤ345	t	119,000		
木　　材	桟　材	㎥	78,000		
〃	板　材	〃	45,000		
足 場 板 合 板		枚	6,200		
軽　　油		ℓ	116		
ガ ソ リ ン		〃	135		

労 務 賃 金 表

名　　称	規　　格	単位	単　価	金　額	摘　　要
土木一般世話役	昼間8時間	人	31,000		
特 殊 作 業 員	〃	〃	28,300		
普 通 作 業 員	〃	〃	25,400		
軽 作 業 員	〃	〃	17,600		
型 わ く 工	〃	〃	30,000		
鉄　筋　工	〃	〃	30,900		
と び 工	〃	〃	31,200		
運転手（特殊）	〃	〃	28,900		
運転手（一般）	〃	〃	23,600		
電　　工	〃	〃	30,100		

Ⅱ 事例編

機 械 単 価 内 訳

機　種	規　格	単位	機械単価	単 価 内 訳				摘　要
				機械損料	機械賃料	運転労務費	油脂燃料費	
ブルドーザ	排出ガス対策型15t級	日	64,200	26,000		28,900	9,280	
〃	〃　21〃	〃	87,300	42,200		28,900	16,240	
バックホウ	山積0.45㎥（平積0.35㎥）	〃	38,600		5,330	28,900	4,350	8,200円×65%
〃	山積0.8㎥（平積0.6㎥）	〃	47,200		8,450	28,900	9,860	13,000円×65%
ダンプトラック	10t積級	〃	54,700	20,100		28,900	5,680	
タンパ・ランマ	60～80kg	〃	1,400		730		700	割引率適用外
トラック	4t（2.9t吊りクレーン付）	〃	38,500		6,570	28,900	3,070	10,100円×65%

※ 「［表A-2］工種作業別工程一覧表」より，賃料は長期割引を適用する。

A　盛土及び土留め擁壁工事

作　業　単　価　内　訳

場内切盛土工　　　　　　作業数量　20,000㎥

410円／㎥

名　称	規　格	単位	数量	単　価	金　額	摘　要
外注費						
（労務費）						
土木一般世話役		人	10	31,000	310,000	作業員×1／7
普通作業員	補助作業	〃	67	25,400	1,701,800	1人／日×67日
小　計					2,011,800	
（材料費）						
消耗工具		式	1		60,354	労務費×3％
（機械費）						
ブルドーザ	21t級	台日	67	87,300	5,849,100	
（下請経費）						
下請経費		式	1		402,360	労務費×20％
計					8,323,614	
1㎥当たり					410	8,323,614円÷20,000㎥≒416円／㎥

Ⅱ 事例編

客土積込み運搬工　　　　　作業数量　95,000㎥

1,910円／㎥

No.2

名　称	規　格	単位	数量	単価	金額	摘　要
外注費						
（労務費）						
土木一般世話役		人	58	31,000	1,798,000	作業員×1／7
普通作業員	清掃誘導，監視	〃	404	25,400	10,261,600	4人／日×101日
小　計					12,059,600	
（材料費）						
消耗工具		式	1		361,788	労務費×3％
（機械費）						
バックホウ	山積 0.8㎥ （平積0.6㎥）	台日	302	47,200	14,254,400	95,000㎥÷315㎥／台日
ダンプトラック	10ｔ積級	〃	2,794	54,700	152,831,800	95,000㎥÷34㎥／台日
小　計					167,086,200	
（下請経費）						
下請経費		式	1		2,411,920	労務費×20％
計					181,919,508	
1㎥当たり					1,910	181,919,508円÷95,000㎥≒1,915円／㎥

客土敷均し・締固め工　　　　　作業数量　86,360㎥

170円／㎥

No.3

名　称	規　格	単位	数量	単価	金額	摘　要
外注費						
（労務費）						
土木一般世話役		人	17	31,000	527,000	作業員×1／7
普通作業員	補助作業	〃	122	25,400	3,098,800	1人／日×122日
小　計					3,625,800	
（材料費）						
消耗工具		式	1		108,774	労務費×3％
（機械費）						
ブルドーザ	21ｔ級	台日	122	87,300	10,650,600	86,360㎥÷708㎥／台日

A　盛土及び土留め擁壁工事

名　称	規　格	単位	数量	単　価	金　額	摘　要
（下請経費）						
下　請　経　費		式	1		725,160	労務費×20%
計					15,110,334	
1㎥当たり					170	15,110,334円÷86,360㎥≒175円／㎥

構　造　物　掘　削　工　　　　　　作業数量　924㎥

570円／㎥

No.4

名　称	規　格	単位	数量	単　価	金　額	摘　要
外注費						
（労務費）						
土木一般世話役		人	1	31,000	31,000	作業員×1／7
普通作業員	掘削補助作業	〃	7	25,400	177,800	1人／日×7日
小　計					208,800	
（材料費）						
消　耗　工　具		式	1		6,264	労務費×3%
（機械費）						
バックホウ	山積0.45㎥ （平積0.35㎥）	台日	7	38,600	270,200	924㎥÷132㎥／台日
（下請経費）						
下　請　経　費		式	1		41,760	労務費×20%
計					527,024	
1㎥当たり					570	527,024円÷924㎥≒570円／㎥

Ⅱ 事例編

構造物埋戻し工　　　　　　作業数量　543㎥

180円／㎥

No.5

名　称	規　格	単位	数量	単　価	金　額	摘　要
外注費						
（労務費）						
土木一般世話役		人	0.1	31,000	3,100	作業員×1／7
普通作業員	補助作業	〃	1	25,400	25,400	1人／日×1日
小　計					28,500	
（材料費）						
消耗工具		式	1		855	労務費×3％
（機械費）						
ブルドーザ	15t級	台日	1	64,200	64,200	
（下請経費）						
下請経費		式	1		5,700	労務費×20％
計					99,255	
1㎥当たり					180	99,255円÷543㎥≒183円／㎥

基 礎 割 栗 石 工　　　　　　作業数量　123㎥

16,010円／㎥

No.6

名　称	規　格	単位	数量	単　価	金　額	摘　要
材料費						
割栗石	50～150mm	㎥	123	6,850	842,550	
再生クラッシャラン	RC-40	〃	25	1,200	30,000	割栗石×0.2（間詰め）
計					872,550	
1㎥当たり					7,090	872,550円÷123㎥≒7,094円／㎥
外注費						
（労務費）						
土木一般世話役		人	4	31,000	124,000	作業員×1／7
普通作業員	敷均し,締固め	〃	30	25,400	762,000	5人／日×6日
小　計					886,000	
（材料費）						
消耗工具		式	1		26,580	労務費×3％

A　盛土及び土留め擁壁工事

名　　称	規　　格	単位	数　量	単　価	金　額	摘　　　　要
（機　械　費）						
タ　ン　パ	60〜80kg	台日	6	1,400	8,400	1台×6日
（下　請　経　費）						
下　請　経　費		式	1		177,200	労務費×20％
計					1,098,180	
1㎡当たり					8,920	1,098,180円÷123㎡≒8,928円／㎡
合　計					16,010	7,090円＋8,920円

均しコンクリート工　　　　作業数量　60㎡

29,600円／㎡

No.7

名　　称	規　　格	単位	数　量	単　価	金　額	摘　　　　要
材料費						
生コンクリート	18－8－25	㎥	62	19,300	1,196,600	60㎥×1.03（ロス率）＝61.8㎥
計					1,196,600	
1㎥当たり					19,940	1,196,600円÷60㎥≒19,943円／㎥
外注費						
（労　務　費）						
土木一般世話役		人	2	31,000	62,000	作業員×1／7
特殊作業員		〃	5	28,300	141,500	1人／日×5日
普通作業員	敷均し，締固め	〃	10	25,400	254,000	2人／日×5日
小　計					457,500	
（材　料　費）						
消　耗　工　具		㎡	60	370	22,200	内訳No.9　①
雑　材　料		〃	60	140	8,400	〃No.9　②
小　計					30,600	
（下　請　経　費）						
下　請　経　費		式	1		91,500	労務費×20％
計					579,600	

Ⅱ 事例編

名　　称	規　格	単位	数量	単価	金　額	摘　　　要
1㎥当たり					9,660	579,600円÷60㎥≒9,660円／㎥
合　計					29,600	19,940円＋9,660円

コンクリート工 〔1ブロック当たり402㎥÷15ブロック ＝26.8㎥（底部12.5㎥, 立上がり14.3㎥）〕　　作業数量　26.8㎥

29,520円／㎥

No.8

名　　称	規　格	単位	数量	単価	金　額	摘　　　要
材料費						
生コンクリート	24-12-25	㎥	27.6	20,100	554,760	26.8㎥×1.03（ロス）
モルタル	1：3	〃	0.25	23,800	5,950	打設1回当たり
計					560,710	
1㎥当たり					20,920	560,710円÷26.8㎥≒20,922円／㎥
外注費						
（労務費）						
土木一般世話役		人	0.5	31,000	15,500	作業員×1／7
特殊作業員		〃	1	28,300	28,300	1人／日×1日
普通作業員	打設	〃	2	25,400	50,800	2人／日×1日
〃	養生	〃	0.5	25,400	12,700	0.5人／日×1日
小　計					107,300	
（材料費）						
消耗工具		㎥	26.8	370	9,916	内訳No.9 ①
雑材料		〃	26.8	140	3,752	〃 No.9 ②
小　計					13,668	
（外注費）						
ポンプ打設料		式	1		88,300	オペ，燃料含む
（下請経費）						
下請経費		式	1		21,460	労務費×20％
計					230,728	
1㎥当たり					8,600	230,728円÷26.8㎥≒8,600円／㎥
合　計					29,520	20,920円＋8,600円

A　盛土及び土留め擁壁工事

コンクリート：消耗工具 〔底部12.5㎥ 立上り14.3㎥〕　　配分数量　26.8㎥

370円／㎥

No.9　①

名　　称	規　　格	単位	数量	単価	金額	摘　　　　要
バイブレータ	高周波φ40㎜×4本	組日	2	4,800	9,600	賃料（インナバイブ，発電機，インバーター）前日搬入
そ の 他	こて他	㎥	26.8	20	536	
計					10,136	10,136円÷26.8㎥÷378円／㎥

コンクリート：雑材料 〔均しコンクリート60㎥ 躯体コンクリート402㎥〕　　配分数量　462㎥

140円／㎥

No.9　②

名　　称	規　　格	単位	数量	単価	金額	摘　　　　要
養 生 マット	1.2m×50m×3㎜	巻	5	5,800	29,000	17,400円／巻×15回／45回
シ ュ ー ト	0.6×914×1,830	本	10	1,440	14,400	9,340円／本×462㎥／3,000㎥
鋼製足場板	軽量240×4,000	枚	20	450	9,009	3,900円／枚×462㎥／4,000㎥
単管パイプ	4m×φ48.6×2.4㎜	本	40	261	10,440	2,260円／本×462㎥／4,000㎥
そ の 他	養生剤他	式	1		3,142	上記（62,849円）×5％
計					65,991	65,991円÷462㎥÷143円／㎥

コンクリート：消耗工具・雑材料（1㎥当たり）配分数量462㎥
〔均しコンクリート　60㎥ 躯体コンクリート　402㎥〕

型枠工 〔1ブロック当たり1,710㎡÷15ブロック ＝114㎡（底部10㎡，立上り104㎡）〕　　作業数量　114㎡／B（20m）

11,910円／㎡

No.10

名　　称	規　　格	単位	数量	単価	金額	摘　　　　要
外注費						n／B×3.5B×0.60＝2.1n月
（労　務　費）						
土木一般世話役		人	4	31,000	124,000	作業員×1/7
型 わ く 工		〃	21	30,000	630,000	組立　　　　　解体 5人×3日＋3人×2日
普 通 作 業 員		〃	8	25,400	203,200	2人×3日＋1人×2日
小　　計					957,200	957,200円÷114㎡÷8,396円／㎡
（材　料　費）						型枠材料存置期間　　　　（5回転用）12.5日／ブロック×1ブロック÷21日÷0.60か月
無塗装合板	600×1,800	枚	22	317	6,974	1,360円×3.5÷15
〃	600×900	〃	2	159	318	680円×3.5÷15
塗 装 合 板	600×1,800	〃	66	350	23,100	1,500円×3.5÷15

Ⅱ 事例編

名　称	規　格	単位	数　量	単　価	金　額	摘　　要	
塗　装　合　板	900×900	枚	6	233	1,398	1,000円×3.5÷15（ロス）	
単　　　　管	φ48.6	m月	2,318.4	12.7	29,444	1,104m×2.1月	
セ パ レ ー タ	D型 ℓ=250～300	〃	337	86.9	29,285		
レ ジ コ ン	D型	個	674	114	76,836		
フォームタイ	D型	本	674	1.5	1,007	224円÷30÷5	
座　　　金	3型D	個	674	0.8	539	149円÷30÷5	
スクリュー釘	38mm	kg	2.3	385	886		
プ ラ 面 木	T-20 2m／本	本	20	44	880		
板　　　材		㎡	0.02	9,000	180	1.34㎡×0.012＝0.02	45,000円／㎡×1回／5回
桟　　　材		〃	0.01	15,600	156	1.34㎡×0.012＝0.02×1/2	78,000円／㎡×1回／5回
目　地　板	発泡体 t＝10mm	㎡	1.4	1,320	1,848	1.4㎡／箇所	
水抜きパイプ	VP40mm	本	13	1,200	15,600	114㎡÷(4.5×2)㎡／本	
消　耗　工　具		㎡	114	20	2,280	内訳№11 ①	
雑　材　料		〃	114	60	6,840	〃 №11 ②	
小　計					197,570	197,570円÷114㎡≒1,730円／㎡	
（機　械　費）							
ト ラ ッ ク	4t (2.9t吊クレーン付)	台日	0.3	38,500	11,550	9,960円÷114㎡≒87円／㎡	
（下 請 経 費）							
下　請　経　費		式	1		191,440	労務費×20％（1,680円／㎡）	
計					1,357,760		
1㎡当たり					11,910	1,357,760円÷114㎡≒11,910円／㎡	

A　盛土及び土留め擁壁工事

型枠工：消耗工具　　　　　配分数量　1,710㎡

20円／㎡

No.11 ①

名　　称	規　　格	単位	数　量	単　価	金　額	摘　　　要
電子丸のこ	切削深さ66mm	式	1		4,500	22,500円×20%
電気カンナ	切削幅110mm	〃	1		4,200	21,000円×20%
電気ドリル	木工38mm	〃	1		3,400	17,000円×20%
ケレン工具		㎡	1,710	10	17,100	
消耗品		式	1		5,840	上記計×20%＝29,200×20%
計					35,040	35,040÷1,710㎡≒20円／㎡

型枠工：雑材料　　　　　配分数量　1,710㎡

60円／㎡

No.11 ②

名　　称	規　　格	単位	数　量	単　価	金　額	摘　　　要
はく離剤	木製・樹脂製用	ℓ	171	420	71,820	
鉄丸くぎ		kg	0.8	218	174	
なまし鉄線	＃10	〃	69	193	13,317	
その他		式	1		17,062	上記計×20%＝85,311円×20%
計					102,373	102,373円÷1,710㎡≒60円／㎡

Ⅱ 事 例 編

型 枠 工：算 定 基 礎

仮 設 材 料 表

(20m／ブロック当たり)　No.12

資 源 名	規 格	単位	数 量	摘　　　要
無塗装合板パネル	600×1,800×12	枚	22	ベース11枚/段面×1段×2面
〃	600×900×12	〃	2	ベース1枚/段面×1段×2面
塗装合板パネル	900×1,800×12	〃	66	立上り11枚/段面×3段×2面
〃	900×900×12	〃	6	立上り1枚/段面×3段×2面
スクリュー釘	38mm	kg	2.3	桟木216.42本×4m/本÷0.45/本×1.05×0.00114kg/本
プラ面木	20mm×20mm	本	20	20÷2m/本×2
単　管	φ48.6mm	m	1,104	(22枚×8.4m/枚+2×4.5m+66×11.7m+6×6.3m)=1,003.8m×1.1
フォームタイ	D型・φ12mm	本	674	136.62㎡÷(1.8m×0.9m÷4本)×2
座　金	3型D	個	674	
セパレータ	L=250～300	本	337	
板　材		㎡	0.02	妻型枠1.4㎡/箇所×0.012m
桟　材		〃	0.01	妻型枠1.4㎡/箇所×0.005m

鉄 筋 工　（1ブロック当たり　32t÷15ブロック≒2.133t）　作業数量　2.1t

211,930円／t

No.13

名　称	規　格	単位	数　量	単　価	金　額	摘　　　要
材料費						
鉄　筋	SD345	t	2.2	119,000	261,800	2.1t×1.03（ロス）=2.16t
計					261,800	
1t当たり					124,670	261,800円÷2.1t≒124,666.7円／t
外注費						
（労務費）						
土木一般世話役		人	0.6	31,000	18,600	作業員×1/7
鉄　筋　工		〃	3.0	30,900	92,700	加工　　組立　2人×0.5日+4人×0.5日
普通作業員		〃	1.0	25,400	25,400	2人×0.5日
小　計					136,700	
（材料費）						
結束線		kg	10.5	251	2,636	5kg/t×2.1t
スペーサ		個	31	16.5	512	15個/t×2.1t
消耗工具		t	2.1	1,090	2,289	内訳No.14 ①

A 盛土及び土留め擁壁工事

名　　　称	規　　格	単位	数量	単　価	金　額	摘　　　要
雑　材　料		t	2.1	1,060	2,226	内訳No.14 ②
小　　計					7,662	
（機　械　費）						
ト ラ ッ ク	4t (2.9t吊クレーン付)	台日	0.3	38,500	11,550	11,550円／2.1 t ≒ 5,500円／t
（下　請　経　費）						
下　請　経　費		式	1		27,340	労務費×20%
計					183,252	
1 t 当たり					87,260	183,252円÷2.1 t ≒ 87,263円／t
合　　計					211,930	124,670円／t ＋87,260円／t

鉄筋工：消耗工具　　　　　作業数量　32 t

1,090円／t

No.14 ①

名　　　称	規　　格	単位	数量	単　価	金　額	摘　　　要
ベ ン ダ		台	1	15,000	15,000	300,000円／台×5％
カ ッ タ		〃	1	14,000	14,000	280,000円／台×5％
雑　工　具		式	1		5,800	上記計×20％＝29,000×20％
計					34,800	34,800÷32 t ≒ 1,090円／t

鉄筋工：雑材料　　　　　作業数量　32 t

1,060円／t

No.14 ②

名　　　称	規　　格	単位	数量	単　価	金　額	摘　　　要
角　　材		㎥	0.32	50,000	16,000	
板　　材		〃	0.33	45,000	14,850	
そ の 他		式	1		3,085	上記計×10％＝30,850×10％
計					33,935	33,935円÷32 t ≒ 1,060円／t

Ⅱ 事例編

足　場　工 （1ブロック当たり　1,560掛㎡÷15＝104掛㎡）　　作業数量　104掛㎡／B（20m）

2,350円／掛㎡

No.15

名　　称	規　　格	単位	数　量	単　価	金　額	摘　　要
外注費						n／B×3.5B×0.60＝2.1n月
（労　務　費）						
土木一般世話役		人	0.7	31,000	21,700	作業員×1／7
と　び　工		〃	2.5	31,200	78,000	組立　解体 2人×1.0日＋1人×0.5日
普 通 作 業 員		〃	2.5	25,400	63,500	2人×1.0日＋1人×0.5日
小　　計					163,200	
（材　料　費）						足場材料在置期間　　　（5回転用） (12.5日／ブロック×1ブロック＋9日)÷21日≒1.1か月
鳥　居　枠	1,219×1,524	枠	24	47.3	1,135	(2.5円／枠日×1.1か月×30＋120)×3.5÷15ブロック
筋　　　違	1,829×1,219	本	44	15.5	682	(0.8円／枠日×1.1か月×30＋40)×3.5÷15ブロック
ジャッキベース	250mm	個	48	21.3	1,022	(1.1円／枠日×1.1か月×30＋55)×3.5÷15ブロック
鋼 製 布 板	500×1,829	枚月	22	55.0	1,210	(2.6円／枠日×1.1か月×30＋150)×3.5÷15ブロック
合 板 足 場 板		枚	2.69	6,200	16,678	20枚×2セット×1.01（ロス）÷15ブロック
消　耗　工　具		式	1		8,160	労務費×5％
雑　　材　　料	なまし鉄線等	〃	1		8,160	〃　×5％
小　　計					37,048	
（機　械　費）						
ト　ラ　ッ　ク	4t（2.9t吊クレーン付）	台日	0.3	38,500	11,550	
（下　請　経　費）						
下　請　経　費		式	1		32,640	労務費×20％
計					244,438	
1掛㎡当たり					2,350	244,438円÷104掛㎡≒2,350円／掛㎡

A　盛土及び土留め擁壁工事

足 場 工 ： 算 定 基 礎

仮 設 材 料 表

(20m／1ブロック当たり)　No.16

資　源　名	規　格	数　量	単位	摘　　　要
鳥　居　枠	1,219×1,524	24	枠	12枠/列×2列
筋　違　い	1,829×1,219	44	本	11本/列×4列
ジャッキベース	250㎜	48	個	2個/枠×12枠/列×2列
鋼 製 布 板	500×1,829	22	枚	11枚/列×2列

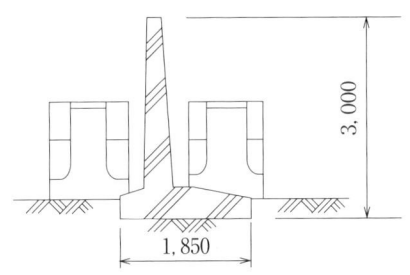

延長　L＝300m
1ブロック　ℓ＝20m

裏 込 砕 石 工　　　　作業数量　207㎥

26,630円／㎥

No.17

名　　称	規　格	単位	数量	単　価	金　額	摘　　　要
材料費						
単粒度砕石	4号	㎥	304	5,600	1,702,400	207㎥×1.2/0.9×1.1
計					1,702,400	
1㎥当たり					8,220	1,702,400円÷207㎥≒8,224円／㎥
外注費						
（労　務　費）						
土木一般世話役		人	15	31,000	465,000	作業員×1/7
普通作業員		〃	105	25,400	2,667,000	7人/日×15日
小　計					3,132,000	
（材　料　費）						
消耗工具		式	1		31,320	労務費×1％
（機　械　費）						
ランマ	60～80kg	台日	15	1,400	21,000	1台×15日

Ⅱ 事例編

名　　称	規　格	単位	数量	単価	金　額	摘　　要
（下請経費）						
下請経費		式	1		626,400	労務費×20％
計					3,810,720	
1㎡当たり					18,410	3,810,720円÷207㎡≒18,409円/㎡
合　計					26,630	8,220円+18,410円=26,630円

仮　設　道　路　路　床　工　　　　作業数量　1,517㎡

2,520円／㎡

No.18

名　　称	規　格	単位	数量	単価	金　額	摘　　要
外注費						
（労務費）						
土木一般世話役		人	2	31,000	62,000	作業員×1/7
普通作業員		〃	15	25,400	381,000	3人/日×5日
小　計					443,000	
（材料費）						
消耗工具		式	1		8,860	労務費×2％
（機械費）						
バックホウ	山積0.8㎥（平積0.6㎥）	台日	5	47,200	236,000	1台×5日
ダンプトラック	10t積級	〃	50	54,700	2,735,000	10台/日×5日
ブルドーザ	15t級	〃	5	64,200	321,000	1台×5日
小　計					3,292,000	
（下請経費）						
下請経費		式	1		88,600	労務費×20％
計					3,832,460	
1㎡当たり					2,520	3,832,460円÷1,517㎡≒2,526円／㎡

A　盛土及び土留め擁壁工事

仮設道路路盤工　　　　　作業数量　540㎡

2,350円／㎡

No.19

名　称	規　格	単位	数　量	単　価	金　額	摘　　要
材料費						
再生クラッシャラン	RC-40	㎥	792	1,200	950,400	540㎡×1.2/0.9×1.1
1㎡当たり					1,760	950,400円÷540㎡=1,760
外注費						
（労　務　費）						
土木一般世話役		人	1	31,000	31,000	作業員×1/7
普通作業員		〃	6	25,400	152,400	4人／日×1.5日
小　計					183,400	
（材　料　費）						
消耗工具		式	1		5,502	労務費×3％
（機　械　費）						
ブルドーザ	15t級	台日	1.5	64,200	96,300	1台×1.5日
（下請経費）						
下請経費		式	1		36,680	労務費×20％
計					321,882	
1㎡当たり					590	321,882円÷540㎡≒596円／㎡
合　計					2,350	1,760円+590円=2,350円

水　替　工　　　　　作業数量　1式

1,114,990円／式

No.20

名　称	規　格	単位	数　量	単　価	金　額	摘　　要
機械費						
水中ポンプ	100㎜	台日	630	300	189,000	3台×30日／月×7か月
計					189,000	
外注費						
（労　務　費）						
土木一般世話役		人	2.6	31,000	80,600	作業員×1/7
普通作業員		〃	18.4	25,400	467,360	(0.5h×2人×21日÷8h)×7か月

Ⅱ 事例編

名　　称	規　　格	単位	数量	単価	金　額	摘　　要
小　計					547,960	
(材　料　費)						
送水ホース	塩ビφ100mm	m	300	700	210,000	
付属品他		式	1		42,000	上記×20%
消耗工具		〃	1		16,439	労務費×3%
小　計					268,439	
(下請経費)						
下請経費		式	1		109,592	労務費×20%
計					925,990	
合　計					1,114,990	189,000円+925,990円

891,460円／式　　　　低　圧　幹　線　設　備　工　　　作業数量　1式

No.21

名　　称	規　　格	単位	数量	単価	金　額	摘　　要
外注費						
(労　務　費)						
電　　工		人	6	30,100	180,600	3人/日×2日
普通作業員		〃	2	25,400	50,800	1人/日×2日
小　計					231,400	
(材　料　費)						
IV線	22mm²	m	2,070	223	462,024	372円×60%
〃	3.2mm	〃	1,000	88	87,500	125円×70%
電柱(コンクリートポール)	φ120×6,000	本	5	10,600	53,000	21,200円×50%
装柱材		式	1		2,000	
消耗工具		〃	1		6,942	労務費×3%
雑材料		〃	1		2,314	〃　×1%
小　計					613,780	

A　盛土及び土留め擁壁工事

名　称	規　格	単位	数　量	単　価	金　額	摘　要
（下請経費）						
下請経費		式	1		46,280	労務費×20%
計					891,460	231,400円+613,780円+46,280円=891,460円

動　力　照　明　設　備　工　　　作業数量　1式

1,200,730円／式

No.22

名　称	規　格	単位	数　量	単　価	金　額	摘　要
外注費						
（労　務　費）						
電　工		人	18	30,100	541,800	1人/日×2日/月×9か月
普通作業員		〃	9	25,400	228,600	1人/日×1日/月×9か月
小　計					770,400	
（材　料　費）						
ＶＶ－Ｒ線	14㎜²×3心	m	100	611	61,110	679円×90%
キャブタイヤ	2CT 1.25㎜²×4心	〃	200	163	32,620	233円×70%
〃	2CT 3.5㎜²×3心	〃	200	242	48,400	346円×70%
投　光　器	500W	個	15	2,415	36,218	4,829円×50%
分　電　盤		面	5	12,120	60,600	40,400円×30%
電　球	500W	個	5	1,298	6,490	
消　耗　工　具		式	1		23,112	労務費×3%
雑　材　料		〃	1		7,704	〃×1%
小　計					276,254	
（下請経費）						
下請経費		式	1		154,080	労務費×20%
計					1,200,730	770,400円+276,254円+154,080円

工　事　用　電　力　料　　　作業数量　1式

612,700円／式

No.23

名　称	規　格	単位	数　量	単　価	金　額	摘　要
機械費						
電力量料金		式	1		612,700	内訳No.24 ②+③

Ⅱ 事例編

工事用電力料算定内訳

No.24

機　種	容量(kW)	第1月	2	3	4	5	6	7	計	
バイブレータ	1	2	2	2	2	2	2	2		
水中ポンプ	11	33	33	33	33	33	33	33		
照　明	0.5	3	3	3	3	3	3	3		
設備合計（kW）		38	38	38	38	38	38	38		
設備利用率（％）		10	15	15	15	10	5	5		
契約電力（kW）		32	32	32	32	32	32	32		設備合計(kW)×70％＋5kW （契約容量算定略式）
電力量（kWh）		2,736	4,104	4,104	4,104	2,736	1,368	1,368	20,520	設備合計(kW)×利用率％ ×24h×30日

［表A-4］機械工程表より電力使用開始を8月からとする
① ［基本料金］
　　32kW×1,261円／kW×7か月＝282,464円
② ［電力量料金］夏季：29円61銭（税抜き），その他季：27円89銭（税抜き）
　　（2,736kW＋4,104kW）×29.61円／kW＋（4,104kW×2＋2,736kW＋1,368kW×2）×27.89円／kW＝584,068円
③ ［再生可能エネルギー発電促進賦課金］
　　20,520kW×1.40円／kW＝28,728円
　［合　計］
　　282,464円＋584,068円＋28,728円＝895,260円

間接仮設工事費

運　搬　費　　　　　作業数量　1式

1,765,000円／式

No.25

名　称	規　格	単位	数量	単　価	金　額	摘　　要
1．機械運搬						
機械費						
トラック	4t	台日	2	40,900	81,800	1台日×2
外注費						
セミトレーラ	15t	台日	10	55,300	553,000	1台日×2×4回＋1台日×2
〃	20t	〃	6	59,900	359,400	3台日×2
〃	25t	〃	4	61,800	247,200	2台日×2
小　計					1,159,600	
計					1,241,400	
2．仮設材運搬						
機械費						
トラック	11t	台日	4	51,500	206,000	2台日×2
〃	4t	〃	2	40,900	81,800	1台日×2
小　計					287,800	

A 盛土及び土留め擁壁工事

名　　称	規　　格	単位	数量	単価	金額	摘　　　要
外注費						
クレーン付トラック	4 t　2.9 t 吊	台日	4	38,500	154,000	賃料，2台日×2
計					441,800	
3．その他運搬						詳細は内訳No.26参照
機械費						
トラック	4 t	台日	2	40,900	81,800	1台日×2
運搬費合計					1,765,000	

運　搬　費　算　定　内　訳

No.26

機種・材種			運搬車			算　定　根　拠		台日
機種・材種	規格	数量	機種	規格	台数			
ブルドーザ	15 t 級	1	セミトレーラ	15 t 車	1			55,300
〃	21 t 級	2	〃	25 t 車	2			123,600
バックホウ	0.45㎥	1	〃	15 t 車	1			55,300
〃	0.8㎥	3	〃	20 t 車	3			179,700
タンパ	60～80kg	1						
水中ポンプ	100mm	3						
トランス	30kVA	2	トラック	4 t 車	1			40,900
測量機械		1				「積載品質量計算」		
合板型枠	600×1,800	77枚				合板型枠20.6kg/枚×77枚＝1,586kg		
〃	600×900	7枚				〃　　10.9kg/枚× 7枚＝76kg		
〃	900×1,800	231枚				〃　　28.3kg/枚×231枚＝6,537kg		
単管	φ48.6	3,864m		11 t 車	2	単管2.7kg/m×3,864m＝10,433kg		143,900
鳥居枠		84枠	トラック	4 t 車	1	鳥居枠17.4kg/枠×84枠＝1,462kg		
筋違		154本				筋違5.1kg/本×154本＝785kg		
布板		77枚				布板19.5kg/枚×77枚＝1,502kg		
ジャッキベース		168個				ジャッキベース4.5kg/個×168個＝756kg		
その他補助金物		1式				小　計　　　　　　　　23,137kg		

Ⅱ 事例編

測 量 工　　　　　作業数量　1式

1,177,670円／式

No.27

名　　称	規　　格	単位	数量	単価	金額	摘　　　要
機械費						
トータルステーション	3級，附属品含む	台日	270	1,300	351,000	1台×30日×9か月
レ ベ ル	3級，標尺含む	〃	270	400	108,000	1台×30日×9か月
計					459,000	
外注費						
（労　務　費）						
普通作業員	測量手元	人	21	25,400	533,400	1人×3日×7か月
（材　料　費）						
スタッフ		本	1	2,000	2,000	5,000×40％
ポ ー ル	ℓ＝2m	個	10	387	3,870	1,290円×30％
スティールテープ	ℓ＝50m	〃	1	3,570	3,570	11,900円×30％
エスロンテープ	ℓ＝30m	〃	1	1,620	1,620	5,400円×30％
リ ボ ン	ℓ＝5m	〃	4	1,800	7,200	6,000円×30％
杭，桟材		㎥	0.5	78,000	39,000	
消耗工具		式	1		16,002	労務費×3％
雑 材 料		〃	1		5,334	〃 ×1％
小　計					78,596	
（下　請　経　費）						
下　請　経　費		式	1		106,680	労務費×20％
計					718,670	533,400円＋78,596円＋106,680円＝718,676円
合　　計					1,177,670	459,000円＋718,670円＝1,177,670円

後片付け清掃工　　　　　作業数量　1式

1,027,290円／式

No.28

名　　称	規　　格	単位	数量	単価	金額	摘　　　要
外注費						
（労　務　費）						
土木一般世話役		人	4	31,000	124,000	作業員×1/7

A　盛土及び土留め擁壁工事

名　　　称	規　　格	単位	数量	単　価	金　額	摘　　　　要
普通作業員		人	28	25,400	711,200	4人/日×7日
小　　計					835,200	
（材　料　費）						
消　耗　工　具		式	1		25,056	労務費×3％
（下　請　経　費）						
下　請　経　費		式	1		167,040	労務費×20％
計					1,027,290	835,200円＋25,056円＋167,040円＝1,027,296円

安　全　対　策　費　　　　　　作業数量　1式

2,075,800円／式

No.29

名　　　称	規　　格	単位	数量	単　価	金　額	摘　　　　要
材料費						
交通安全標識板	1,100×1,400,枠付き	枚	20	5,670	113,400	
バリケード	1,200×800	〃	20	2,640	52,800	
風雨対策材		式	1		100,000	
雑　材　料		〃	1		43,086	労務費×3％
計					309,286	
外注費						
（労　務　費）						
土木一般世話役		人	7	31,000	217,000	作業員×1/7
普通作業員		〃	48	25,400	1,219,200	2人/回×3回/月×8か月
小　　計					1,436,200	
（材　料　費）						
消　耗　工　具		式	1		43,086	労務費×3％
（下　請　経　費）						
下　請　経　費		式	1		287,240	労務費×20％
計					1,766,520	1,436,200円＋43,086円＋287,240円＝1,766,526円
合　　計					2,075,800	309,286円＋1,766,520円＝2,075,806円

Ⅱ 事例編

540,000円／式　　　　　　　　　　材　料　置　場　借　地　　　　　　　　作業数量　1式

No.30

名　　称	規　格	単位	数量	単価	金額	摘　　要
外注費						
（材　料　費）						
土地借地料		㎡月	1,800	300	540,000	200㎡×9か月

690,200円／式　　　　　　　　　　電力・用水基本料金等　　　　　　　　作業数量　1式

No.31

名　　称	規　格	単位	数量	単価	金額	摘　　要
機械費						
電力基本料金	臨時電力使用	式	1		282,464	内訳No.24 ①
臨電工事負担金		〃	1		250,000	電力会社に支払
水道基本料金	口径13㎜	月	9	860	7,740	
水道工事費		式	1		150,000	水道業者見積
計					690,200	上記計＝690,204円

384,040円／式　　　　　　　　　　出　来　形　管　理　　　　　　　　　作業数量　1式

No.32

名　　称	規　格	単位	数量	単価	金額	摘　　要
材料費						
消耗工具		式	1		9,144	労務費×3％
雑材料		〃	1		9,144	労務費×3％
計					18,280	9,144＋9,144＝18,288
外注費						
（労　務　費）						
普通作業員	測量手元	人	12	25,400	304,800	2人×1日/月×6か月
（下請経費）						
下請経費		式	1		60,960	労務費×20％
計					365,760	
合計					384,040	18,280円＋365,760円＝384,040円

A 盛土及び土留め擁壁工事

技 術 管 理　　　　　　作業数量　1式

440,800円／式

No.33

名　　称	規　格	単位	数量	単価	金額	摘　　要
外注費						
（外　注　費）						
コ ピ ー 代		月	9	3,200	28,800	
工 事 写 真 代		〃	9	16,000	144,000	
竣 工 図 書 代		式	1		268,000	
計					440,800	

現場事務所・倉庫（ユニットハウス）　　　作業数量　30㎡

43,340円／㎡

No.34

名　　称	規　格	単位	数量	単価	金額	摘　　要
材料費						
維　持　材		月	9	3,200	28,800	
計					28,800	
1㎡当たり					960	28,800÷30㎡＝960円／㎡
外注費						
（外　注　費）						
ユニットハウスリース料	2.4m×5.6m	棟	2	132,300	264,600	490円×30日／月×9か月
同 上 基 本 料		〃	2	9,500	19,000	
連 棟 部 材 費		〃	2	10,000	20,000	
建 方 費		〃	2	17,100	34,200	
滅 失 費		〃	2	10,000	20,000	
解 体 費		〃	2	13,300	26,600	
運 搬 費		回	4	40,000	160,000	
トイレリース料	大・小・手洗	棟	1	27,000	27,000	150円×30日／月×（9か月－3か月）
同 上 基 本 料		〃	1	20,000	20,000	3か月までの賃料含む
浄 化 設 備 費		式	1		300,000	
屎 尿 処 理 費		〃	1		50,000	
排 水 設 備 費		〃	1		150,000	
照 明 設 備 費		〃	1		80,000	

Ⅱ 事例編

名　　称	規　格	単位	数量	単価	金　額	摘　　要
整地・片付け		式	1		100,000	
計					1,271,400	
1㎡当たり					42,380	1,271,400円÷30㎡≒42,380円／㎡
合　　計					43,340	960円＋42,380円

作業員休憩所（ユニットハウス）　　　作業数量　16㎡

35,570円／㎡

No.35

名　　称	規　格	単位	数量	単価	金　額	摘　　要
材料費						
維　持　材		月	9	2,000	18,000	
計					18,000	
1㎡当たり					1,100	18,000÷16㎡≒1,100円／㎡
外注費						
（外　注　費）						
ユニットハウスリース料	2.4m×5.6m	棟	1	151,200	151,200	490円×30日／月×9か月
同上基本料		〃	1	9,500	9,500	
建　方　費		〃	1	17,100	17,100	
滅　失　費		〃	1	10,000	10,000	
解　体　費		〃	1	13,300	13,300	
運　搬　費		回	2	40,000	80,000	
トイレリース料	大・小・手洗	棟	1	27,000	27,000	150円×30日／月×（9か月－3か月）
同上基本料		〃	1	33,500	33,500	3か月までの賃料含む
屎尿処理費		〃	1		50,000	
排水設備費		式	1		70,000	
照明設備費		〃	1		40,000	
整地・片付け		〃	1		50,000	
計					551,600	
1㎡当たり					34,470	551,600円÷16㎡≒34,475円／㎡
合　　計					35,570	1,100円＋34,470円

A 盛土及び土留め擁壁工事

材 料 置 場　　　　　　作業数量　200㎡

900円／㎡

No.36

名　　　称	規　　格	単位	数　量	単　価	金　額	摘　　　　要
材料費						
再生クラッシャーラン	ＲＣ－40	㎥	22	1,200	26,400	0.1m×200㎡×1.1
雑　材　料		式	1		8,000	
計					34,400	
1㎡当たり					170	34,400円÷200㎡≒172円／㎡
外注費						
（労　務　費）						
土木一般世話役		人	0.6	31,000	18,600	作業員×1／7
普通作業員		〃	4	25,400	101,600	2人×2日
小　計					120,200	
（材　料　費）						
消耗工具		式	1		3,606	労務費×3％
（下請経費）						
下　請　経　費		式	1		24,040	労務費×20％
計					147,846	
1㎡当たり					730	147,846円÷200㎡≒739円／㎡
合　　計					900	170円＋730円＝900円

営繕用用水・電力・ガス料　　　　　　作業数量　1式

218,970円／式

No.37

名　　　称	規　　格	単位	数　量	単　価	金　額	摘　　　　要
機械費						
事務所・休憩所電力料金		kW	1,800	31.45	56,610	200kW×9か月
プロパンガス料金		月	9	4,300	38,700	10㎥／月
水道料金		〃	9	13,740	123,660	50㎥／月
計					218,970	上記計218,970円

Ⅱ　事例編

現場管理費

労務管理費　　作業数量　1式

241,500円／式　　　　　　　　　　　　　　　　　　　　　　　　　　　No.38

名称	規格	単位	数量	単価	金額	摘要
作業員厚生費等		月	9	7,500	67,500	テレビ，暖房等
安全推進費		〃	9	4,500	40,500	ポスター，表彰等
安全教育		回	5	1,500	7,500	入場者教育，特別教育等
救急医薬品		月	9	1,500	13,500	
安全用品費		〃	9	3,000	27,000	
作業員ハンガーラック		〃	9	4,500	40,500	
消火器		個	10	4,500	45,000	
計					241,500	

法定福利費　　作業数量　1式（内訳No.40）

4,351,000円／式　　　　　　　　　　　　　　　　　　　　　　　　　　　No.39

名称	規格	単位	数量	単価	金額	摘要
労災保険料		式	1		1,207,500	
雇用保険料	社員	〃	1		209,580	作業員は下請経費に含む
健康保険料	〃	〃	1		1,055,220	同上
厚生年金保険料	〃	〃	1		1,667,580	同上
建退共証紙代	作業員	人日	660	320	211,200	5人×22日／月×6か月
計					4,351,000	

A 盛土及び土留め擁壁工事

法定保険料対象額算定基礎

No.40

種　　別	算　定　根　拠	算　定　式	金　額
労 災 保 険 料	税抜請負金額×労災保険料率×労務比率 （その他の建設事業：15／1,000，労務比率23％）	350,000千円×15／1,000×0.23	1,207,500
雇 用 保 険 料	社　員：事業者負担11.5／1,000 作業員：下請経費に包含	給与13,500千円 賞与4,725千円 （13,500,000+4,725,000)×11.5／1,000	209,580
健 康 保 険 料	社　員：事業者負担（給与＋賞与）× 　　　　11.58％×1／2 作業員：事業者負担下請け経費に包含		1,055,220
厚生年金保険料	社　員：事業者負担（給与＋賞与）× 　　　　18.300％×1／2 作業員：事業者負担下請け経費に包含	給与13,500千円 賞与4,725千円 （13,500,000+4,725,000)×0.18300×1／2	1,667,580

補　償　費　　　　作業数量　1式

0円／式

No.41

名　　称	規　　格	単位	数　量	単　価	金　額	摘　　　　要
隣 接 地 補 償			0	0	0	公共工事で，該当せず

租　税　公　課　　　　作業数量　1式

104,000円／式

No.42

名　　称	規　　格	単位	数　量	単　価	金　額	摘　　　　要
印紙代・証紙代	工事契約書	冊	1	100,000	100,000	[令和6年4月1日現在法令等] （1億円超え，5億円以下）
	領収書用	式	1		1,000	200円／件×5件
	他申請手数料	〃	1		3,000	
固定資産・都市計画税	機械	〃			0	
	建物	年			0	
公　　　課	道路使用料	式			0	
	河川港湾使用料	〃			0	
計					104,000	

Ⅱ 事例編

地 代 家 賃　　　　　作業数量　1式

0円／式

No.43

名　　称	規　格	単位	数量	単　価	金　額	摘　　要
家　　賃	事務所	月	0		0	
	借上住宅	〃	0		0	
	礼金・手数料	式	0		0	
	月極駐車場	月	0		0	
計					0	

保 険 料　　　　　作業数量　1式

1,725,000円／式

No.44

名　　称	規　格	単位	数量	単　価	金　額	摘　　要
土木工事保険		式	1		1,155,000	請負金額×保険料率（3～5／1,000）
火災保険		〃			0	土木工事保険に包含
請負業者賠償責任保険（第三者賠償）	対人	〃	1		350,000	1事故5,000万円，1名3,000万円，免責10万円
	対物	〃	1		220,000	1事故1,000万円
動産総合保険		〃			0	
自動車保険		〃			0	
計					1,725,000	

従 業 員 給 与 手 当　　　　　作業数量　1式

13,500,000円／式

No.45

名　　称	規　格	単位	数量	単　価	金　額	摘　　要
給料手当					0	
社　　員	所長	月	9	650,000	5,850,000	
	工事主任	〃	9	550,000	4,950,000	
	工事係	〃	6	450,000	2,700,000	
					0	
計					13,500,000	

A　盛土及び土留め擁壁工事

　　　　　　　　　　　　　従　業　員　賞　与　　　　作業数量　1式

4,725,000円／式

No.46

名　　称	規　格	単位	数量	単価	金額	摘　　要
賞　　与						
社　　員		式	1		4,725,000	給料手当×35%
計					4,725,000	

　　　　　　　　　　　　　従　業　員　退　職　金　　　　作業数量　1式

2,025,000円／式

No.47

名　　称	規　格	単位	数量	単価	金額	摘　　要
退　職　金						
社　　員		式	1		2,025,000	給与手当×15%
計					2,025,000	

　　　　　　　　　　　　　福　利　厚　生　費　　　　作業数量　1式

717,950円／式

No.48

名　　称	規　格	単位	数量	単価	金額	摘　　要
厨　房　用　具		月	9	5,550	49,950	
リクリエーション費		〃	9	4,500	40,500	
食　費　補　助		〃	9	15,000	135,000	
新聞・専門誌		〃	9	7,500	67,500	
電気洗濯機		台	1	18,000	18,000	購入金額　償却率 90,000円×　20%
電気冷蔵庫		〃	1	45,000	45,000	〃　　　　〃 225,000円×　20%
カラーテレビ		〃	1	30,000	30,000	〃　　　　〃 150,000円×　20%
冷　房　設　備		〃	1	90,000	90,000	〃　　　　〃 450,000円×　20%
灯油ストーブ		〃	2	6,000	12,000	〃　　　　〃 30,000円×　20%
社員慶弔見舞金		式	1	10,000	10,000	
式　典　費	起工式	〃	1		200,000	
初　穂　料	安全祈願	〃	1		20,000	
計					717,950	

Ⅱ 事例編

事務用品費　　　作業数量　1式

689,000円／式

No.49

名　称	規　格	単位	数量	単価	金額	摘　要
事務用什器						
机	鋼製	脚	4	4,500	18,000	購入金額　償却率 45,000円×　10%
椅子	〃	〃	4	1,000	4,000	〃　　　　　〃 10,000円×　10%
会議用テーブル	〃	〃	2	4,000	8,000	〃　　　　　〃 40,000円×　10%
折りたたみ椅子	〃	〃	10	400	4,000	〃　　　　　〃 4,000円×　10%
脇机	〃	〃	4	2,000	8,000	〃　　　　　〃 20,000円×　10%
キャビネット・戸棚	〃	個	2	3,500	7,000	〃　　　　　〃 35,000円×　10%
保管庫	〃	〃	2	3,000	6,000	30,000円×10%
事務用機器	リース料	月	9	20,000	180,000	ＦＡＸ，コピー機
事務用消耗品		〃	9	10,000	90,000	
衣替ロッカ		台	2	2,000	4,000	20,000×10%
パソコン・プリンター	リース	台月	36	10,000	360,000	4台×9か月
計					689,000	

旅費・交通費・通信費　　　作業数量　1式

778,000円／式

No.50

名　称	規　格	単位	数量	単価	金額	摘　要
旅費						
出張		回	2	21,000	42,000	
交通費						
通勤定期券代		月			0	
車通勤代	ガソリン代	人月	24	15,000	360,000	9か月×2＋6か月
市内連絡用	バス・電車賃	〃	9	1,000	9,000	
	タクシー代	〃	9	2,000	18,000	
小計					387,000	
通信費						
電話料	架設・撤去費用	台	2	17,000	34,000	
	通話料金	台月	18	15,000	270,000	2台×9か月
郵便料・宅配便代		月	9	5,000	45,000	
小計					349,000	
計					778,000	

A 盛土及び土留め擁壁工事

交　際　費　　　　　作業数量　1式

0円／式
No.51

名　　称	規　　格	単位	数量	単価	金額	摘　　要
接　待　費		月	0		0	
打合せ会費		〃	0		0	
進物品代		人	0		0	
近隣町内会		月	0		0	
計					0	

広告宣伝・寄付金　　　　　作業数量　1式

0円／式
No.52

名　　称	規　　格	単位	数量	単価	金額	摘　　要
広　告　料		式	0		0	
式　典　費		〃	0		0	
工事誌・アルバム代		〃	0		0	
一般寄付金		〃	0		0	
計					0	

保　証　料　　　　　作業数量　1式

758,400円／式
No.53

名　　称	規　　格	単位	数量	単価	金額	摘　　要
保　証　料		式	1		524,600	内訳No.54
公共工事履行保証証券		〃	1		233,800	
計					758,400	

※　履行保証には，金銭保証タイプと役務保証タイプが有り，保証割合とともに発注者から求められる。

保　証　料　算　定　根　拠　　　No.54

　　前払金　　請負金額の40％　　385,000,000円×40％＝154,000,000円
　　保証料　　下表より154,000,000×0.0035－14,400＝524,600円

Ⅱ 事例編

(100円未満切捨て)

保証金額	乗率	差引金額
330万以下の金額	0.0023	—
330万を超え，1,000万円以下の金額	0.0031	2,400円
1,000万を超え，5,000万円以下の金額	0.0033	4,400円
5,000万円を超える金額	0.0035	14,400円

会 議 費 ・ 諸 会 費　　　　作業数量　1式

45,000円／式

No.55

名　称	規　格	単位	数量	単価	金額	摘　要
会　議　費	安衛委・工程	月	9	5,000	45,000	

雑　　　費　　　　作業数量　1式

64,000円／式

No.56

名　称	規　格	単位	数量	単価	金額	摘　要
名入りタオル代	近隣挨拶	軒	20	500	10,000	
町会協力費		月	9	4,000	36,000	
経常雑費		〃	9	2,000	18,000	
計					64,000	

出張所等経費配賦額等　　　　作業数量　1式

0円／式

No.57

名　称	規　格	単位	数量	単価	金額	摘　要
出張所等経費配賦額等		式	0		0	

A 盛土及び土留め擁壁工事

予想出来高計算内訳　　　　　（単位：千円）

No.59

名称＼月	7	8	9	10	11	12	1	2	3	計	備考
予想出来高											
土工事（場内切盛土工）	0	2,201	2,201	2,201	1,597	0	0	0	0	8,200	
〃（客土工）	0	32,671	32,671	32,671	32,671	32,671	20,420	2,359	0	186,134	
擁壁工事	0	7,801	7,801	7,801	7,801	7,801	7,801	5,590	0	52,396	
工事用道路・水替・電力設備工事	7,596	170	170	170	170	170	170	170	0	8,786	
間接仮設工事	2,515	923	926	882	926	882	926	926	1,463	10,369	
現場管理費，一般管理費，損益	8,714	9,518	9,518	9,518	9,517	9,517	9,517	9,518	8,778	84,115	
計	18,825	53,285	53,297	53,244	52,671	51,040	38,834	18,563	10,241	350,000	端数調整

Ⅱ 事例編

B 道路工事

1 工事概要

1. 工　事　名： ○○道路工事
2. 工　事　場　所： ○○県○○市
3. 発　注　者： ○○市
4. 設　計　者： ○○市
5. 入札年月日： 令和○○年7月20日
6. 入　札　方　法： 指名競争入札
7. 工　　　　期： 着工　令和○○年9月1日
　　　　　　　　　竣工　令和○○年3月31日　　　（212日）
8. 請負工事費： 121,000,000円（うち工事価格110,000,000円，消費税11,000,000円）
9. 支　払　条　件： 前払金　　　　　　　　48,400,000円（40％）
　　　　　　　　　　部分払金（1回）　　　　出来高の90％
　　　　　　　　　　竣工払金　　　　　　　残全額
10. 支　給　品： な　し
　　　貸与機械： な　し
11. 工　事　諸　元： 市道新設　延長270m
　　　　　　　　　　幅員　　　　6.5m（歩道なし）
12. 工　事　概　要： 幅員6.5mの市道を延長270m新設する工事である。切土の発生土を盛土に流用し，余剰残土は4km先の土捨場に搬出する。現地は雑木林と草地で，土質はレキ質土が主で，小高い丘の下には小さな沢があって自然水が流れている。この水路を函渠（アーチカルバート）で覆い，その上に盛土をする。道路面は，両側に側溝を設け，アスファルト舗装を行う。
13. 工　事　内　容： 工事数量を〔表B－1〕に示す。
14. 工　事　条　件
　① 現地は雑木林と草地で人家は少ない。
　② A道路，C道路並びにB道路は既に開通している。
　③ 土質はレキ質土が主体で地下水位は低い。
　④ 施工中及び施工後の圧密沈下は考慮しない。
　⑤ 作業は昼間施工とする。
　⑥ 土捨場は4km離れた場所に確保されており，搬出土はブルドーザ等で押土する必要がある。

⑦ 地域住民との工事協議は解決している。
⑧ 用地買収はすべて解決している。
⑨ 稼働日当たり作業時間は8時間とし，機械運転時間は7時間とする。
⑩ 稼働日数は，土工工事では平均18日／月，構造物工事は21日／月とする。

15. 図　面　等
① 一般平面図　　　　〔図B−1〕
② 道路標準断面図　　〔図B−2〕
③ 函渠標準断面図　　〔図B−3〕
④ 排水路配置図　　　〔図B−4〕
⑤ 工事用道路断面図　〔図B−5〕

〔表B−1〕　工事数量一覧表

工事	工　種	仕　様	単位	数量	摘　要
土工工事	伐開除根工		m²	8,000	
	切土工		m³	4,000	平均運搬距離　40m
	〃		〃	8,800	120m
	〃		〃	2,200	場外搬出 運搬距離　4km
	盛土工	ブルドーザ	〃	3,600	
	〃	ブルドーザ・タイヤローラ	〃	8,100	
	法面整形工	切土部	m²	1,000	
	法面整形工	盛土部	〃	1,500	
函渠工事	水路切換工		m	60	
	函渠設置工	アーチカルバート（既製品） 1.5m×1.5m×2.0m	〃	52	
	函渠擁壁工		か所	2	
排水路工事	コンクリート側溝工	300B	m	900	
	排水管横断工	ヒューム管 φ200B形1種	か所	5	
	集水桝工	500×600×1,000	個	12	
舗装工事	下層路盤工	厚 15cm	m²	1,755	
	上層路盤工	厚 15cm	〃	1,755	
	表層工	細粒度アスコン 厚　5cm	〃	1,755	
	路肩盛土工		m³	189	
付帯工事	区画線工	幅 15cm 白実線	m	850	
	ガードレール工	土中建込	〃	600	
	交通標識工		基	6	
仮設工事	工事用道路工		m²	600	
	水替工		式	1	
	電力設備工		〃	1	

Ⅱ 事例編

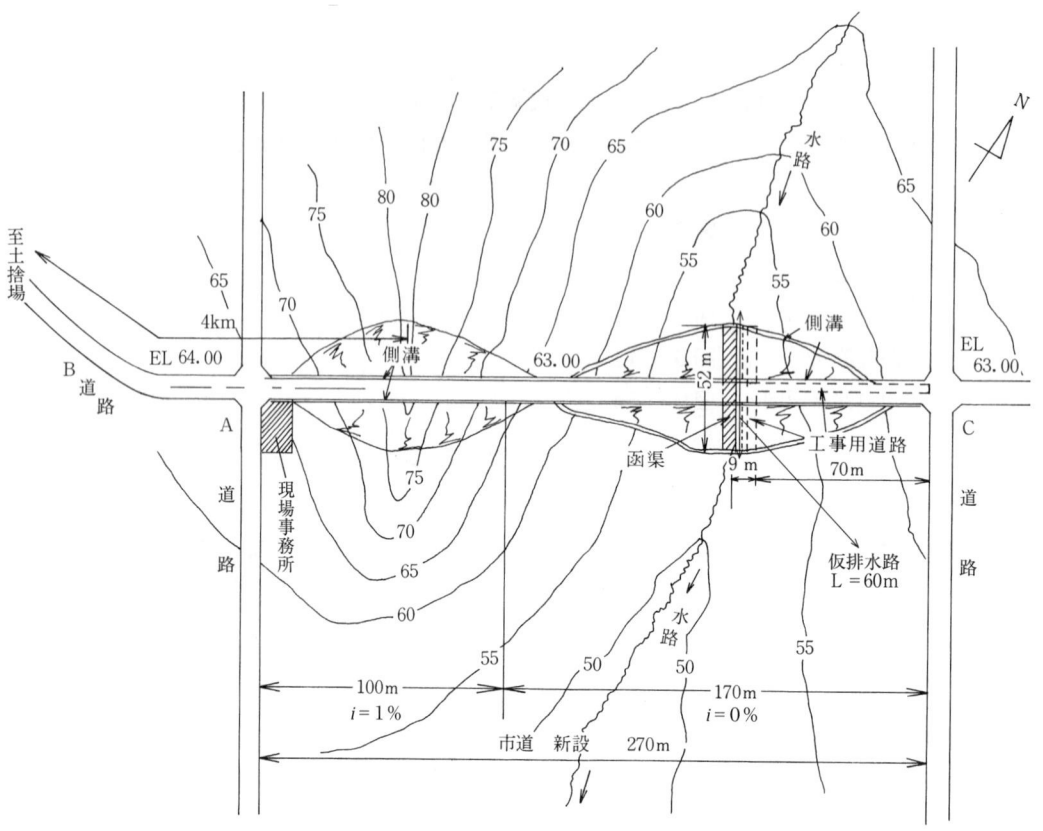

〔図B-1〕 一般平面図

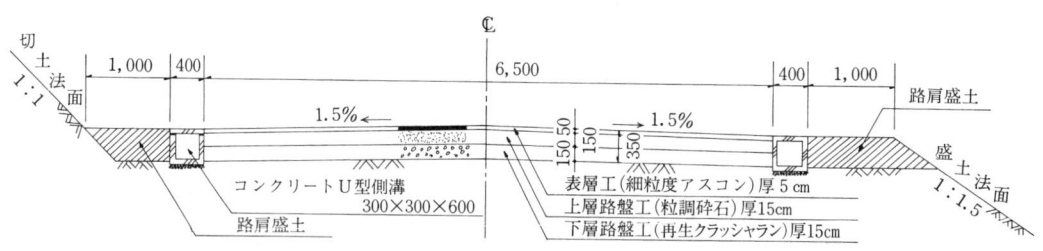

〔図B-2〕 道路標準断面図

B 道路工事

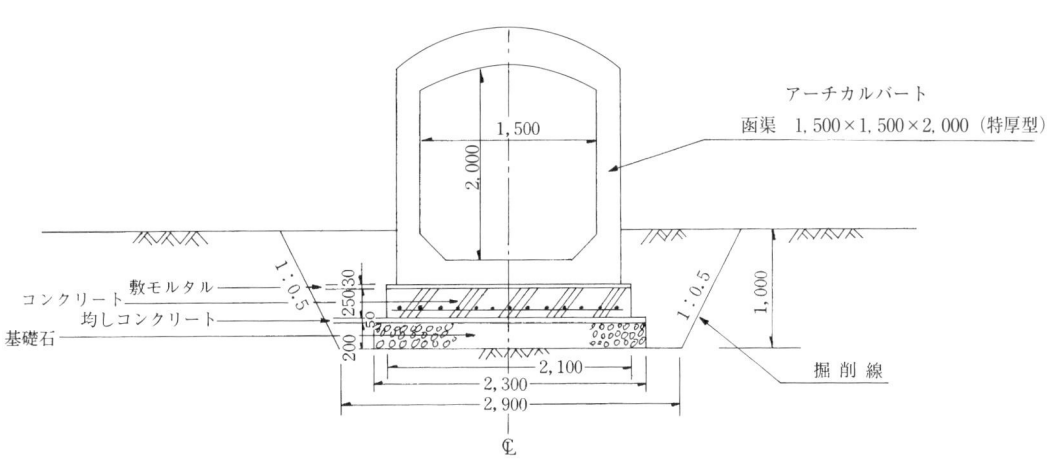

〔図B-3〕 函渠標準断面図

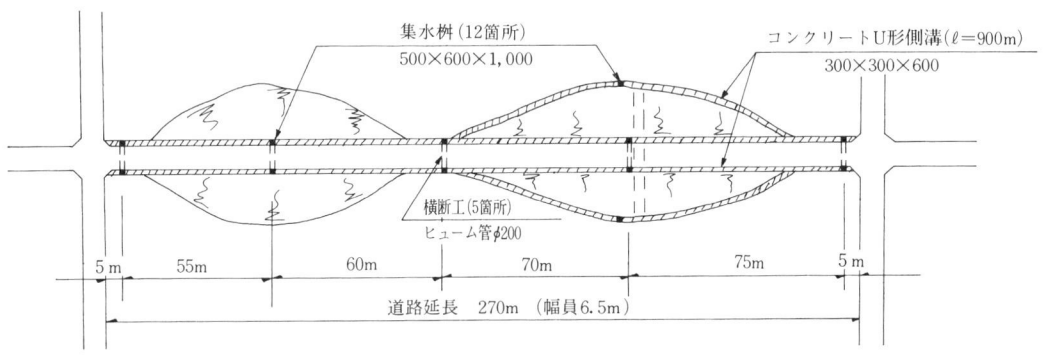

〔図B-4〕 排水路配置図

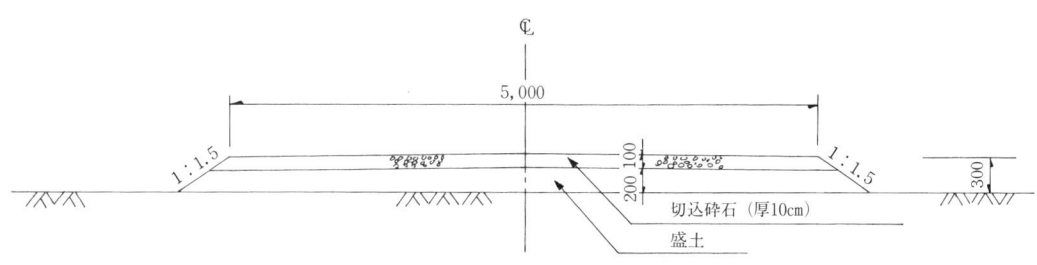

〔図B-5〕 工事用道路断面図

Ⅱ 事例編

2 施工計画

1．詳細計画

基本計画で，最適の施工法として絞り込まれたものについて，詳細施工計画を作成する。

(1) 基本方針の決定

　当工事は，有効幅員6.5mの道路を築造するもので，線形的には直線で道路高低差1mとなっている。主体工事は，切・盛土工で切盛土高は最大13～17m，土質はレキ質土，地下水位は低く，土工工事の作業性は比較的良いものと想定しているが，盛土においては十分な締固めが必要で，重点管理項目として特に慎重な施工管理を実施する。環境条件では現場周辺には家屋等は少なく騒音・振動などの影響は少ないと考えられる。

　上記事項等を念頭に基本方針を決める。

　施工手順の概要は，現場事務所を設置した後，本体工事に先駆け水路切替えのための工事用道路をC道路交差部から造成し，完了後既存水路を切替え函渠を敷設する。

　土工工事は，まず切土・盛土部の伐開除根を行い，終了部分から切・盛土施工をする。土工工事終了後，側溝，横断孔，集水桝などの排水工事を実施する。これらの工事が終了したら舗装工事を行い最後に付帯工事を実施する。

　各工事ごとの方針は以下のとおりである。

a．土工工事

① 切土（4,000㎥）は，押土距離が短い場所とダンプ投入可能な状態までの作業で，ブルドーザ（21t級）を使用して土砂を盛土部に埋める。

② 切土（8,800㎥）は，バックホウ（山積1.0㎥）で掘削し，ダンプトラック（10t積級）で運搬して盛土に使用する。

③ 盛土（3,600㎥）は，切土した4,000㎥をブルドーザ（21t級）で締固める。

④ 盛土（8,100㎥）は，ブルドーザ（21t級）で敷均し，タイヤローラ（質量8～20t）で締固める。

⑤ 切土（2,200㎥）は，バックホウ（山積1.0㎥）で掘削し，余剰土としてダンプトラック（10t積級）で場外の土捨場に搬出する。

⑥ 盛土の品質管理は，仕様書に準じて実施するが，施工後の路体の沈下を最小限にとどめるため各施工段階での土砂の締固めについては入念に実施する。

b．函渠工事

　工事用道路終了後，当道路を使用して函渠工事の作業をする。まず，仮排水路を設置後，元水路を仮設水路に切換え，その後函渠を施工し完了後，仮排水路を撤去する。

c．排水路工事

土工工事終了後，排水路工の作業を実施する。水路機能を保持する排水勾配を確保する様に施工する。

d．舗装工事

舗装構成ごとに十分な締固めを行って所定厚を保持し，表面の平滑性を保つように慎重な施工管理を実施する。

Ⅱ 事例編

(2) 直接工事計画

a. 土量配分の考え方

各工種で発生する土砂処理配分の考え方を示すと次のとおりである。

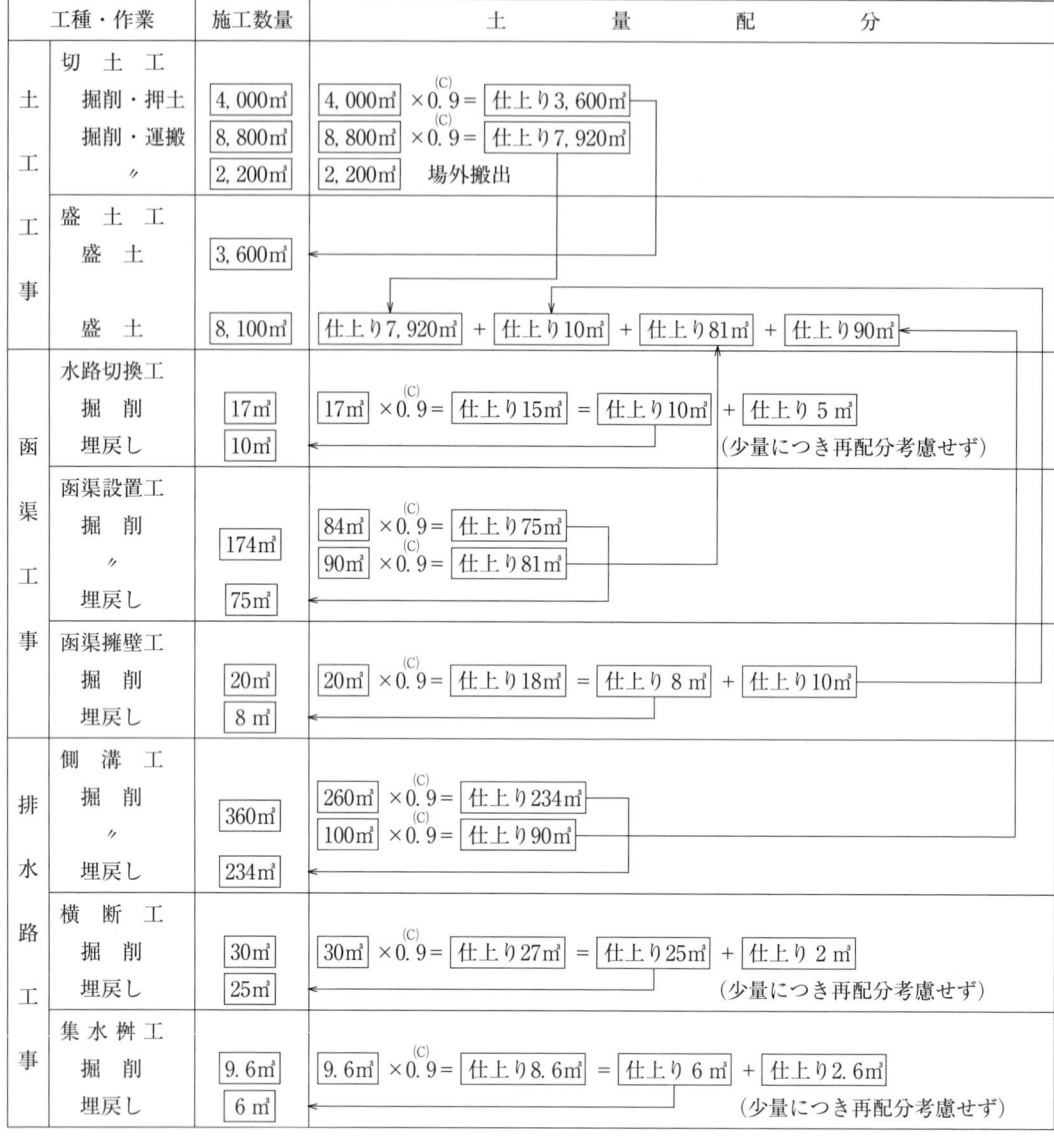

B　道路工事

b．函渠工事
(a)　水路切換工　60m

　既存の水路を仮排水路（コルゲートU字フリューム）に切換える作業である。まず水路設置場所を掘削してコルゲートU字フリュームを設置し水路周囲を埋戻して固定させ，既存水路を仮排水路に切り換える。そして新函渠ができたら仮排水路を函渠に切り換えてから，仮排水路（コルゲートU字フリューム）を撤去する。

ア．掘　削　17m³

　バックホウ（山積0.45m³）で掘削し，掘削土は埋戻し土に流用するので現場に仮置きする。
(ア)　1日当たり作業量の算定
　作業数量が少量であり算定式で求めるのは不適当と考えられ，また雑務的作業等も考慮して決める。
(イ)　実働日数・暦日数の算定
　(ア)の考えから，実働日数・暦日数とも1日とする。

イ．仮排水路設置・撤去　60m　（コルゲートU字フリューム　1,300×1,000×1.6）

　設置・撤去は，掘削に使用したバックホウ（山積0.45m³）を補助機械とし，人力により施工する。
(ア)　1日当たり作業量の算定
　設置は，バックホウ1台，作業員3人で1日当たり30mとする。撤去は，バックホウ1台，作業員3人で1日当たり60mとする。
(イ)　実働日数・暦日数の算定
　設置実働日数は，60m÷30m／日＝2日となる。暦日数は，2日÷18／30日＝3.33日≒3日を要する。撤去実働日数は60m÷60m／日＝1日となる。暦日数は，1日÷21／30日＝1.43日≒1日を要する。

ウ．埋戻し　10m³

　人力及びバックホウ（山積0.45m³）で仮排水路の下半分を埋戻して固定させる。
(ア)　1日当たり作業量の算定
　バックホウと作業員2人で1日当たり10m³を埋戻すものとする。
(イ)　実働日数・暦日数の算定
　実働日数・暦日数とも1日とする。

エ．水路切換　2回

　人力で，土のう袋等を使い，函渠据付け前後に各1回計2回行う。
(ア)　1日当たり作業量の算定
　1回の切換を作業員5人張付け1日で施工するものとする。

Ⅱ 事例編

　　　(イ)　実働日数・暦日数の算定
　　　　実働日数は，2回÷1回／日＝2日となる。
　　　　暦日は2日÷18／30日＝3.33日≒3日とする。

(b)　函渠設置工　52m
　既存の水路を，仮排水路（コルゲートU字フリューム）に切換えた後，既存水路床に函渠を設置する。函渠の両端部分には，函渠に盛土を摺りつけるコンクリート擁壁を函渠据付け後に築造するが，その掘削や基礎石敷均し等は函渠設置工と同時に施工する。

　ア．掘削　174㎥
　　バックホウ（山積0.45㎥）で掘削する。埋戻し流用土（84㎥）は現地に仮置き，盛土流用土（90㎥）はダンプトラック（10t積級）で運搬する。
　　(ア)　バックホウ（山積0.45㎥）運転1日当たり作業量の算定
　　　作業数量・施工条件等から判断して，算定式での作業量算出は，当作業では不適当であるので，過去の同種作業などの実績からここでは，1日で掘削するものとする。また，掘削補助として作業員1人を張付ける。
　　(イ)　実働日数・暦日数の算定
　　　実働日数は，(ア)から1日とする。暦日数は，1日÷18／30日＝1.66≒2日とする。

　イ．基礎割栗石　24㎥
　　掘削で使用したバックホウ（山積0.45㎥）で割栗石を投入し，ブルドーザ（3t級）で敷均し・締固める。
　　(ア)　ブルドーザ（3t級）運転1日当たり作業量の算定
　　　同種作業の実績を参考に，ここでは敷均し・締固めを含めて，40㎥／日とする。また，補助作業として作業員1人を張付ける。
　　(イ)　実働日数・暦日数の算定
　　　実働日数は，24㎥÷40㎥／日＝0.6≒1日とし，暦日数も，1日とする。なお，バックホウの実働日数は0.5日とする。

　ウ．均しコンクリート　6㎥
　　生コンクリートを人力で打設する。実働日数は，準備・打設・片付けを含めて0.5日とする。暦日数は，0.5日÷18／30日＝0.83≒1日とする。

　◇　コンクリート（型枠・鉄筋・コンクリート）
　　全長52mを中央で左右両側の2ブロックに分割施工する。
　　型枠，鉄筋，コンクリートのサイクルタイム

B　道路工事

```
－1ブロック当たり－
型枠加工組立    1日
鉄筋          0.5日
コンクリート    0.5日
養生          2日
型枠解体        0.5日
  計         4.5日   とする。
```

エ．型枠　27㎡

　2ブロックに分割施工する。1ブロックは27㎡÷2＝13.5㎡となり，合板型枠を1ブロック分用意して2回使用する。工程は，1ブロック当たり組立1日，解体0.5日とする。

オ．鉄筋　1.1t

　2ブロックに分割施工する。1ブロックは1.1t÷2＝0.55tとなる。工程は，0.5日とする。

カ．コンクリート　27㎡

　2ブロックに分割施工する。1ブロックは27㎡÷2＝13.5㎡となる。工程は，0.5日とする。

キ．函渠設置工　26函

　35t吊りラフテレーンクレーンで，1日6函据付ける（質量5.91t／函）。据付けは，基礎コンクリート面に空練りモルタルを敷きその上に函渠を順次セット連結する。

　(ア)　ラフテレーンクレーン（35t吊り）作業能力の算定

　　1日当たり6函設置するものとする。また，設置・空練モルタル・函体接合作業に作業員6人を張付ける。

　(イ)　実働日数・暦日数の算定

　　26函÷6函／日＝4.33≒4日となる。暦日数では4日÷21／30日≒6日とする。

ク．埋戻し　75㎥

　ブルドーザ（3t級）で，仮置土を埋戻す。施工時期は，函渠擁壁工の埋戻しと同時施工とする。

　(ア)　ブルドーザ（3t級）運転1日当たり作業能力の算定

　　過去の同種作業，実績などから75㎥を1日で埋戻すことにする。また，補助として作業員2人を張付ける。

Ⅱ　事　例　編

　　　　(イ)　実働日数・暦日数の算定
　　　　　実働日数は，1日とする。暦日数は，1日÷18／30日＝1.66日≒2日とする。

　(c)　函渠擁壁工　2か所
　　函渠設置終了後，函渠左右両側の出入口部に，盛土法面を摺りつける擁壁を築造する。内空断面（幅員）は函渠と同一とする。
　　基礎割栗石，埋戻しは，函渠設置工と同時に施工する。

　　ア．掘削　20㎥
　　　バックホウ（山積0.45㎥）で左右両側を同時期に掘削し，埋戻し用土は仮置きして，余剰土は盛土に流用する。
　　(ア)　バックホウ（山積0.45㎥）運転1日当たり作業能力の算定
　　　施工数量が微少であり，算定式で求めるのは不適当であるので，ここでは，過去同種作業の実績等から決める。
　　(イ)　実働日数・暦日数の算定
　　　実働日数は，0.5日とする。暦日数は，0.5日÷18／30日≒1日とする。

　　イ．基礎割栗石　3㎥
　　　バックホウ（山積0.45㎥），ブルドーザ（3t級）と人力で施工し，左右両側同時に施工する。工程は，実働日数・暦日数ともバックホウ，ブルドーザ，人力を合せて1日とする。

　　ウ．均しコンクリート　1㎥
　　　左右両側を同時に人力打設する。実働日数は，0.5日とする。
　　　暦日数は，0.5日÷21／30日＝0.71≒1日とする。

　　◇　コンクリート（型枠・鉄筋・足場・コンクリート）
　　　左右両側を別々にそれぞれ施工する。コンクリートは人力打設とする。
　　　型枠，鉄筋，足場，コンクリートのサイクルタイム
　　　　－片側1か所当たり－

　　　　足　場　　　　｝0.5日
　　　　鉄　筋

　　　　型　枠　　　　1日

　　　　コンクリート　｝2.5日
　　　　養　生

　　　　型枠・足場解体　1日
　　　　　計　　　　　5日　とする。

暦日数は，5日÷21/30日≒7日とする。

エ．足場　24掛㎡

　左右2か所になるので，1か所当たりは24掛㎡÷2＝12掛㎡となり，足場材料は1か所分用意して2回使用する。作業能力の算定，実働日数，暦日数は，施工数量が微少なので，過去の同種作業を参考に決め，根拠記述は省略する。

オ．型枠　24㎡

　左右2か所になるので，1か所当たりは24㎡÷2＝12㎡となり，合板型枠を1か所分用意して2回使用する。作業能力の算定，実働日数，暦日数は，施工数量が少ないので，過去の同種作業を参考に決め，根拠記述は省略する。

カ．鉄筋　0.7t

　左右2か所になるので，1か所当たりは0.7t÷2＝0.35tとなる。作業能力の算定，実働日数，暦日数は，型枠と同様根拠記述は省略する。

キ．コンクリート　7㎥

　左右2か所になるので，1か所当たりは7㎥÷2＝3.5㎥となる。打設は，生コンクリートをコンクリートバケットに入れラフテレーンクレーン（25t吊り）で吊り，人力で打設する。なお，作業員は3人を1か所当たり0.25日張付ける。クレーンについても0.25日張付けるものとする。作業能力の算定，実働日数，暦日数は，鉄筋と同様根拠記述は省略する。

ク．埋戻し　8㎥

　仮置土をブルドーザ（3t級）を使用して埋戻す。

c．土工工事
(a)　伐開除根工　8,000㎡

　現地は雑木林及び草地であるので，人力で除草，伐木を行い，バックホウ（山積1.0㎥）及びブルドーザ（21t級）で除根と整地を行う。除草した下草及び伐木した立木（根を含む）は，場内の数か所に集積して焼却処分する。

ア．除草　8,000㎡
　(ア)　1日当たり作業能力の算定
　　　1人で1日に350㎡除草するものとする。
　(イ)　実働日数・暦日数の算定
　　　6人配置すると，8,000㎡÷（350㎡／人日×6人）＝3.8≒4日を要する。

Ⅱ 事例編

暦日数は，4日÷18／30日≒7日とする。

イ．伐木　8,000㎡

(ア) 1日当たり作業能力の算定

1人で1日に250㎡伐木するものとする。

(イ) 実働日数・暦日数の算定

除草同様6人配置すると，8,000㎡÷(250㎡／人日×6人)＝5.3≒5日を要する。

暦日数は，5日÷18／30日≒8日とする。

ウ．除根・整地　8,000㎡

バックホウ（山積1.0㎡），ブルドーザ（21ｔ級）の組合せで作業する。

(ア) 1日当たり作業能力の算定

バックホウ，ブルドーザの組合せ作業で1日当たり2,500㎡の作業とする（過去の実績，聞き取り調査から）。人力は1日当たり6人を張付ける。

(イ) 実働日数・暦日数の算定

実働日数は，8,000㎡÷2,500㎡／日＝3.2≒3日とする。

暦日数は，3日÷18／30日＝5日となる。

(b) 切土工

切土工のうち，埋土距離が短い場所の施工は，ブルドーザ（21ｔ級）により掘削・押土・締固めを行う切土工（4,000㎡），バックホウ（山積1.0㎡），ダンプトラック（10ｔ積級）により掘削・積込み・運搬を行う切土工（8,800㎡），並びに余剰土として土捨場に搬出する切土工（2,200㎡）に区分される。

ア．切土工　4,000㎡（平均運搬距離40m）

○ ブルドーザ（21ｔ級）による掘削・押土

(ア) 運転1時間当たりの作業能力の算定

$$Q = \frac{60 \times q \times f \times E}{Cm} \quad (㎥／h)$$

ここに，Q：運転1時間当たりの施工量（地山，㎥／h）

q：1サイクル当たりの作業量（ルーズ，㎥）……………………4.14㎥

$q = 0.69LH^2 = 0.69 \times 3.66 \times 1.28^2 ≒ 4.14$㎥

L：排土板の幅………………………………………………………3.66m

H：排土板の高さ……………………………………………………1.28m

f：土量換算係数，レキ質土の場合 f＝1／L＝1／1.2＝0.83 …0.83

E：作業効率…………………………………………………………0.6

Cm：サイクルタイム0.038ℓ＋0.20（min）
　　　ℓ＝40mであるので，Cm＝0.038×40＋0.20＝1.72（min）

そこで，$Q = \dfrac{60 \times 4.14 \times 0.83 \times 0.6}{1.72} = 71.92 ㎥／h ≒ 72㎥／h$ となる。

故に，1日当たり作業量は，72㎥／h×7 h／日＝504㎥／日となる。また，作業員は2人を張付ける。

(イ) 実働日数・暦日数の算定

実働日数は，4,000㎥÷504㎥／日＝7.93≒8日とする。

暦日数は，8日÷18／30日≒13日となる。

イ．切土工　8,800㎥（平均運搬距離120m）

○　バックホウ（山積1.0㎥）による掘削・積込み

(ア) バックホウ運転1時間当たり作業能力の算定

$$Q = \dfrac{3,600 \times q_0 \times K \times f \times E}{Cm}$$

ここに，Q：運転1時間当たり掘削・積込み量（㎥／h）
　　　　q_0：1サイクル当たり掘削・積込み量（㎥，ルーズ）…………1.0㎥
　　　　K：バケット係数……………………………………………………0.7
　　　　f：土量換算係数，レキ質土の場合 f＝1／L＝1／1.2≒0.83 …0.83
　　　　E：作業効率…………………………………………………………0.8
　　　　Cm：サイクルタイム（sec）………………………………………30sec

そこで，$Q = \dfrac{3,600 \times q_0 \times K \times f \times E}{Cm} = \dfrac{3,600 \times 1.0 \times 0.7 \times 0.83 \times 0.8}{30}$

　　　　＝55.77≒55.8㎥／hとなる。

故に，1日当たり施工量は，55.8㎥／h×7 h／日≒390㎥／日となる。

(イ) 実働日数・暦日数の算定

バックホウ2台使用することにすると，

1日当たりの施工量は，390㎥／日台×2台＝780㎥／日となる。

実働日数は，8,800㎥÷780㎥／日＝11.28≒11日とする。

暦日数は，11日÷18／30日≒18日となる。

○　ダンプトラック（10 t積級）による運搬

(ア) 運転1時間当たり運搬量の算定

$$Q = \dfrac{60 \times C \times f \times E}{Cm}$$

ここに，Q：運転1時間当たり運搬量（㎥／h）
　　　　C：1台当たり積載土量（㎥，ルーズ）………………………………6.05㎥

Ⅱ 事例編

$$\text{積載土量 V} = \frac{T \times L}{\gamma_t} = \frac{10 \times 1.2}{1.9} \fallingdotseq 6.32\text{m}^3$$

V＝6.32m³＞荷台平積容量6.05m³よってq＝6.05m³とする。

　　f：土量換算係数，レキ質土の場合 f＝1／L＝1／1.2≒0.83 …0.83
　　E：作業効率………………………………………………………0.9
　　Cm：サイクルタイム（min）

$$\text{Cm} = \frac{\text{Cm}_s \times n}{60 \times E_s} + (T_1 + T_2 + T_3)$$

ここに，Cm$_s$：積込機械のサイクルタイム……………………………30sec
　　　　n：積込機械の積込回数

$$n = \frac{C}{q_0 \times K} = \frac{6.05}{1.0 \times 0.7} = 8.6 \fallingdotseq 9 \text{回}$$

　　　　E$_s$：積込機械の作業効率………………………………………0.8

$$T_1, T_2 = \frac{0.12\text{km} \times 60}{20\text{km}/\text{h}} \fallingdotseq 0.4\text{min}$$

$T_3 = 10\text{min}$ とする

$$\text{Cm} = \frac{30 \times 9}{60 \times 0.8} + (0.4 + 0.4 + 10) \fallingdotseq 5.6 + 10.8 = 16.4\text{min}$$

そこで，$Q = \dfrac{60 \times 6.05 \times 0.83 \times 0.9}{16.4} \fallingdotseq 16.5\text{m}^3／\text{h}$ となる。

(イ) ダンプトラック（10t積級）台数の算定

バックホウ1台当たり作業量：55.8m³／h
ダンプトラック1台当たり運搬量：16.5m³／h

故に，バックホウ1台に対してのダンプトラック必要台数は，55.8m³／h÷16.5m³／h≒3.4台である。

したがって，バックホウ2台に対してのダンプトラック必要台数は，2×3.4台≒7台となる。

ウ．切土工　2,200m³　（平均運搬距離4km）

○ バックホウ（山積1.0m³）による掘削・積込み

(ア) バックホウ運転1時間当たり作業能力の算定

前項イ．(ア)と同じとする。したがって，1日当たり施工量は390m³となる。また，作業員は切土補助作業として4人を張付ける。

(イ) 実働日数・暦日数の算定

バックホウ2台使用することにすると，

1日当たり施工量は，390m³／日台×2台＝780m³／日となる。

実働日数は，2,200m³÷780m³／日＝2.82≒3日とする。

暦日数は，3日÷18日／30日＝5日となる。
○ ダンプトラック（10 t 積級）による運搬
(ア) 運転1時間当たり運搬量の算定

$$Q = \frac{60 \times C \times f \times E}{Cm}$$

ここに，Q：運転1時間当たり運搬量（m³／h）
　　　　C：1台当たり積載土量（m³，ルーズ）……………………6.05m³
　　　　f：土量換算係数……………………………………………0.83
　　　　E：作業効率…………………………………………………0.9
　　　　Cm：サイクルタイム（min）

$$Cm = \frac{Cm_s \times n}{60 \times E_s} + (T_1 + T_2 + T_3)$$

ここに，$T_1 = \dfrac{4 \text{km} \times 60}{30 \text{km／h}} = 8$ min

$T_2 = \dfrac{4 \times 60}{35} \fallingdotseq 6.9$ min

$T_3 = 10$ min とする

$Cm = \dfrac{30 \times 9}{60 \times 0.8} + (8 + 6.9 + 10) \fallingdotseq 5.6 + 24.9 = 30.5$ min

そこで，$Q = \dfrac{60 \times 6.05 \times 0.83 \times 0.9}{30.5} = 8.89 \fallingdotseq 8.9$ m³／h となる。

(イ) ダンプトラック（10 t 積級）台数の算定

バックホウ1台当たり作業量：55.8m³／h（前項イ．バックホウ運転1時間当たり運搬量から）

ダンプトラック1台当たり運搬量：8.9m³／h

故に，バックホウ1台に対してのダンプトラック必要台数は，55.8m³／h÷8.9m³／h≒6台である。

したがって，バックホウ2台に対してのダンプトラック必要台数は，2×6台＝12台となる。

○ ブルドーザ（21 t 級）による土捨場整地

切土運搬した土砂は，ブルドーザで押土し集積する。

(ア) ブルドーザ1時間当たり作業能力の算定

切土と同じ作業量ができるものとする。したがって，切土工の能力算定から72m³／hとする。

ここで，土捨場に持込まれた土砂はほぐした状態であるので1.5倍の作業能力を発揮できるものとして考える。1日当たり作業量は，72m³／h×1.5×7 h／日＝756m³／日とな

Ⅱ　事例編

る。

(イ) 実働日数・暦日数の算定

実働日数は，2,200㎥÷756㎥／日＝2.91≒3日とする（切土バックホウの実働日数と同一）。

暦日数は，3日÷18／30＝5日となる。

(c) 盛土工

切土工で掘削，押土，運搬した土砂を敷均し・締固める作業であって，盛土3,600㎥（切土4,000㎥×0.9）は，ブルドーザで締固めるもので，盛土8,100㎥（切土8,800㎥×0.9＝7,920㎥＋函渠擁壁掘削仕上り10㎥＋管渠設置掘削仕上り81㎥＋側溝掘削仕上り90㎥）は，ブルドーザで敷均しタイヤローラで締固める作業である。

ア．盛土工　3,600㎥

ブルドーザ（21t級）を使用して敷均しながら締固めをする。

○　ブルドーザ（21t級）による敷均し・締固め

(ア) 運転1時間当たり敷均し作業量の算定

$$Q_1 = 10E(18D + 13) \quad (㎥／h)$$

ここに，Q_1：運転1時間当たり敷均し土量（締固め後土量㎥／h）

　　　　　D：締固め後の仕上がり厚さ(m)　ただし，0.15≦D≦0.35……0.3(m)

　　　　　E：作業効率……………………………………………………0.8

そこで，$Q_1 = 10 \times 0.8(18 \times 0.3 + 13) = 147.2 ㎥／h$ となる。

(イ) 運転1時間当たり締固め作業量の算定

$$Q_2 = \frac{V \times W \times D \times E}{N} \quad (㎥／h)$$

ここに，Q_2：運転1時間当たり締固め土量（㎥／h）

　　　　　V：締固め速度（m／h）………………………………3,500m／h

　　　　　W：1回の有効締固め幅（m）………………………………0.9m

　　　　　D：仕上がり厚さ（m）………………………………………0.3m

　　　　　N：締固め回数（回）………………………………………4回

　　　　　E：作業効率……………………………………………………0.8

そこで，$Q_2 = \dfrac{3,500 \times 0.9 \times 0.3 \times 0.8}{4} = 189 \,(㎥／h)$ となる。

(ウ) 運転1時間当たり敷均し・締固め土量の算定

ブルドーザで敷均しながら締固め作業を行う場合のブルドーザ運転1時間当たり敷均し・締固め土量の算定式は前項の(ア)，(イ)を合成して求める。式を示すと次のとおりである。

$$Q = \frac{Q_1 \times Q_2}{Q_1 + Q_2}$$

ここに，Q：運転1時間当たり敷均し・締固め土量（㎥／h）
　　　　Q_1：運転1時間当たり敷均し土量……………………… 147.2㎥／h
　　　　Q_2：運転1時間当たり締固め土量……………………… 189㎥／h

そこで，$Q = \dfrac{147.2 \times 189}{147.2 + 189} = 82.75 \fallingdotseq 83$ ㎥／h となる。

ブルドーザ（21t級）を1台使用するものとすると，

1日当たり敷均し・締固め土量は，83㎥／h×7h／日＝581㎥／日である。また，作業員は盛土補助として2人を張付ける。

(エ) 実働日数・暦日数の算定

実働日数は，3,600㎥÷581㎥／日＝6.2≒6日とする。

暦日数は，6日÷18日／30日＝10日となる。

イ．盛土工　8,100㎥

ブルドーザ（21t級）を使用して敷均し，タイヤローラ（質量8～20t）で締固めをする。敷均し・締固めは平行作業可能とする。

○ ブルドーザ（21t級）による敷均し

・運転1時間当たり敷均し作業量の算定

前項ア．ブルドーザ運転1時間当たり敷均しと同じ条件であるので147.2㎥／hとする。

○ タイヤローラ（8～20t）による締固め

・運転1時間当たり締固め作業量の算定

$$Q = \frac{V \times W \times D \times E}{N} \text{ （㎥／h）}$$

ここに，Q：運転1時間当たり締固め土量（㎥／h）
　　　　V：締固め速度（m／h）……………………………… 3,500m／h
　　　　W：1回の有効締固め幅（m）……………………… 1.8m
　　　　D：仕上がり厚さ（m）……………………………… 0.3m
　　　　N：締固め回数（回）………………………………… 5回
　　　　E：作業効率 ………………………………………… 0.4

そこで，$Q = \dfrac{3,500 \times 1.8 \times 0.3 \times 0.4}{5} \fallingdotseq 151$（㎥／h）となる。

○ ブルドーザ（21t級），タイヤローラ（質量8～20t）の組合せ作業

(ア) ブルドーザ（21t級）及びタイヤローラ（質量8～20t）による運転1時間当たり敷均し・締固め施工量の算定

Ⅱ　事　例　編

敷均しながら締固める作業の算定式は，前項ア(ア)，イ(ア)を合成して求める。

そこで，$Q = \dfrac{147.2 \times 151}{147.2 + 151} = 74.54 ≒ 75 ㎥／h$ となる。

ブルドーザ，タイヤローラを各１台使用するものとする。

１日当たり敷均し・締固め作業量は，75㎥／h × 7 h／日 = 525㎥／日となる。また，作業員は盛土補助として２人を張付ける。

　(イ)　実働日数・暦日数の算定

実働日数は，8,100㎥ ÷ 525㎥／日 = 15.43日 ≒ 15日とする。

暦日数は，15日 ÷ 18日／30 = 25日となる。

(d)　法面工

法面工は，切土法面整形，盛土法面整形で構成されている。どちらも土羽バケット付きバックホウ（山積1.0㎥）を使用して整形し人力により補助作業を行う。

法面整形後，切土法面に種子吹付を行い盛土法面には筋芝を施工する。

　ア．法面整形（切土部）　　1,000㎥

　　○　法面整形

　　(ア)　バックホウ（山積1.0㎥）運転１日当たり作業能力の算定

聞き取り調査から，50㎥／hの整形ができるものとする。１日当たり作業能力は，50㎥／h × 7 h／日 = 350㎥／日とする。また，作業員は土羽打補助として１日当たり３人を張付ける。

　　(イ)　実働日数・暦日数の算定

実働日数は，1,000㎥ ÷ 350㎥／日 = 2.86 ≒ 3日とする。

暦日数は，3日 ÷ 18/30 = 5日となる。

　　○　種子吹付け

　　(ア)　種子吹付機（車載式2.5㎥）運転１日当たり作業能力の算定

聞き取り調査から，130㎥／hの吹付けができるものとする。１日当たり作業能力は，130㎥／h × 7 h／日 = 910㎥／日とする。また，作業員は３人／日とする。

　　(イ)　実働日数・暦日数の算定

実働日数は，1,000㎥ ÷ 910㎥／日 = 1.1 ≒ 1日となる。

暦日数は，1日 ÷ 18/30日 ≒ 1日とする。

　イ．法面整形（盛土部）　　1,500㎥

法面整形後，人力による筋芝工を行う。

　　○　法面整形

　　(ア)　バックホウ（山積1.0㎥）運転１日当たり作業能力の算定

聞き取り調査から，40㎡／hの整形ができるものとする。1日当たり作業能力は，40㎡／h×7h／日＝280㎡／日とする。また，作業員は土羽打補助として3人，ランマ運転2人を張付ける。

　(イ)　実働日数・暦日数の算定

　　　実働日数は，1,500㎡÷280㎡／日＝5.36≒5日とする。

　　　暦日数は，5日÷18／30日≒8日とする。

○　筋芝

　(ア)　筋芝張り作業能力の算定

　　　1日当たり25㎡／人日とする。

　(イ)　実働日数・暦日数の算定

　　　10人配置すると，実働日数は，1,500㎡÷(25㎡／人日×10人)＝6日となる。

　　　暦日数は，6日÷18／30日＝10日となる。

d．排水路工事

　本工事は，コンクリート側溝工，排水管横断工，集水桝工の3工種，その下位に各作業が位置する体系になっており，その概要は次のとおりである。

①　コンクリート側溝工は，道路両側にコンクリートU型側溝を設けるものである。

②　排水管横断工は，道路を横断して排水用コンクリートヒューム管を埋設する。

③　集水桝工は，水を集めるための桝を設置するものである。

(a)　コンクリート側溝工　900m

ア．掘削　360㎡（仮置き260㎡，盛土転用100㎡）

　バックホウ（山積0.45㎡）で掘削し，仮置き土は現地に一時仮置きして埋戻し土として使用する。盛土転用土は，ブルドーザ（21t級）で所定の場所に押土する。

　(ア)　バックホウ（山積0.45㎡）運転1日当たり作業量の算定

　　　作業数量が少なく，また施工条件は掘削深度が浅く，掘削幅が狭いことなどを考慮して算定式による算出は適切でないので，ここでは同種作業の実績などから2日とする。

　(イ)　実働日数・暦日数の算定

　　　実働日数は，2日とする。

　　　暦日数は，2日÷18／30≒3日とする。

イ．基礎砕石　36㎡

　掘削終了後砕石を所定の厚さに敷均し，ランマで締固める。

　(ア)　1日当たり作業量の算定

　　　3.5㎡／人日の作業ができるものとする。

　(イ)　実働日数・暦日数の算定

Ⅱ 事例編

　　　　実働日数は，1日5人を配置すると，36㎡÷(3.5㎡／人日×5人)＝2.06≒2日となる。暦日数は，2日÷18／30≒3日とする。

　　ウ．U型側溝設置　900m
　　　基礎砕石の上に砂を敷きその上に既製U型側溝を敷き並べて目地モルタルでジョイント部を接合し，蓋を取り付ける。
　　(ア)　1日当たり作業量の算定
　　　　クレーン付きトラック（4t積（2.9t吊り））と人力で，40個／日（0.6m／個×40個＝24m）の設置ができるものとする。
　　(イ)　実働日数・暦日数の算定
　　　　作業員6人／組が2組で作業するものとすると，
　　　　実働日数は，900m÷0.6m／個÷(40個／日×2組)＝18.75≒19日とする。
　　　　暦日数は，19日÷21／30≒27日とする。

　　エ．埋戻し　234㎡
　　　ブルドーザ（3t級）と人力で埋戻す。
　　(ア)　1日当たり作業量の算定
　　　　作業数量，施工条件（埋戻し深度が浅く，埋戻し幅が極小，範囲が帯状に長い）ことなどを考慮して算定式による算出は適切でないので，ここでは同種作業の実績などから1日当たり50㎡の施工ができるものとする。
　　(イ)　実働日数・暦日数の算定
　　　　実働日数は，234㎡÷50㎡／日＝4.68≒5日とする。
　　　　暦日数は，5日÷18／30≒8日とする。

(b)　排水管横断工　5か所
　　ア．掘削　30㎡
　　　バックホウ（山積0.45㎡）で掘削し，土砂は埋戻しとして使用するので仮置きする。
　　(ア)　1日当たり作業量の算定
　　　　作業数量，施工条件（掘削深度が浅く，掘削幅が狭い）ことなどを考慮して算定式による算出は適切でないので，ここでは同種作業の実績などから1日で全数量施工ができるものとする。
　　(イ)　実働日数・暦日数の算定
　　　　実働日数は，1日とし，暦日数も，1日÷18／30≒1日とする。

　　イ．基礎砕石　1.5㎡
　　　人力で敷均し締固める。

(ア)　1日当たり作業量の算定
　　　作業数量が微少であり，ここでは全数量を0.5日で施工する。
　　(イ)　実働日数・暦日数の算定
　　　実働日数は，0.5日とする。
　　　暦日数は，0.5日÷18／30≒1日とする。

ウ．型枠　6.5㎡
　　(ア)　1日当たり作業量の算定
　　　作業数量が微少であり，ここでは全数量を1日で施工する。
　　(イ)　実働日数・暦日数の算定
　　　実働日数は，1日とする。
　　　暦日数も，1日÷21／30≒1日とする。

エ．均しコンクリート　1㎡
　　人力打設とする。
　　実働日数は，0.5日とする。暦日数は，0.5日÷21／30≒1日とする。

オ．ヒューム管布設　20本
　　布設はクレーン付きトラック（4t積（2.9t吊り））で吊込み所定の位置にセットする。
　　(ア)　1日当たり作業量の算定
　　　過去の実績などを参考とし，10本／日の布設とする。また，管セットは作業員3人を張付ける。
　　(イ)　実働日数・暦日数の算定
　　　実働日数は，20本÷10本／日＝2日となる。暦日数は，2日÷18／30≒3日とする。

カ．埋戻し　25㎡
　　ブルドーザ（3t級）と人力で埋戻す。
　　(ア)　1日当たり作業量の算定
　　　施工数量，施工性などから考えて算定式による算出は適切でないので，ここでは過去の実績などから1日当たり15㎡の施工とする。
　　(イ)　実働日数・暦日数の算定
　　　実働日数は，25㎡÷15㎡／日＝1.67≒2日とする。暦日数は，2日÷18／30≒3日とする。

(c)　集水桝工　12か所
　　当作業は，横断工施工時にあわせて施工する。

Ⅱ 事例編

　　ア．掘削　9.6㎥
　　　バックホウ（山積0.45㎥）で荒掘削をして人力で床付掘削をする。
　　　施工数量が微少であるので，過去の経験から全体施工数量を1日で掘削するものとする。
　　　暦日数も，1日とする。

　　イ．基礎砕石　0.8㎥
　　　人力施工とする。
　　　施工数量が微少であるので，過去の経験から全体施工数量を0.5日で掘削するものとする。暦日数は，1日とする。

　　ウ．均しコンクリート　0.5㎥
　　　人力施工とする。
　　　施工数量が微少であるので，過去の経験から全体施工数量を0.5日で掘削するものとする。暦日数は，1日とする。

　　エ．桝据付け　12個
　　　桝は，既製品を購入しクレーン付きトラック（4t積（2.9t吊り））で据付ける。
　　　(ア)　1日当たり作業量の算定
　　　　桝据付けの実績はないが，ここでは作業員4人で4個／日とする。
　　　(イ)　実働日数・暦日数の算定
　　　　実働日数は，12個÷4個／日＝3日となる。暦日数は，3日÷21／30≒4日とする。

　　オ．埋戻し　6㎥
　　　ブルドーザ（3t級）と人力で施工する。
　　　施工数量が微少であるので，過去の経験から全体施工数量を1日で掘削するものとする。暦日数も，1日とする。

e．舗装工事
　当工事は，下層路盤，路肩盛土，上層路盤，表層の順序で施工する。
　舗装工事は，専門的技術が要求されるので専門工事会社で施工する。

(a)　下層路盤工（クラッシャラン厚15cm）　1,755㎡
　　路盤材敷均し・締固めは，モータグレーダ（ブレード幅3.1m）とロードローラ（マカダム）（質量10～12t），タイヤローラ（質量8～20t），補助としてランマで行い，散水車で散水締固め効果施工向上を期する。層厚の確保，不陸管理などを特に留意する。
　　(ア)　1日当たり作業量の算定

層厚15cmに対する作業量は、聞き取り調査、参考本などから以下のように決める。また、補助作業として作業員3人を張付ける。

① 不陸整正：2,000㎡／日とする
② 敷均し：1,800㎡／日とする
③ ロードローラ（マカダム）（質量10〜12ｔ）：1,800㎡／日とする
④ タイヤローラ：1,800㎡／日とする

(イ) 実働日数・暦日数の算定

実働日数は、

モータグレーダによる不陸整正　　1,755㎡÷2,000㎡／日＝0.88≒1日　　⎫
モータグレーダによる敷均し　　　1,755㎡÷1,800㎡／日＝0.98≒1日　　⎬ 計3日となる。
ロードローラ（マカダム）・タ
イヤローラによる締固め　　　　1,755㎡÷1,800㎡／日＝0.98≒1日　　⎭
（同時並行作業とする）

暦日数は、3日÷18／30＝5日となる。

(b) 上層路盤工（粒調砕石　厚15cm）　1,755㎡

下層路盤上にプライムコートを散布後、モータグレーダで粒調砕石を敷均しロードローラ（マカダム）、タイヤローラで締固めると共に散水車で散水し締固め効果向上を図る。

(ア) 1日当たり作業量の算定

層厚15cmに対する作業量は、聞き取り調査、参考本などから以下のように決める。また、補助作業として作業員3人を張付ける。

敷均し：1,800㎡／日とする
締固め：1,500㎡／日とする

(イ) 実働日数・暦日数の算定

実働日数は、

モータグレーダによる敷均し　　　1,755㎡÷1,800㎡／日＝0.98≒1日　　⎫
ロードローラ（マカダム）・タ　　　　　　　　　　　　　　　　　　　⎬ 計2日となる。
イヤローラによる締固め　　　　1,755㎡÷1,500㎡／日＝1.17≒1日　　⎭
（同時並行作業とする）

暦日数は、
2日÷18／30≒3日とする。

(c) 表層工（細粒度アスコン　厚5cm）　1,755㎡

舗設は、道路片面（1,755㎡÷2＝877.5㎡）ずつ行うものとする。

上層路盤上にタックコート散布後、アスファルトコンクリートを舗設する。施工は、アスファルトフィニッシャ（舗装幅2.4〜6.0m）、タイヤローラ（質量8〜20ｔ）、ロードローラ（マカダム）（質量10〜12ｔ）を使用して施工する。

(ア) 1日当たり作業量の算定

Ⅱ 事例編

　　　層厚5cmに対する作業量は，聞き取り調査，参考本などから以下のように決める。また，補助作業として作業員6人を張付ける。
　　　　フィニッシャによる舗設：1,200㎡／日とする
　　　　締固め：1,200㎡／日とする
　　　ここで，フィニッシャによる舗設とローラによる締固めの両作業を合算して1日（7時間）で終了しなければならない。したがって両作業合わせて1,200㎡／日の施工となる。
　　　したがって，877.5㎡≦1,200㎡／日となり，片側1日以内で作業終了できる。
　　(イ)　実働日数・暦日数の算定
　　　実働日数は，フィニッシャ・ロードローラ（マカダム）・タイヤローラによる舗設　1日／側×2側＝2日となる。
　　　暦日数は，2日÷18／30≒3日とする。

(d)　路肩盛土工　189㎥
　　下層路盤工施工後，当作業の施工をする。盛土幅（1m）が小さいのでホイールローダ（トラクタショベル）山積0.6㎥で埋戻し土を小運搬し，ランマ（60～80kg）で締固める。
　　(ア)　1日当たり作業量の算定
　　　過去の実績などから以下のように決める。
　　　　トラクタショベルによる小運搬・埋戻し：90㎥／日とする。また，補助作業として作業員3人を張付ける。
　　　　ランマによる締固め：300㎥／日とする。
　　(イ)　実働日数・暦日数の算定
　　　実働日数は，189㎥÷90㎥／日＝2.1日≒2日とする。
　　　暦日数は，2日÷18／30≒3日とする。

f．付帯工事
　　舗装工事終了後，ガードレール工，交通標識工，区画線工を順次施工する。

(a)　区画線工（幅15cm，白実線）　850m
　　区画線施工は，特殊技術が必要であり専門工事業者で施工する。
　　実働日数は，聞き取り調査などから1日とする。暦日数も，1日÷18／30≒1日とする。

(b)　交通標識工　6基
　　路側に単柱の標識建柱（φ60.5　メッキ品）及び円形交通標識を設置するもので，基礎は掘削してコンクリートで柱を固定する。
　　施工は専門工事業者で行う。
　　実働日数は，聞き取り調査などから2日とする。暦日数は，2日÷18／30≒3日とする。

(c) ガードレール工（土中建込み）　600m

ガードレールは，土中建込み用メッキ品を機械打込みで施工する。施工は，専門工事業者で行う。

実働日数は，聞き取り調査などから10日とする。暦日数は，10日÷18／30≒17日を要する。

g．仮設工事

仮設工事として，工事用道路工，水替工，電力設備工を考慮する。

(a)　工事用道路工　600㎡

現地周辺の土砂をブルドーザ（21t級）で押土・盛土し道路路床を形成，路盤として再生クラッシャランを敷き締固める。工事完了後の撤去は，ブルドーザで現場周囲に敷均すものとする。

道路断面を以下に示す。

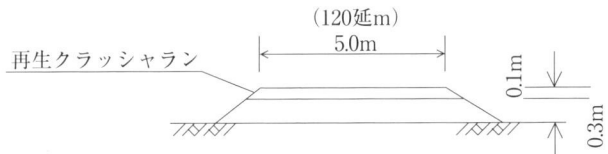

実働日数は，施工数量（路床207㎡，路盤62㎡）から判断して設置2日，撤去1日とする。

暦日数は，設置2日÷18／30≒3日，撤去1÷18／30≒1日とする。また，補助作業として作業員3人を張付ける。

(b)　水替工　1式

雨天時工事排水設備として水中ポンプ（口径50mm，100mm）を設置する。

(c)　電力設備工　1式

当工事は，昼間を主体とした作業であって，使用電力はコンクリート打設時に使用するバイブレータ，水替用の水中ポンプ，場内照明などが主で使用容量が少ない。設備は，工事期間が1年未満で，動力使用容量も少なく契約電力が50kW未満であるので，経済性等も考慮して臨時電力を設備する。

(3)　仮設工事計画

a．調査・準備工事

当工事では，測量，後片付け，清掃等の作業を計画する。

b．安全対策工事

ブルドーザ，バックホウなどの重機械作業での安全対策とダンプトラックの公道走行時におけ

Ⅱ 事例編

る安全対策を重点に設備する。
　c．技術管理工事
　　品質管理として，盛土締固め試験，舗装CBR並びに針入度試験を実施する。

　d．営繕工事
　　現場事務所，倉庫，作業員休憩所としてユニットハウスを設置する。営繕用土地はA道路に面した民有地を借地する。

(4) 工種作業別工程一覧表及び工事工程表
　　直接工事計画，仮設工事計画を基に工種作業別工程一覧表（**表B－2**）及び工事工程表（**表B－3，4**）に示す。

(5) 施工管理計画
　　省　略

2．管理計画
　(1) 調達計画
　a．機械計画
　　直接工事計画，仮設工事計画で各工種作業ごとに計画した主要機械を主要機械工程表（**表B－5**）として示す。

　b．材料計画
　　省　略

　c．労務計画
　　省　略

　d．輸送計画
　　省　略

B　道路工事

e．現場組織計画（人事計画）

請負者（元請け）の社員業務分担表は次のとおりである。

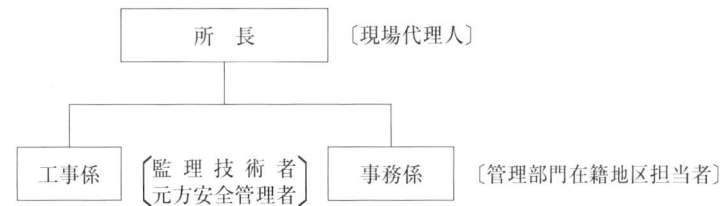

(2) 安全衛生計画

　　省　略

(3) 環境保全計画

　　省　略

Ⅱ 事例編

〔表B-2〕 工種作業別工程一覧表

工種・作業			運搬距離	土質	数量	作業能力		運転(作業)時間(日)	工種別延べ運転時間	使用台数(台数)	実働日数(日)	暦日数(日)	摘要
工種	機種	作業				規格	能力						
直接工事													
〔土工工事〕													
伐開除根工	人力	除草			8,000㎡	人力	350㎡/人×6人=2,100㎡/日	4		6人	4	7	
	〃	伐木			8,000㎡	〃	250㎡/人×6人=1,500㎡/日	5		6人	5	8	
	ブルドーザ バックホウ	除根・整地		レキ質土	8,000㎡	21t級 1.0㎥	2,500㎡/日	3		1	3	5	
切土工	ブルドーザ	掘削・押土	40m	〃	4,000㎥	21t級	504㎥/日	8		1	8	13	
	バックホウ	掘削・積込		〃	8,800㎥	1.0㎥	390㎥/日	11		2	11	18	）組合せ作業
	ダンプトラック	運搬	120m	〃	8,800㎥	10t級				7	11	18	
	バックホウ	掘削積込	4km	〃	2,200㎥	1.0㎥	390㎥/日	3		2	3	5	）組合せ作業
	ダンプトラック	運搬	〃	〃	2,200㎥	10t級				10	3	5	
	ブルドーザ	土捨場		〃	2,200㎥	21t級	756㎥/日	3		1	3	5	
盛土工	ブルドーザ	敷均し締固め		(仕上がり)3,600㎥		21t級	581㎥/日	7		1	6	10	
	ブルドーザ タイヤローラ	〃		(仕上がり)8,100㎥		21t級 8〜20t	525㎥/日	15		各1	15	25	敷均し機械のhに合わせる
法面整形工	土羽バケット付バックホウ	切土部		〃	1,000㎡	1.0㎥	350㎡/日	3		1	3	5	
	種子吹付機	切土部		〃	1,000㎡	車載式2.5t	910㎡/日	1		1	1	1	
	土羽バケット付バックホウ	盛土部		レキ質土	1,500㎡	1.0㎥	280㎡/日	5		1	5	8	
	人力	盛土筋芝		〃	1,500㎡	人力	25㎡/人×10人=250㎡/日	6		10	6	10	
	タンパ	〃		〃	1,500㎡	60〜80kg	120㎡/日×2=240㎡/日	6		2	6	10	
〔函渠工事〕													
水路切換工	バックホウ	掘削		レキ質土	17㎥	0.45㎥				1	1	1	
	人力 バックホウ	仮排水路設置			60m	人力	10m/人×3=30m/日	2		3人	2	3	
	〃	埋戻し		レキ質土	10㎥	〃	5㎥/人×2=10㎥/日	1		2人	1	1	
	人力	水路切換			2回	〃	5人/回	2日		5人	2	3	
	人力 バックホウ	仮排水路撤去			60m	〃	20m/人×3=60m/日	1		3人	1	1	
函渠設置工	バックホウ	掘削		レキ質土	174㎥	0.45㎥	174㎥/日	1		1	1	2	
	ブルドーザ	基礎割栗石			24㎥	3t級	40㎥/日	0.6		1	1	1	
	人力	均しコンクリート			6㎥	人力		0.5			0.5	1	
	〃	型枠			27㎡	〃		3	組立		2	3	1日/ブロック×2ブロック=2日
									解体		1	1	0.5日/ブロック×2ブロック=1日
	〃	鉄筋			1.1t	人力		1			1	1	〃
	〃	コンクリート			27㎥	〃		1	打設		1	1	〃
									養生			4	2日/ブロック×2ブロック=4日
	ラフテレーンクレーン	函渠設置			26函	35t吊り	6函/日	4		1	4	6	
	ブルドーザ	埋戻し		レキ質土	75㎥	3t	75㎥/日	1		1	1	1	擁壁部分と同時施工
函渠擁壁工	バックホウ	掘削		〃	20㎥	0.45㎥		0.5		1	0.5	1	函渠部分と同時施工
	ブルドーザ	基礎割栗石			3㎥	3t級		1		1	1	1	函渠部分と同時施工
	人力	均しコンクリート			1㎥	人力					0.5	1	
	〃	型枠			24㎡	〃		3	組立		2	3	1日/ブロック×2ブロック=2日
									解体		1	1	0.5日/ブロック×2ブロック=1日
	人力	鉄筋			0.7t	人力		0.5			0.5	0.5	
	〃	足場組払			24掛㎡	〃		1	組立		0.5	0.5	
									解体		0.5	0.5	

B　道路工事

工種・作業			運搬距離	土質	数量	作業能力		運転(作業)時間(日)	工種別延べ運転時間	使用台数(人数)	実働日数(日)	暦日数(日)	摘要
工　種	機　種	作　業				規格	能力						
	ラフテレーンクレーン	コンクリート			7㎥	人　力		2.5	打設		0.5	0.5	
									養生		2	2	
	ブルドーザ	埋　戻　し		レキ質土	8㎥	3 t 級		0.5		1	0.5	0.5	
〔排水路工事〕													
コンクリート側溝工	バックホウ	掘　　削		レキ質土	360㎥	0.45㎥		2		1	2	3	
	人　力	基礎砕石			36㎥	人　力	3.5㎥/人日×5人=17.5㎥/日	2		5人	2	3	
	クレーン付トラック	U 型側溝			900m	4 t 積2.9 t 吊り	24m/日	19		2	19	27	
	ブルドーザ	埋　戻　し		レキ質土	234㎥	3 t 級	50㎥/日	7		1	5	8	
横断工	バックホウ	掘　　削		レキ質土	30㎥	0.45㎥		1		1	1	1	
	人　力	基礎砕石			1.5㎥	人　力		0.5			0.5	1	
	〃	型　　枠			6.5㎡	〃		1			1	1	
	〃	均しコンクリート			1㎥	〃		0.5			0.5	1	
	クレーン付トラック	ヒューム管布設			20本	4 t 積2.9 t 吊り	10本/日	2		1	2	3	
	ブルドーザ	埋　戻　し		レキ質土	25㎥	3 t 級	15㎥/日	2		1	2	3	
集水桝工	バックホウ	掘　　削		レキ質土	9.6㎥	0.45㎥		1		1	1	1	
	人　力	基礎砕石			0.8㎥	人　力		0.5			0.5	1	
	〃	均しコンクリート			0.5㎥	〃		0.5			0.5	1	
	クレーン付トラック	集水桝据付け			12個	4 t 積2.9 t 吊り	4個/日	3		1	3	4	
	ブルドーザ	埋　戻　し		レキ質土	6㎥	3 t 級	130㎥/日	1		1	1	1	横断工と同時施工
〔舗装工事〕													
下層路盤工	モータグレーダ	敷　均　し			1,755㎡	3.1m	2,000㎡/日	2		1	2	3	
	タイヤローラ	締　固　め			1,755㎡	8〜20 t	1,800㎡/日	1		1	1	1	
	ロードローラ(マカダム)	〃			1,755㎡	10〜12 t	〃	1		1			
上層路盤工	モータグレーダ	敷　均　し			1,755㎡	3.1m	1,800㎡/日	1		1			
	タイヤローラ	締　固　め			1,755㎡	8〜20 t	1,500㎡/日	1		1		3	
	ロードローラ(マカダム)	締　固　め			1,755㎡	10〜12 t	〃	1		1			
表層工	アスファルトフィニッシャ	舗　　設			1,755㎡	舗装幅2.4〜6m		1		1			
	ロードローラ(マカダム)	締　固　め			1,755㎡	10〜12 t		1		2		3	片側1日×2＝2日
	タイヤローラ	〃			1,755㎡	8〜20 t		1		1			
路肩盛土工	トラクターショベル	敷均し締固め		レキ質土	189㎥	0.6㎥	90㎥/日	2		1	2	3	
〔付帯工事〕													
区画線工	ラインマーカ	区 間 線			850m	自走常温式		1		1	1	1	
ガードレール工	人　力	土中建込			600m	人　力					10	17	
交通標識工	〃				6基	〃		2			2	3	
工事用道路工	ブルドーザ	盛土敷均し締固め		レキ質土	600㎥	21 t 級		2		1	2	3	設置
	〃			〃	600㎥	21 t 級		1		1	1	1	撤去
仮設電力設備工事					1式							2日	設備2日撤去1日
安全衛生設備工事					1式							2日	設備2日撤去1日
仮設建物工事加工設備工事					1式							7日	設備5日撤去2日
後片付け					1式							5日	

Ⅱ 事例編

〔表B-3〕 工事工程表

工事名	工種・作業	数量	9月	10月	11月	12月	1月	2月	3月
(直接工事)									
土工工事	伐開除根工	8,000㎡	■						
	切土工	15,000㎥			■■				
	盛土工	11,700㎥			■■				
	法面工	2,500㎡				■			
函渠工事		1式		■■					
排水路工事		1式					■■		
舗装工事		1,755㎡						■	
付帯工事		1式						■	
直接仮設工事		1式	■						
(仮設工事)									
間接仮設工事		1式	■						■

B 道路工事

〔表B-4〕 詳細工程表

工　事	工種・作業	数　量	9月	10月	11月	12月	1月	2月	3月
土工工事	伐開除根工	8,000㎡	20日						
	切　土　工	4,000㎥			13日				
	切　土　工	8,800〃			18日				
	切　土　工	2,200〃				5日			
	盛　土　工	3,600〃			10日				
	盛　土　工	8,100〃				25日			
	法　面　工 盛土整形	1,000㎡				6日			
	法　面　工 盛土整形	1,500〃				18日			
函渠工事	水路切替工	60m	5日	3日					
	函渠設置工	52m		20日					
	函渠擁壁工	2か所			11日				
排水路工事	コンクリート側溝工						41日		
	横　断　工						10日		
	集水桝工						7日		
舗装工事	下層路盤工	1,755㎡							
	上層路盤工	1,755〃						14日	
	表　層　工	1,755〃							
	路肩盛土工	189㎥							
付帯工事	区画線工	850m							
	ガードレール工	600m						21日	
	交通標識工	6個							
仮設工事									
	仮設道路工	120m	3日						
	電気設備工	1式	2日						
	仮設建物工	1式	5日					10日	
	後片付け	1式							

Ⅱ 事例編

〔表B-5〕 主要機械工程表

(線上の数値は台数を示す)

機　種	規　格	単　位	9月	10月	11月	12月	1月	2月	3月
ブルドーザ	3t級	台		1　1			1	3	
〃	21t級	〃	1　1		1				
バックホウ	山積0.45㎥	〃	1	1　1			1 1 1		
〃	山積1.0㎥	〃	1			2 2			
〃	土羽バケット付き 山積1.0㎥	〃				1			
ダンプトラック	10t積級	〃			7	12			
タイヤローラ	質量8〜20t	〃						1	
ロードローラ (マカダム)	〃 10〜12t	〃						1	
ラフテレーン クレーン	35t吊り	〃		1					
モータグレーダ	ブレード幅3.1m	〃						1	
アスファルト フィニッシャ	舗装幅 2.4〜6m	〃						1	
ホイルローダ	山積0.6㎥	〃						1	

3　実行予算

実　行　予　算　総　覧

工　事　概　要		実　行　予　算　総　括　表					
		工　種　別　集　計			要　素　別　集　計		
1. 工　事　名	○○道路工事	費　目	金額(円)	%	費　目	金額(円)	%
2. 工事場所	○○県○○市						
3. 発注者	○○市	①直接工事費	67,849,662	61.6	材　料　費	15,913,450	14.5
4. 設計者	○○市	②間接仮設工事費	9,523,706	8.7	労　務　費	0	0.0
5. 入札年月日	令和○○年7月20日				機　械　費	1,611,456	1.5
6. 入札方式	指名競争入札				外　注　費	59,848,462	54.4
7. 工　　期	着工　令和○○年9月1日	③=①+② 工事費計	77,373,368	70.3	③ 工事費計	77,373,368	70.3
(212日)	竣工　令和○○年3月31日						
8. 請負工事費	121,000,000円（うち,工事価格110,000,000円, 消費税11,000,000円）	④現場管理費	20,091,640	18.3	④現場管理費	20,091,640	18.3
9. 支払条件	前払金　48,400,000円（40%）	⑤=③+④ 工事原価	97,465,008	88.6	⑤=③+④ 工事原価	97,465,008	88.6
	部分払金（1回）出来高の90%						
	竣工払い　　残全額	⑥資金利息	770,000	0.7	⑥資金利息	770,000	0.7
10. 支給品 貸与機材	なし	⑦会社経費	4,950,000	4.5	⑦会社経費	4,950,000	4.5
11. 工事諸元	市道新設　延長270m						
	幅員　6.5m（歩道無し）	⑧=⑥+⑦ 一般管理費他	5,720,000	5.2	⑧=⑥+⑦ 一般管理費他	5,720,000	5.2
12. 主要 工事数量	土工工事　切盛土工　6,700㎥	⑨=⑩-(⑤+⑧) 損　益	6,814,992	6.2	⑨=⑩-(⑤+⑧) 損　益	6,814,992	6.2
	函渠工事　函渠工　52m						
	排水路工事　側溝工　900m						
	舗装工事　アスファルト舗装　1,755㎡	⑩ 工事価格	110,000,000	100.0	⑩ 工事価格	110,000,000	100.0
	付帯工事　ガードレール他　1式						
		⑪=⑩×0.10 消費税相当額	11,000,000	10.0	⑪=⑩×0.08 消費税相当額	11,000,000	10.0
		⑫=⑩+⑪ 請負工事費	121,000,000	110.0	⑫=⑩+⑪ 請負工事費	121,000,000	110.0

工　事　費　集　計

77,373,368円

工　種　別　内　訳					要　素　別　内　訳								摘要
名　称	規格	単位	数量	単価	金額	材料費		労務費		機械費		外注費		
						単価	金額	単価	金額	単価	金額	単価	金額	
直接工事費														
土工工事		式	1		22,624,000								22,624,000	
函渠工事		〃	1		11,272,680		7,887,060						3,385,620	
排水路工事		〃	1		18,499,870		6,871,060						11,628,810	
舗装工事		〃	1		6,988,950								6,988,950	

Ⅱ 事例編

工種別内訳					要素別内訳								摘要
名称	規格	単位	数量	単価	金額	材料費		労務費		機械費		外注費		
						単価	金額	単価	金額	単価	金額	単価	金額	
付帯工事		式	1		4,982,500								4,982,500	
直接仮設工事		〃	1		3,481,662		84,000				126,000		3,271,662	
計					67,849,662		14,842,120		0		126,000		52,881,542	
間接仮設工事費														
運搬費		式	1		2,023,200						409,000		1,614,200	
調査・準備費		〃	1		2,048,770						402,400		1,646,370	
安全対策費		〃	1		1,283,180		297,650						985,530	
役務費		〃	1		975,826		420,000				555,826			
技術管理費		〃	1		1,104,260		10,660						1,093,600	
営繕費		〃	1		2,088,470		343,020				118,230		1,627,220	
計					9,523,706		1,071,330		0		1,485,456		6,966,920	
工事費合計(直接工事費＋間接仮設工事費)					77,373,368		15,913,450		0		1,611,456		59,848,462	

直接工事費・間接仮設工事費内訳

直 接 工 事 費

67,849,662円

工種別内訳					要素別内訳								摘要
名称	規格	単位	数量	単価	金額	材料費		労務費		機械費		外注費		
						単価	金額	単価	金額	単価	金額	単価	金額	
土工工事														
伐開除根工		㎡	8,000	390	3,120,000							390	3,120,000	内訳No.2
切土工	ブルドーザ	㎡	4,000	310	1,240,000							310	1,240,000	〃 No.3
〃	バックホウ	〃	8,800	780	6,864,000							780	6,864,000	〃 No.4
〃	土捨場運搬	〃	2,200	1,390	3,058,000							1,390	3,058,000	〃 No.5
盛土工	ブルドーザ	〃	3,600	260	936,000							260	936,000	〃 No.6
〃	ブルドーザ・タイヤローラ	〃	8,100	360	2,916,000							360	2,916,000	〃 No.7
法面整形工	切土部	㎡	1,000	710	710,000							710	710,000	〃 No.8
〃	盛土部	〃	1,500	2,520	3,780,000							2,520	3,780,000	〃 No.9
計					22,624,000		0		0		0		22,624,000	
函渠工事														
水路切替工		m	60	32,520	1,951,200	17,520	1,051,200					15,000	900,000	内訳No.10

B　道路工事

工種別内訳						要素別内訳								摘要
名称	規格	単位	数量	単価	金額	材料費		労務費		機械費		外注費		
						単価	金額	単価	金額	単価	金額	単価	金額	
函渠設置工		m	52	166,090	8,636,680	126,240	6,564,480					39,850	2,072,200	内訳No.13
函渠擁壁工		か所	2	342,400	684,800	135,690	271,380					206,710	413,420	〃No.18
計					11,272,680		7,887,060		0		0		3,385,620	
排水路工事														
コンクリート側溝工		m	900	18,690	16,821,000	6,920	6,228,000					11,770	10,593,000	内訳No.20
配水管横断工		か所	5	136,790	683,950	46,940	234,700					89,850	449,250	〃No.22
集水桝工		〃	12	82,910	994,920	34,030	408,360					48,880	586,560	〃No.24
計					18,499,870		6,871,060		0		0		11,628,810	
舗装工事														
下層路盤工	t=15cm	㎡	1,755	540	947,700							540	947,700	内訳No.26
上層路盤工	t=15cm	㎡	1,755	1,560	2,737,800							1,560	2,737,800	〃No.27
表層工	t=5cm	㎡	1,755	1,710	3,001,050							1,710	3,001,050	〃No.28
路肩盛土工		㎡	189	1,600	302,400							1,600	302,400	〃No.29
計					6,988,950		0		0		0		6,988,950	
付帯工事														
区画線工	幅15cm 白実線	m	850	250	212,500							250	212,500	協力会社の見積参考
ガードレール工	土中建込み	〃	600	7,650	4,590,000							7,650	4,590,000	〃
交通標識工		基	6	30,000	180,000							30,000	180,000	〃
計					4,982,500		0		0		0		4,982,500	
直接仮設工事														
工事用道路工		㎡	600	1,120	672,000	140	84,000					980	588,000	内訳No.30
水替工		式	1		1,136,590						126,000		1,010,590	〃No.31
電力設備工		〃	1		1,673,072								1,673,072	〃No.1
計					3,481,662		84,000		0		126,000		3,271,662	
直接工事費合計					67,849,662		14,842,120		0		126,000		52,881,542	

II 事例編

間接仮設工事費

9,523,706円

工種別内訳					要素別内訳								摘要
名称	規格	単位	数量	単価	金額	材料費		労務費		機械費		外注費		
						単価	金額	単価	金額	単価	金額	単価	金額	
運搬費														
機械運搬		式	1		1,614,200								1,614,200	内訳No.35
仮設材運搬		〃	1		327,200						327,200			〃 No.35
その他運搬		〃	1		81,800						81,800			〃 No.35
計					2,023,200		0		0		409,000		1,614,200	
調査・準備費														
測量工		式	1		1,325,320						402,400		922,920	内訳No.37
後片付清掃工		〃	1		723,450								723,450	〃 No.38
計					2,048,770		0		0		402,400		1,646,370	
安全対策費														
安全対策工		式	1		1,283,180		297,650						985,530	内訳No.39
役務費														
材料置場借地		式	1		420,000		420,000							内訳No.40
電力・用水基本料金等		〃	1		555,826						555,826			〃 No.41
計					975,826		420,000		0		555,826			
技術管理費														
品質管理		式	1		234,000								234,000	内訳No.42
出来形管理		〃	1		430,260		10,660						419,600	〃 No.43
技術管理		〃	1		440,000								440,000	〃 No.44
計					1,104,260		10,660		0		0		1,093,600	
営繕費														
現場事務所・倉庫		㎡	30	40,220	1,206,600	470	14,100					39,750	1,192,500	内訳No.45
作業員休憩所		〃	16	28,040	448,640	870	13,920					27,170	434,720	〃 No.46
営繕借地料		〃	150	2,100	315,000		315,000						0	300円/㎡×7か月
営繕用用水・電気・ガス料金		式	1		118,230						118,230			内訳No.47
計					2,088,470		343,020		0		118,230		1,627,220	
間接仮設工事費合計					9,523,706		1,071,330		0		1,485,456		6,966,920	
工事費=直接工事費+間接仮設工事費					77,373,368		15,913,450		0		1,611,456		59,848,462	

B　道路工事

経　費　内　訳
現　場　管　理　費

20,091,640円／式

名　　称	規　格	単位	数量	単　価	金　額	摘　　要
労 務 管 理 費		式	1		202,500	内訳№48
法 定 福 利 費		〃	1		2,050,290	〃 №49
補 　償 　費		〃	1		0	〃 №51
租 税 公 課		〃	1		104,000	〃 №52
地 代 家 賃		〃	1		0	〃 №53
保 　険 　料		〃	1		4,271,000	〃 №54
従業員給料手当		〃	1		7,700,000	〃 №55
従 業 員 賞 与		〃	1		2,695,000	〃 №56
従 業 員 退 職 金		〃	1		1,155,000	〃 №57
福 利 厚 生 費		〃	1		414,250	〃 №58
事 務 用 品 費		〃	1		424,000	〃 №59
旅費・交通費・通信費		〃	1		535,000	〃 №60
交 　際 　費		〃	1		0	〃 №61
広告宣伝・寄付金		〃	1		0	〃 №62
保 　証 　料		〃	1		477,100	〃 №63
会議費・諸会費		〃	1		21,000	〃 №65
雑 　　　費		〃	1		42,500	〃 №66
計					20,091,640	

一　般　管　理　費　他

5,720,000円／式

名　　称	規　格	単位	数量	単　価	金　額	摘　　要
資 金 利 息		式	1		770,000	110,000,000円×70％×0.01
会 社 経 費	4.5％	式	1		4,950,000	工事価格110,000,000円×4.5％
計					5,720,000	

Ⅱ 事例編

下 位 内 訳

電 力 設 備 工　　　　　作業数量　1式

1,673,072円／式

No.1

工　種　別　内　訳					要　素　別　内　訳								摘　要
名　称	規格	単位	数量	単価	金額	材料費		労務費		機械費		外注費		
						単価	金額	単価	金額	単価	金額	単価	金額	
低圧幹線設備		式	1		611,520								611,520	内訳No.32
照明設備		〃	1		819,160								819,160	〃 No.33
電力料金		〃	1		242,392								242,392	〃 No.34 ②＋③
計					1,673,072		0		0		0		1,673,072	

主 要 材 料 単 価 表

名　　称	規　　格	単位	単価	金額	摘　　　　要
生コンクリート	24－8－25	㎥	19,850		
〃	18－8－25	〃	19,300		
モ ル タ ル	1：3	〃	23,800		
再生アスファルト混合物	細粒度アスコン	t	9,900		
再生クラッシャラン	RC－40	㎥	1,200		
割 栗 石	50～150㎜	〃	6,850		
粒 調 砕 石	M－40	〃	5,750		
鉄　　　筋	SD345	t	119,000		
木　　材	桟材	㎥	78,000		
〃	板材	〃	45,000		
型 枠 用 合 板	900×1,800×12	枚	2,000		
足 場 板 合 板		〃	6,200		
軽　　　油		ℓ	116		
ガ ソ リ ン		〃	135		

B　道路工事

労 務 賃 金 表

名　称	規　格	単位	単　価	金　額	摘　要
土木一般世話役	昼間8時間	人	31,000		
特殊作業員	〃	〃	28,300		
普通作業員	〃	〃	25,400		
軽作業員	〃	〃	17,600		
型わく工	〃	〃	30,000		
鉄筋工	〃	〃	30,900		
とび工	〃	〃	31,200		
運転手（特殊）	〃	〃	28,900		
運転手（一般）	〃	〃	23,600		
電工	〃	〃	30,100		

主 要 機 械 単 価 内 訳

機　種	規　格	単位	機械単価	機械損料	機械賃料	運転労務費	油脂燃料費	摘　要
ブルドーザ	3 t 級	日	37,300		6,000	28,900	2,436	
〃	21 〃	〃	87,300	42,200		28,900	16,240	
バックホウ	山積0.45㎥（平積0.35㎥）	〃	38,600		5,330	28,900	4,350	
〃	山積1.0㎥（平積0.7㎥）	〃	66,900	27,000		28,900	11,020	
〃	土羽バケット付き 山積1.0㎥	〃	66,900	27,000		28,900	11,020	
ダンプトラック	10 t 積級	〃	54,700	20,100		28,900	5,680	
トラック	4 t 積	〃	40,900		8,300	28,900	3,758	
トラック	4t(2.9 t 吊り クレーン付)	〃	37,900		6,570	28,300	3,070	
タイヤローラ	質量8〜20 t	〃	39,760		6,800	28,900	4,060	
ロードローラ（マカダム）	質量10〜12 t	〃	48,060		15,100	28,900	4,060	
ラフテレーンクレーン	35 t 吊り	〃	75,000		75,000			運転手付
〃	25 t 吊り	〃	55,000		55,000			〃
モータグレーダ	ブレード幅3.1 m	〃	48,600		12,700	28,900	6,960	
タンパ・ランマ	60〜80kg	〃	1,500		730		730	
種子吹付機	車載式 2.5㎥	〃	10,700	8,250			2,436	
アスファルトフィニッシャ	舗装幅2.4〜6.0m	〃	80,700		43,700	28,900	8,120	
ホイールローダ（トラクタショベル）	山積0.6㎥	〃	37,000		5,500	28,900	2,610	

※「[表B-2]工種作業別工程一覧表」より，各種機械の稼働日が少ないので賃料の長期割引はしない。

II 事例編

作 業 単 価 内 訳

伐 開 除 根　　　　　　　　　　作業数量　8,000㎡

390円／㎡

No.2

名　称	規　格	単位	数量	単　価	金　額	摘　要
外注費						
（労務費）						
土木一般世話役		人	10	31,000	310,000	作業員×1／7
特殊作業員	除草, 伐木	〃	36	28,300	1,018,800	4人／日×9日（除草4日／伐木5日）
普通作業員	伐木	〃	18	25,400	457,200	2人／日×9日
〃	除根, 整地	〃	18	25,400	457,200	6人／日×3日
小　計					2,243,200	
（材料費）						
消耗工具		式	1		67,296	労務費×3％
（機械費）						
バックホウ	山積1.0㎥	台日	3	66,900	200,700	1台×3日
ブルドーザ	21t級	〃	3	87,300	261,900	〃
小　計					462,600	
（下請経費）						
下請経費		式	1		403,776	労務費×18％
計					3,176,872	
1㎡当たり					390	3,176,872円÷8,000㎡≒397円／㎡

切　土　［ブルドーザ（21t）／平均運搬距離40m］　　　　　作業数量　4,000㎡

310円／㎡

No.3

名　称	規　格	単位	数量	単　価	金　額	摘　要
外注費						
（労務費）						
土木一般世話役		人	2	31,000	62,000	作業員×1／7
普通作業員		〃	16	25,400	406,400	2人／日×8日
小　計					468,400	
（材料費）						
消耗工具		式	1		14,052	労務費×3％

B　道路工事

名　　称	規　格	単位	数量	単　価	金　額	摘　　要
(機械費)						
ブルドーザ	21 t 級	台日	8	87,300	698,400	1台×8日
小　計					698,400	
(下請経費)						
下請経費		式	1		84,312	労務費×18%
計					1,265,164	
1m³当たり					310	1,265,164円÷4,000m³≒316円／m³

切　土　　⎡バックホウ（山積1.0m³）⎤
　　　　　⎢ダンプトラック（10 t）　⎥　　　作業数量　8,800m³
　　　　　⎣運搬距離120m　　　　　　⎦

780円／m³

No.4

名　　称	規　格	単位	数量	単　価	金　額	摘　　要
外注費						
(労務費)						
土木一般世話役		人	5	31,000	155,000	作業員×1／7
普通作業員	誘導員, 掘削補助	〃	33	25,400	838,200	3人／日×11日
小　計					993,200	
(材料費)						
消耗工具		式	1		29,796	労務費×3%
(機械費)						
バックホウ	山積1.0m³	台日	22	66,900	1,471,800	2台×11日
ダンプトラック	10 t 積級	〃	77	54,700	4,211,900	7台×11日
小　計					5,683,700	
(下請経費)						
下請経費		式	1		178,776	労務費×18%
計					6,885,472	
1m³当たり					780	6,885,472円÷8,800m³≒782円／m³

Ⅱ 事例編

切　土　〔バックホウ（1.0㎥）／ダンプトラック（10ｔ）／ブルドーザ（21ｔ）／運搬距離4km〕　　作業数量　2,200㎥

1,390円／㎥

No.5

名　　称	規　　格	単位	数　量	単　価	金　額	摘　　　要
外注費						
（労　務　費）						
土木一般世話役		人	2	31,000	62,000	作業員×1／7
普 通 作 業 員		〃	12	25,400	304,800	4人／日×3日
小　　計					366,800	
（材　料　費）						
消 耗 工 具		式	1		11,004	労務費×3％
（機　械　費）						
バックホウ	山積1.0㎥	台日	6	66,900	401,400	2台×3日
ダンプトラック	10ｔ積級	〃	36	54,700	1,969,200	12台×3日
ブルドーザ	21ｔ級	〃	3	87,300	261,900	1台×3日
小　　計					2,632,500	
（下　請　経　費）						
下　請　経　費		式	1		66,024	労務費×18％
計					3,076,328	
1㎥当たり					1,390	3,076,328円÷2,200㎥≒1,398円／㎥

盛　土　〔ブルドーザ（21ｔ）〕　　作業数量　3,600㎥

260円／㎥

No.6

名　　称	規　　格	単位	数　量	単　価	金　額	摘　　　要
外注費						
（労　務　費）						
土木一般世話役		人	2	31,000	62,000	作業員×1／7
普 通 作 業 員	補助	〃	12	25,400	304,800	2人／日×6日
小　　計					366,800	
（材　料　費）						
消 耗 工 具		式	1		11,004	労務費×3％

B 道路工事

名　称	規　格	単位	数量	単価	金　額	摘　　要
（機　械　費）						
ブルドーザ	21 t 級	台日	6	87,300	523,800	1台×6日
（下　請　経　費）						
下　請　経　費		式	1		66,024	労務費×18％
計					967,628	
1m³当たり					260	967,628円÷3,600m³≒268円／m³

盛　土 [ブルドーザ（21 t） / タイヤローラ（8～20 t）]　　　作業数量　8,100m³

360円／m³

No.7

名　称	規　格	単位	数量	単価	金　額	摘　　要
外注費						
（労　務　費）						
土木一般世話役		人	4	31,000	124,000	作業員×1／7
普通作業員		〃	30	25,400	762,000	2人／日×15日
小　計					886,000	
（材　料　費）						
消　耗　工　具		式	1		26,580	労務費×3％
（機　械　費）						
ブルドーザ	21 t 級	台日	15	87,300	1,309,500	1台×15日
タイヤローラ	8～20 t	〃	15	39,760	596,400	〃
小　計					1,905,900	
（下　請　経　費）						
下　請　経　費		式	1		159,480	労務費×18％
計					2,977,960	
1m³当たり					360	2,977,960円÷8,100m³≒368円／m³

Ⅱ 事例編

切土法面整形，種子吹付 [土羽バケット付き バックホウ（山積1.0㎥）]　作業数量　1,000㎡

710円／㎡

No. 8

名　　称	規　　格	単位	数量	単価	金額	摘　　要
外注費						
（労務費）						
土木一般世話役		人	2	31,000	62,000	作業員×1／7
特殊作業員	種子吹付け	〃	1	28,300	28,300	1人／日×1日
普通作業員	〃	〃	2	25,400	50,800	2人／日×1日
〃	土羽打補助	〃	9	25,400	228,600	3人／日×3日
小　計					369,700	
（材料費）						
種　　子	オーチャードグラス	kg	8	2,030	16,240	
養　生　剤	ケミカルチ	〃	6	400	2,400	
消耗工具		式	1		36,970	労務費×10％
小　計					55,610	
（機械費）						
バックホウ	土羽バケット付き 山積1.0㎥	台日	3	66,900	200,700	1台×3日
種子吹付機	車載式2.5㎥	〃	1	10,700	10,700	1台×1日
トラック	4t積	〃	1	11,100	11,100	〃
小　計					222,500	
（下請経費）						
下請経費		式	1		66,546	労務費×18％
計					714,356	
1㎡当たり					710	714,356円÷1,000㎡≒714円／㎡

盛土面整形，筋芝 [土羽バケット付き バックホウ（山積1.0㎥）]　作業数量　1,500㎡

2,520円／㎡

No. 9

名　　称	規　　格	単位	数量	単価	金額	摘　　要
外注費						
（労務費）						
土木一般世話役		人	12	31,000	372,000	作業員×1／7
普通作業員	土羽打補助	〃	15	28,300	424,500	3人／日×5日

B　道路工事

名　　称	規　格	単位	数　量	単　価	金　額	摘　　　　要
普 通 作 業 員	ランマ運転	人	10	28,300	283,000	2人／日×5日
〃	筋芝	〃	60	28,300	1,698,000	10人／日×6日
小　　計					2,777,500	
(材　料　費)						
筋　　　　芝	10cm	m	5,250	16	84,000	
消 耗 工 具		式	1		83,325	労務費×3％
小　　計					167,325	
(機　械　費)						
バックホウ	土羽バケット付き 山積1.0m³	日	5	66,900	334,500	1台×5日
ラ ン マ	60〜80kg	〃	10	1,500	15,000	2台×5日
小　　計					349,500	
(下　請　経　費)						
下 請 経 費		式	1		499,950	労務費×18％
計					3,794,275	
1m²当たり					2,520	3,794,275円÷1,500m²≒2,529円／m²

　　　　　　　　　　　　　　　　　水　路　切　換　　　　　　　作業数量　60m

32,520円／m
No.10

工種別単価内訳						要素別単価内訳								摘要
名称	規格	単位	数量	単価	金額	材料費		労務費		機械費		外注費		
						単価	金額	単価	金額	単価	金額	単価	金額	
掘　削	仮置	m³	17	930	15,810							930	15,810	作業単価内訳未作成
仮排水路設置・撤去		m	60	24,630	1,477,800	17,470	1,048,200					7,160	429,600	内訳No.11
埋戻し	仮置土	m³	10	9,500	95,000							9,500	95,000	作業単価内訳未作成
水路切換		回	2	181,360	362,720	1,440	2,880					179,920	359,840	内訳No.12
計					1,951,330		1,051,080		0		0		900,250	
1m当たり			1,951,330円÷60m≒ 32,520円／m			1,051,080円÷60m≒ 17,520円／m						900,250円÷60m≒ 15,000円／m		

Ⅱ 事例編

仮排水路設置撤去　　　　作業数量　60m

24,630円／m

名　　称	規　　格	単位	数　量	単　価	金　額	摘　　　　要
材料費						
コルゲートU字フリューム	1,300×1,000×1.6㎜	m	60	22,500	1,350,000	買取り　付属品含む
〃		〃	60	△5,700	△342,000	買戻し
雑　材　料		式	1		40,500	買取り価格×3％
計					1,048,500	
1m当たり					17,470	1,048,500円÷60m≒17,475円／m
外注費						
（労　務　費）						
土木一般世話役		人	1	31,000	31,000	作業員×1／7
普通作業員		〃	9	25,400	228,600	（3人／日×2日＋3人／日×1日）設置　　　　撤去
小　計					259,600	
（材　料　費）						
消耗工具		式	1		7,788	労務費×3％
（機　械　費）						
バックホウ	山積0.45㎥	台日	3	38,600	115,800	1台×2日＋1台×1日　設置　　撤去
（下　請　経　費）						
下　請　経　費		式	1		46,728	労務費×18％
計					429,916	
1m当たり					7,160	429,916円÷60m≒7,165円／m
合　　計					24,630	17,470円／m＋7,160円／m

B　道路工事

水　路　切　換　　　　　　　作業数量　2回

181,360円／回

No.12

名　　称	規　　格	単位	数　量	単　価	金　額	摘　　　　要
材料費						
土 の う		袋	80	18	1,440	
外注費						
（労　務　費）						
土木一般世話役		人	0.7	31,000	21,700	作業員×1／7
普 通 作 業 員		〃	5	25,400	127,000	5人／日×1日
小　　計					148,700	
（材　料　費）						
消 耗 工 具		式	1		4,461	労務費×3％
（下　請　経　費）						
下 　請 　経 　費		式	1		26,766	労務費×18％
計					179,920	
合　　計					181,360	1,440円＋179,920円

函　渠　設　置　　　　　　　作業数量　52m

166,090円／m

No.13

工種別単価内訳						要素別単価内訳							摘要
名　称	規格	単位	数量	単価	金額	材料費		労務費		機械費		外注費	
						単価	金額	単価	金額	単価	金額	単価	金額	
掘　削	仮置	㎥	84	870	73,080							870	73,080	内訳No.14
〃	盛土流用	〃	90	740	66,600							740	66,600	内訳未作成
基礎割栗石	割栗石	〃	24	10,890	261,360	7,100	170,400					3,790	90,960	内訳No.15
均しコンクリート	18-8-25	〃	6	29,600	177,600	19,940	119,640					9,660	57,960	内訳未作成
型　枠	木製	㎡	27	8,200	221,400							8,200	221,400	〃
鉄　筋	SD345	t	1.1	193,390	212,729	124,670	137,137					68,720	75,592	〃
コンクリート	24-8-25	㎥	27	25,140	678,780	19,850	535,950					5,290	142,830	〃
函渠設置	1.5×1.5×2.0	函	26	262,920	6,835,920	215,450	5,601,700					47,470	1,234,220	内訳No.16
埋戻し	仮置土	㎥	75	1,460	109,500							1,460	109,500	〃 No.17
計					8,636,969		6,564,827		0		0		2,072,142	
1m当たり					8,636,969円÷52m≒166,090円／m		6,564,827円÷52m≒126,240円／m						2,072,142円÷52m≒39,850円／m	

Ⅱ 事例編

掘削（バックホウ（山積0.45㎥））　　　作業数量　84㎥

870円／㎥

No.14

名　称	規　格	単位	数量	単　価	金　額	摘　要
外注費						
（労　務　費）						
土木一般世話役		人	0.1	31,000	3,100	作業員×1／7
普通作業員	補助	〃	1	25,400	25,400	1人／日×1日
小　計					28,500	
（材　料　費）						
消耗工具		式	1		855	労務費×3％
（機　械　費）						
バックホウ	山積0.45㎥	台日	1	38,600	38,600	1台×1日
（下　請　経　費）						
下　請　経　費		式	1		5,130	労務費×18％
計					73,085	
1㎥当たり					870	73,085円÷84㎥≒870円

基礎割栗石　　　作業数量　24㎥

10,890円／㎥

No.15

名　称	規　格	単位	数量	単　価	金　額	摘　要
材料費						
割　栗　石	50～150㎜	㎥	24	6,850	164,400	ロスは，下記で充当
再生クラッシャラン	RC-40	〃	5	1,200	6,000	24㎥×0.2（間詰）
計					170,400	
1㎥当たり					7,100	170,400円÷24㎥＝7,100円／㎥
外注費						
（労　務　費）						
土木一般世話役		人	0.1	31,000	3,100	作業員×1／7
普通作業員	補助	〃	1	25,400	25,400	1人／日×1日
小　計					28,500	
（材　料　費）						
消耗工具		式	1		855	労務費×3％

B　道路工事

名　　称	規　　格	単位	数量	単価	金額	摘　　　　要
（機械費）						
バックホウ	山積0.45㎥	台日	0.5	38,600	19,300	1台×0.5日
ブルドーザ	3 t	〃	1	37,300	37,300	1台×1日
小　　計					56,600	
（下請経費）						
下　請　経　費		式	1		5,130	労務費×18%
計					91,085	
1㎥当たり					3,790	91,085円÷24㎥≒3,795円／㎥
合　　計					10,890	7,100円／㎥＋3,790円／㎥

函　渠　設　置　　　　作業数量　26函

262,920円／函

No.16

名　　称	規　　格	単位	数量	単価	金額	摘　　　　要
材料費						
アーチカルバート	特厚形 1.5m×1.5m×2.0m	函	26	214,000	5,564,000	
コンクリート用砂		㎥	3.5	5,650	19,775	
普通ポルトランドセメント	25kg入り	袋	30	600	18,000	
計					5,601,775	
1函当たり					215,450	5,601,775円÷26函≒215,453円／函
外注費						
（労務費）						
土木一般世話役		人	3	31,000	93,000	作業員×1／7
と　び　工		〃	12	31,200	374,400	3人×4日
普通作業員		〃	12	25,400	304,800	3人×4日
小　　計					772,200	
（材料費）						
消　耗　工　具		式	1		23,166	労務費×3%
（機械費）						
ラフテレーンクレーン	35t吊り	台日	4	75,000	300,000	1台×4日

Ⅱ 事例編

名　称	規　格	単位	数量	単価	金　額	摘　　要
（下請経費）						
下　請　経　費		式	1		138,996	労務費×18％
計					1,234,362	
1函当たり					47,470	1,234,362円÷26函≒47,475円／函
合　　計					262,920	215,450円／函＋47,470円／函

埋戻し〔ブルドーザ（3 t）〕　　　作業数量　75㎥

1,460円／㎥

No.17

名　称	規　格	単位	数量	単価	金　額	摘　　要
外注費						
（労　務　費）						
土木一般世話役		人	0.3	31,000	9,300	作業員×1／7
普通作業員	補助土工	〃	2	25,400	50,800	2人／日×1日
小　計					60,100	
（材　料　費）						
消耗工具		式	1		1,803	労務費×3％
（機　械　費）						
ブルドーザ	3 t	台日	1	37,300	37,300	1台×1日
（下請経費）						
下　請　経　費		式	1		10,818	労務費×18％
計					110,021	
1㎥当たり					1,460	110,021円÷75㎥≒1,467円／㎥

函　渠　擁　壁　　　作業数量　2か所

342,400円／か所

No.18

工種別単価内訳						要素別単価内訳							摘要
名称	規格	単位	数量	単価	金額	材料費		労務費		機械費		外注費	
						単価	金額	単価	金額	単価	金額	単価	金額	
掘　削	仮置	㎥	20	1,200	24,000							1,200	24,000	内訳未作成
基礎割栗石	割栗石	〃	3	10,890	32,670	7,100	21,300					3,790	11,370	内訳№15と同一
均しコンクリート	18-8-25	〃	1	29,600	29,600	19,940	19,940					9,660	9,660	内訳未作成
型　枠	木製	㎡	24	8,200	196,800							8,200	196,800	〃
小　計					283,070		41,240						241,830	

B　道路工事

工種別単価内訳						要素別単価内訳								摘要
名称	規格	単位	数量	単価	金額	材料費		労務費		機械費		外注費		
						単価	金額	単価	金額	単価	金額	単価	金額	
鉄筋	SD345	t	0.7	193,390	135,373	124,670	87,269					68,720	48,104	内訳未作成
足場	枠組	掛㎡	20	1,450	29,000							1,450	29,000	〃
コンクリート	24-18-25 クレーン打設	㎥	7	32,240	225,680	20,410	142,870					11,830	82,810	内訳No.19
埋戻し	仮置土	㎥	8	1,460	11,680							1,460	11,680	内訳未作成
小計					401,733		230,139						171,594	
計					684,803		271,379		0		0		413,424	
1か所当たり					684,803円÷2か所≒342,400円/か所		271,379円÷2か所≒135,690円/か所						413,424円÷2か所=206,710円/か所	

コンクリート（クレーン打設）　　　作業数量　7㎥

32,240円／㎥

No.19

名称	規格	単位	数量	単価	金額	摘要
材料費						
生コンクリート	24-8-25	㎥	7.2	19,850	142,920	7㎥×1.03（ロス）
計					142,920	
1㎥当たり					20,410	104,760円÷7㎥≒14,966円／㎥
外注費						
（労務費）						
土木一般世話役		人	0.2	31,000	6,200	作業員×1／7
特殊作業員		〃	0.5	28,300	14,150	1人／日×0.5日
普通作業員		〃	1	25,400	25,400	2人／日×0.5日
小計					45,750	
（材料費）						
消耗工具		式	1		1,373	労務費×3％
（機械費）						
ラフテレーンクレーン	25t吊り	台日	0.5	55,000	27,500	1台×0.5日
（下請経費）						
下請経費		式	1		8,235	労務費×18％
計					82,858	
1㎥当たり					11,830	82,858円÷7㎥≒11,837円／㎥
合計					32,240	20,410円／㎥＋11,830円／㎥

Ⅱ 事例編

コンクリート側溝　　　　　作業数量　900m

18,690円／m

No.20

| 工種別単価内訳 |||||| 要素別単価内訳 |||||||| 摘要 |
| 名称 | 規格 | 単位 | 数量 | 単価 | 金額 | 材料費 || 労務費 || 機械費 || 外注費 || |
						単価	金額	単価	金額	単価	金額	単価	金額	
掘削	仮置	㎥	260	820	213,200							820	213,200	内訳未作成
〃	盛土転用	〃	100	710	71,000							710	71,000	〃
基礎砕石	再生クラッシャラン	〃	36	6,350	228,600	1,200	43,200					5,150	185,400	〃
U型側溝	300B	m	900	17,770	15,993,000	6,870	6,183,000					10,900	9,810,000	内訳No.21
埋戻し	仮置土	㎥	234	1,350	315,900							1,350	315,900	内訳未作成
計					16,821,700		6,226,200		0		0		10,595,500	
1m当たり					16,821,700円÷900m≒18,690円／m		6,226,200円÷900m≒6,920円／m						10,595,500円÷900m≒11,770円／m	

U 型 側 溝　　　　　作業数量　900m

17,770円／m

No.21

名称	規格	単位	数量	単価	金額	摘要
材料費						
U 型 側 溝	300B	個	1,500	2,070	3,105,000	900m÷0.6m／個
同　　上　　蓋	40×6×60	〃	1,500	1,970	2,955,000	
砂	クッション用	㎥	13.0	4,900	63,700	10.8㎥×1.2（ロス）
セメント		袋	10	600	6,000	
雑 材 料		式	1		61,297	上記×1％＝6,129,700円×1％
計					6,190,997	
1m当たり					6,870	6,190,997円÷900m≒6,879円／m
外注費						
（労　務　費）						
土木一般世話役		人	33	31,000	1,023,000	作業員×1／7
特 殊 作 業 員		〃	76	28,300	2,150,800	2人／日×2組×19日
普 通 作 業 員		〃	152	25,400	3,860,800	4人／日×2組×19日
小　計					7,034,600	
（材　料　費）						
消 耗 工 具		式	1		70,346	労務費×1％
（機　械　費）						
クレーン付きトラック	4t積（2.9t吊り）	台日	38	37,900	1,440,200	2台／日×19日
（下　請　経　費）						
下 請 経 費		式	1		1,266,228	労務費×18％

B　道路工事

名　　称	規　　格	単位	数　量	単　価	金　額	摘　　　　要
計					9,811,374	
1m当たり					10,900	9,811,374円÷900m≒10,902円／m
合　計					17,770	6,870円／m＋10,900円／m

配　水　管　横　断　　　　作業数量　5か所

136,790円／か所

No.22

| 工種別単価内訳 |||||| 要素別単価内訳 |||||||| 摘要 |
| 名称 | 規格 | 単位 | 数量 | 単価 | 金額 | 材料費 || 労務費 || 機械費 || 外注費 |||
						単価	金額	単価	金額	単価	金額	単価	金額	
掘　削	仮置	㎥	30	1,250	37,500							1,250	37,500	内訳未作成
基礎砕石	再生クラッシャラン	〃	1.5	6,350	9,525	1,200	1,800					5,150	7,725	〃
型　枠	木製	㎡	6.5	8,200	53,300							8,200	53,300	〃
均しコンクリート	18-8-25	㎥	1	28,960	28,960	19,300	19,300					9,660	9,660	〃
ヒューム管布設	φ200	本	20	25,910	518,200	10,680	213,600					15,230	304,600	内訳No.23
埋戻し	仮置土	㎥	25	1,460	36,500							1,460	36,500	内訳未作成
計					683,985		234,700		0		0		449,285	
1か所当たり					683,985円÷5か所≒136,797円／か所		234,700円÷5か所≒46,940円／か所						449,285円÷5か所＝89,857円／か所	

ヒューム管布設 $\left(\begin{array}{l}φ200\\ ℓ=2m\end{array}\right)$　　　　作業数量　20本

25,910円／本

No.23

名　　称	規　　格	単位	数　量	単　価	金　額	摘　　　　要
材料費						
ヒューム管	φ200　B形1種　ℓ=2m	本	20	8,900	178,000	
雑材料	枕材,目地材等	式	1		35,600	上記×20%
計					213,600	
1本当たり					10,680	213,600円÷20本≒10,680円／本
外注費						
（労務費）						
土木一般世話役		人	1	31,000	31,000	作業員×1／7
特殊作業員		〃	2	28,300	56,600	1人／日×2日
普通作業員		〃	4	25,400	101,600	2人／日×2日

Ⅱ 事例編

名　　称	規　　格	単位	数量	単価	金額	摘　　要
小　　計					189,200	
（材　料　費）						
消　耗　工　具		式	1		5,676	労務費×3％
（機　械　費）						
クレーン付きトラック	4t積 （2.9t吊り）	台日	2	37,900	75,800	1台×2日
（下　請　経　費）						
下　請　経　費		式	1		34,056	労務費×18％
計					304,732	
1本当たり					15,230	304,732円÷20本≒15,237円／本
合　　計					25,910	10,680円／本＋15,230円／本

集　水　桝　　　　　作業数量　12か所

82,910円／か所

No.24

工種別単価内訳						要素別単価内訳								摘要
名称	規格	単位	数量	単価	金額	材料費		労務費		機械費		外注費		
						単価	金額	単価	金額	単価	金額	単価	金額	
掘　削	仮置	㎥	9.6	1,250	12,000							1,250	12,000	内訳未作成
基礎砕石	再生クラッシャラン	〃	0.8	6,350	5,080	1,200	960					5,150	4,120	〃
均しコンクリート	18-8-25	〃	0.5	28,960	14,480	19,300	9,650					9,660	4,830	〃
集水桝据付	500×600×1,000	個	12	79,550	954,600	33,150	397,800					46,400	556,800	内訳No.25
埋戻し	仮置土	㎥	6	1,460	8,760							1,460	8,760	内訳未作成
計					994,920		408,410		0		0		586,510	
1か所当たり			994,920円÷12か所≒82,910円／か所			408,410円÷12か所≒34,030円／か所						586,510円÷12か所≒48,870円／か所		

集　水　桝　据　付　け　　　　　作業数量　12個

79,550円／個

No.25

名　　称	規　　格	単位	数量	単価	金額	摘　　要
材料費						
集　水　桝	500×600×1,000	個	12	21,490	257,880	
同　　上　　蓋		〃	12	10,700	128,400	
雑　材　料	砂,セメント,その他	式	1		11,588	上記計×3％
計					397,868	
1個当たり					33,150	397,868円÷12個≒33,156円／個

B 道路工事

名　　称	規　　格	単位	数　量	単　価	金　額	摘　　要
外注費						
(労　務　費)						
土木一般世話役		人	1.7	31,000	52,700	作業員×1／7
特　殊　作　業　員		〃	3	28,300	84,900	1人／日×3日
普　通　作　業　員		〃	9	25,400	228,600	3人／日×3日
小　　　計					366,200	
(材　料　費)						
消　耗　工　具		式	1		10,986	労務費×3％
(機　械　費)						
クレーン付きトラック	4 t積(2.9 t吊り)	台日	3	37,900	113,700	1台×3日
(下　請　経　費)						
下　請　経　費		式	1		65,916	労務費×18％
計					556,802	
1個当たり					46,400	556,802円÷12個≒46,400円／個
合　　　計					79,550	33,150円／個＋46,400円／個

下　層　路　盤　　　　作業数量　1,755㎡

540円／㎡

No.26

名　　称	規　　格	単位	数　量	単　価	金　額	摘　　要
外注費						
(労　務　費)						
土木一般世話役		人	1.3	31,000	40,300	作業員×1／7
普　通　作　業　員		〃	9	25,400	228,600	3人／日×3日
小　　　計					268,900	
(材　料　費)						
再生クラッシャラン	RC－40	㎥	355.4	1,200	426,480	1,755㎡×0.15m×1.35（ロス率）
雑　材　料		式	1		4,265	上記×1％
消　耗　工　具		〃	1		8,067	労務費×3％
小　　　計					438,812	

Ⅱ 事例編

名　　称	規　格	単位	数量	単　価	金　額	摘　　　要
(機　械　費)						
モータグレーダ	3.1m	台日	2	48,600	97,200	1台×2日
タイヤローラ	8～20t	〃	1	39,760	39,760	1台×1日
ロードローラ（マカダム）	10～12t	〃	1	48,060	48,060	〃
散　水　車	3,800ℓ	〃	1	17,800	17,800	〃
小　計					202,828	
(下　請　経　費)						
下　請　経　費		式	1		48,402	労務費×18%
計					958,942	
1㎡当たり					540	958,942円÷1,755㎡≒546円／㎡

上　層　路　盤　　　　　作業数量　1,755㎡

1,560円／㎡

No.27

名　　称	規　格	単位	数量	単　価	金　額	摘　　　要
外注費						
(労　務　費)						
土木一般世話役		人	1	31,000	31,000	作業員×1／7
特殊作業員		〃	2	28,300	56,600	1人／日×2日
普通作業員		〃	4	25,400	101,600	2人／日×2日
小　計					189,200	
(材　料　費)						
粒　調　砕　石	M-40	㎥	368.6	5,750	2,119,450	1,755㎡×0.15m×1.40（ロス）
アスファルト乳剤	プライムコート	ℓ	2,148	106	227,688	1,755㎡×1.2ℓ／㎡×1.02（ロス）
雑　材　料		式	1		23,471	上記計×1%
消　耗　工　具		〃	1		5,676	労務費×3%
小　計					2,376,285	
(機　械　費)						
モータグレーダ	3.1m	台日	1	48,600	48,600	1台×1日
タイヤローラ	8～20t	〃	1	39,760	39,760	〃
ロードローラ（マカダム）	10～12t	〃	1	48,060	48,060	〃

B 道路工事

名　　称	規　格	単位	数量	単　価	金　額	摘　　要
散　水　車	3,800ℓ	台日	1	17,800	17,800	
小　　計					154,220	
（下　請　経　費）						
下　請　経　費		式	1		34,056	労務費×18％
計					2,753,761	
1㎡当たり					1,560	2,753,761円÷1,755㎡≒1,569円／㎡

表　層　　　　　作業数量　1,755㎡

1,710円／㎡

No.28

名　　称	規　格	単位	数量	単　価	金　額	摘　　要
外注費						
（労　務　費）						
土木一般世話役		人	1.7	31,000	52,700	作業員×1／7
特殊作業員		〃	6	28,300	169,800	3人／日×2日
普通作業員		〃	6	25,400	152,400	3人／日×2日
小　　計					374,900	
（材　料　費）						
アスファルト混合物	再生細粒度アスコン	t	213.9	9,900	2,117,610	（割増） 2.3t／㎡×1,755㎡×0.05m×1.06
アスファルト乳剤	タックコート	ℓ	716	106	75,896	0.4ℓ／㎡×1,755㎡×1.02（ロス）
雑　材　料		式	1		21,935	上記計×1％
消　耗　工　具		〃	1		11,247	労務費×3％
小　　計					2,226,688	
（機　械　費）						
アスファルトフィニッシャ	舗装幅2.4～6.0m	台日	2	80,700	161,400	1台×2日
タイヤローラ	8～20t	〃	2	39,760	79,520	〃
ロードローラ（マカダム）	10～12t	〃	2	48,060	96,120	〃
小　　計					337,040	
（下　請　経　費）						
下　請　経　費		式	1		67,482	労務費×18％

Ⅱ 事例編

名　　　称	規　格	単位	数　量	単　価	金　額	摘　　　要
計					3,006,110	
1㎥当たり					1,710	3,006,110円÷1,755㎥≒1,713円／㎥

路肩盛土　〔ホイールローダ（トラクタショベル）山積0.6㎥〕　作業数量　189㎥

1,600円／㎥

No.29

名　　　称	規　格	単位	数　量	単　価	金　額	摘　　　要
外注費						
（労　務　費）						
土木一般世話役		人	1.1	31,000	34,100	作業員×1／7
普 通 作 業 員		〃	6	25,400	152,400	3人×2日
小　　計					186,500	
（材　料　費）						
消 耗 工 具		式	1		5,595	労務費×3％
（機　械　費）						
ホイールローダ（トラクタショベル）	山積0.6㎥	台日	2	37,000	74,000	1台×2日
ラ ン マ	60〜80kg	〃	2	1,500	3,000	〃
小　　計					77,000	
（下　請　経　費）						
下 請 経 費		式	1		33,570	労務費×18％
計					302,665	
1㎥当たり					1,600	302,665円÷189㎥≒1,601円／㎥

工 事 用 道 路　　作業数量　600㎡

1,120円／㎡

No.30

名　　　称	規　格	単位	数　量	単　価	金　額	摘　　　要
材料費						
再生クラッシャラン	40〜0	㎥	72	1,200	86,400	600㎡×0.1m×1.2（割増）
雑 材 料		式	1		864	上記×1％

B 道路工事

名　　称	規　　格	単位	数　量	単　価	金　額	摘　　　　要
計					87,264	
1㎡当たり					140	87,264円÷600㎡≒145円／㎡
外注費						
（労　務　費）						
土木一般世話役		人	1.3	31,000	40,300	作業員×1／7
普 通 作 業 員		〃	9	25,400	228,600	3人×3日
小　　計					268,900	
（材　料　費）						
消 耗 工 具		式	1		8,067	労務費×3％
（機　械　費）						
ブ ル ド ー ザ	21 t	台日	3	87,300	261,900	1台×3日
ラ　ン　マ	60〜80kg	〃	2	1,500	3,000	1台×2日
小　　計					264,900	
（下　請　経　費）						
下 請 経 費		式	1		48,402	労務費×18％
計					590,269	
1㎡当たり					980	590,269円÷600㎡≒984円／㎡
合　　計					1,120	140円＋980円

1,136,590円／式　　　　　　　　　水　替　工　　　　作業数量　1式

No.31

名　　称	規　　格	単位	数　量	単　価	金　額	摘　　　　要
機械費						
水 中 ポ ン プ	50mm	台日	420	150	63,000	2台×30日／月×7月
〃	100mm	〃	210	300	63,000	1台×30日／月×7月
計					126,000	
外注費						
（労　務　費）						
土木一般世話役		人	4	31,000	124,000	作業員×1／7

Ⅱ 事例編

名　　称	規　格	単位	数量	単価	金　額	摘　　要
普通作業員		人	28	25,400	711,200	4人／月×7月
小　計					835,200	
（材料費）						
消耗工具		式	1		25,056	労務費×3％
（下請経費）						
下請経費		式	1		150,336	労務費×18％
計					1,010,590	
合　計					1,136,590	126,000円＋1,010,590円

低　圧　幹　線　設　備　　　　作業数量　1式

611,520円／式

No.32

名　　称	規　格	単位	数量	単価	金　額	摘　　要
外注費						
（労務費）						
電　　工		人	6	30,100	180,600	2人／日×3日
普通作業員		〃	3	25,400	76,200	1人／日×3日
小　計					256,800	
（材料費）						
ＩＶ線	22㎟	m	1,000	223	223,200	372円×60％
〃	3.2mm	〃	350	88	30,625	125円×70％
電柱（コンクリートポール）	φ120×6,000	本	4	10,600	42,400	21,200円×50％
装柱材		式	1		2,000	
消耗工具		〃	1		7,704	労務費×3％
雑材料		〃	1		2,568	〃　×1％
小　計					308,497	
（下請経費）						
下請経費		式	1		46,224	労務費×18％
計					611,520	上記計＝611,521円

B 道路工事

照 明 設 備　　　　　作業数量　1式

819,160円／式

No.33

名　称	規　格	単位	数　量	単　価	金　額	摘　要
外注費						
（労　務　費）						
電　　工		人	12	30,100	361,200	1人／日×2日／月×6か月
普通作業員		〃	6	25,400	152,400	1人／日×1日／月×6か月
小　計					513,600	
（材　料　費）						
ＶＶ－Ｒ線	14㎟×3心	m	60	611	36,666	679円×90%
キャブタイヤ	1.25㎟×4心	〃	100	163	16,310	233円×70%
〃	3.5㎟×3心	〃	100	242	24,200	346円×70%
投　光　器	500W	個	20	2,415	48,290	4,829円×50%
分　電　盤		面	5	12,120	60,600	40,400円×30%
電　　球	500W	個	5	1,298	6,490	
消耗工具		式	1		15,408	労務費×3%
雑　材　料		〃	1		5,136	〃　×1%
小　計					213,120	
（下　請　経　費）						
下　請　経　費		式	1		92,448	労務費×18%
計					819,160	上記計＝819,168円

電　力　料　金　算　定　内　訳

No.34

機　種	容量(kW)	第1月	第2月	第3月	第4月	第5月	第6月	計	記　事
バイブレータ	1		2	2		2			
水中ポンプ	11	22	22	22					
照　　明	0.5	2.5	2.5	2.5	2.5	2.5	2.5		
設備合計(kW)		24.5	26.5	26.5	2.5	4.5	2.5		
設備利用率(%)		10	15	15	10	10	10		
契約電力(kW)		24	24	24	9	9	9		設備合計(kW)×70%+5kW(契約容量算定略式)
電力量(kWh)		1,764	2,862	2,862	180	324	180	8,172	設備合計(kW)×利用率%×24h×30日

Ⅱ 事例編

①〔基本料金〕－仮設（臨時）　1,261円／kW×(24kW×3か月＋9kW×3か月)×1.20≒149,807円
　　　　　　　　　　　　　　　　　　　　　　　　　　　　　　　　　　　　　（臨電）

②〔使用料金〕〔表B-3〕工事工程表より夏季1か月（第1月），その他季5か月（第2月～第6月）とする。
　　29.61円／kW×1,764kW/h＋27.89円／kW×(2,862kW×2か月＋180kW×2か月＋324kW)≒230,951円

③〔再生可能エネルギー発電促進賦課金〕　　　　1.40円／kW×8,172kW≒11,441円

〔合　　計〕　149,807円＋230,951円＋11,441円＝392,199円≒392,190円

2,023,200円／式　　　　　　　　　　　運　搬　費　　　　　　　作業数量　1式

No.35
(内訳No.36参照)

名　称	規　格	単位	数量	単価	金額	摘　要
1．機械運搬						
外注費						
セミトレーラ	15 t	台日	8	55,300	442,400	1台日×3×2回＋1台日×2
〃	25 t	〃	12	61,800	741,600	1台日×2×6回
トラック	4 t	〃	8	40,900	327,200	1台日×2×4回
〃	11 t	〃	2	51,500	103,000	1台日×2
計					1,614,200	
2．仮設材運搬						
機械費						
トラック	4 t	台日	8	40,900	327,200	4台日×2
3．その他運搬						
機械費						
トラック	4 t	台日	2	40,900	81,800	1台日×2
運搬費合計					2,023,200	

運　搬　費　算　定　内　訳

No.36

機種・材種			運　搬　車			算　定　基　礎	台日 (円)
機種・材種	規格	台数	機　種	規格	台数		
ブルドーザ	3 t	1	トラック	4 t車	1		40,900
〃	21 t	1	セミトレーラ	25 t車	1		61,800

B　道路工事

機種・材種			運搬車			算定基礎	台日(円)
機種・材種	規格	台数	機種	規格	台数		
バックホウ	0.45㎥	1	セミトレーラ	15t車	1		55,300
〃	1.0㎥	2	〃	25t車	1		61,800
マカダムローラ	10～12t	1	トラック	11t車	1		51,500
アスファルトフィニッシャ	舗装幅 2.4m～6m	1	セミトレーラ	15t車	1		55,300
タイヤローラ	8～20t	1	〃	〃	1		55,300
タンパ	60～80kg						
水中ポンプ	100mm						
小型渦巻ポンプ	50mm						
トランス	20kVA						
種子吹付機	車載式 2.5㎥						
トータルステーション		1					
レベル		1	トラック	4t車	2		40,900
単管	φ48.6						
鳥居枠	A405						
筋違い	A14						
ジャッキベース	A15						
布板	BKN-6						
他補助金物		1式					

測　量　　　　　　　　作業数量　1式

1,325,320円／式

No.37

名　称	規　格	単位	数量	単価	金額	摘　要
機械費						
トータルステーション	3級, 付属品含む	台日	210	1,300	273,000	1台×30日×7か月
レベル	3級, 標尺含む	〃	210	400	84,000	1台×30日×7か月
点検調査費		式	1		45,400	37,000円+8,400円
計					402,400	
外注費						
(労務費)						
普通作業員	測量手元	人	28	25,400	711,200	1人×4日／月×7か月

Ⅱ 事例編

名　　称	規　格	単位	数量	単価	金額	摘　　要
(材　料　費)						
ポ　ー　ル	ℓ=2m	本	10	387	3,870	1,290円×30%
スチールテープ	ℓ=50m	〃	1	3,570	3,570	11,900円×30%
エスロンテープ	ℓ=30m	〃	1	1,620	1,620	5,400円×30%
リ　ボ　ン	ℓ=5m	〃	4	1,800	7,200	6,000円×30%
杭，桟木		㎥	0.5	78,000	39,000	
消　耗　工　具		式	1		21,336	労務費×3%
雑　材　料		〃	1		7,112	〃　×1%
小　　計					83,708	
(下　請　経　費)						
下　請　経　費		式	1		128,016	労務費×18%
外注費計					922,920	
合　　計					1,325,320	402,400円+922,920円

後　片　付　け　清　掃　　　　　作業数量　1式

723,450円／式

No.38

名　　称	規　格	単位	数量	単価	金額	摘　　要
外注費						
(労　務　費)						
土木一般世話役		人	2.9	31,000	89,900	作業員×1／7
普通作業員		〃	20	25,400	508,000	4人×5日
小　　計					597,900	
(材　料　費)						
消　耗　工　具		式	1		17,937	労務費×3%
(下　請　経　費)						
下　請　経　費		式	1		107,622	労務費×18%
計					723,450	上記計=723,459円

B　道路工事

安全対策　　　　　作業数量　1式

1,283,180円／式

No.39

名　称	規　格	単位	数　量	単　価	金　額	摘　要
材料費						
安全標識		枚	15	5,670	85,050	
バリケード		〃	30	2,640	79,200	
風雨対策材		式	1		100,000	
消耗工具		〃	1		25,056	労務費×3％
雑材料		〃	1		8,352	労務費×1％
計					297,650	
外注費						
（労務費）						
土木一般世話役		人	4	31,000	124,000	作業員×1／7
普通作業員		〃	28	25,400	711,200	2人／回×2回／月×7か月
小計					835,200	
（下請経費）						
下請経費		式	1		150,336	労務費×18％
計					985,530	
合計					1,283,180	297,650円＋985,530円

材料置場借地　　　　　作業数量　1式

420,000円／式

No.40

名　称	規　格	単位	数　量	単　価	金　額	摘　要
材料費						
土地借地料		㎡月	1,400	300	420,000	200㎡×7か月

電力・用水基本料金等　　　　　作業数量　1式

555,826円／式

No.41

名　称	規　格	単位	数　量	単　価	金　額	摘　要
機械費						
電気基本料金		式	1		149,806	内訳No.34 ①
臨電工事負担金		〃	1		250,000	電力会社に支払

Ⅱ 事例編

名 称	規 格	単位	数量	単 価	金 額	摘 要
水道基本料金	口径13㎜	月	7	860	6,020	
水 道 工 事 費		式	1		150,000	水道業者見積
計					555,826	

品 質 管 理　　　　　作業数量　1式

234,000円／式

No.42

名 称	規 格	単位	数量	単 価	金 額	摘 要
外注費						
現 場 CBR 試 験		か所	2	47,000	94,000	外注見積書より
針 入 度 試 験		〃	2	43,000	86,000	〃
締 固 め 試 験		〃	2	27,000	54,000	〃
計					234,000	

出 来 形 管 理　　　　　作業数量　1式

430,260円／式

No.43

名 称	規 格	単位	数量	単 価	金 額	摘 要
材料費						
雑 材 料		式	1		10,668	労務費×3%
計					10,660	10,668円
外注費						
（労 務 費）						
普 通 作 業 員	測量手元	人	14	25,400	355,600	2人×1日／月×7か月
（下 請 経 費）						
下 請 経 費		式	1		64,008	労務費×18%
計					419,600	（労務費）＋（下請経費）
合 計					430,260	10,660円＋419,600円

B　道路工事

技 術 管 理　　　　　作業数量　1式

440,000円／式

No.44

名　　称	規　格	単位	数量	単価	金額	摘　　要
外注費						
（外 注 費）						
コ ピ ー		月	7	5,000	35,000	
工事写真代		〃	7	15,000	105,000	
竣工図書代		式	1		300,000	
計					440,000	

現場事務所・倉庫（ユニットハウス）　　　作業数量　30㎡

40,220円／㎡

No.45

名　　称	規　格	単位	数量	単価	金額	摘　　要
材料費						
維 持 材		月	7	2,000	14,000	
計					14,000	
1㎡当たり					470	14,000円÷30㎡≒467円／㎡
外注費						
（外 注 費）						
ユニットハウスリース料	2.4m×5.6m	棟	2	102,900	205,800	490円×30日／月×7か月
同上基本料		〃	2	9,500	19,000	
連棟部材費		〃	2	10,000	20,000	
建 方 費		〃	2	17,100	34,200	
滅 失 費		〃	2	10,000	20,000	
解 体 費		〃	2	13,300	26,600	
運 搬 費		回	4	35,000	140,000	
トイレリース料	大・小・手洗	棟	1	27,000	27,000	100円×30日／月×（7か月－3か月）
同上基本料		〃	1	20,000	20,000	3か月までの賃料含む
浄化設備費		式	1		300,000	
屎尿処理費		〃	1		50,000	
排水設備費		〃	1		150,000	
照明設備費		〃	1		80,000	
整地・片付け		〃	1		100,000	

Ⅱ 事例編

名　　称	規　格	単位	数　量	単　価	金　額	摘　　要
計					1,192,600	
1㎡当たり					39,750	1,192,600円÷30㎡≒39,753円／㎡
合　計					40,220	470円＋39,750円

作業員休憩所（ユニットハウス）　　　作業数量　16㎡

28,040円／㎡

No.46

名　　称	規　格	単位	数　量	単　価	金　額	摘　　要
材料費						
雑　材　料		月	7	2,000	14,000	
計					14,000	
1㎡当たり					870	14,000円÷16㎡≒875円／㎡
外注費						
（外　注　費）						
ユニットハウスリース料	2.4m×5.6m	棟	1	102,900	102,900	490円×30日／月×7か月
同上基本料		〃	1	9,500	9,500	
建　方　費		〃	1	17,100	17,100	
滅　失　費		〃	1	10,000	10,000	
解　体　費		〃	1	13,300	13,300	
運　搬　費		回	2	40,000	80,000	
トイレリース料	大・小・手洗	棟	1	18,000	18,000	150円×30日／月×（7か月－3か月）
同上基本料		〃	1	20,000	20,000	3か月までの賃料含む
屎尿処理費		〃	1	4,000	4,000	
排水設備費		式	1		70,000	
照明設備費		〃	1		40,000	
整地・片付け		〃	1		50,000	
計					434,800	
1㎡当たり					27,170	434,800円÷16㎡≒27,175円／㎡
合　計					28,040	870円＋27,170円

B　道路工事

営繕用水・電力・ガス料金　　　　作業数量　1式

118,230円／式

No.47

名　称	規　格	単位	数　量	単　価	金　額	摘　要
機械費						
事務所・休憩所電力料金		kW	1,400	31.45	44,030	200kW×7月
プロパンガス料金		月	7	4,300	30,100	10㎥／月
水道料金		〃	7	6,300	44,100	30㎥／月
計					118,230	

現場管理費

労務管理費　　　　作業数量　1式

202,500円／式

No.48

名　称	規　格	単位	数　量	単　価	金　額	摘　要
作業員厚生費等		月	7	7,500	52,500	テレビ，暖房等
安全推進費		〃	7	4,500	31,500	ポスター，表彰等
安全教育		回	7	1,500	10,500	入場者教育，特別教育等
救急医薬品		月	7	1,500	10,500	
安全用品費		〃	7	3,000	21,000	
作業員ハンガーラック		〃	7	4,500	31,500	
消火器		個	10	4,500	45,000	
計					202,500	

法定福利費　　　　作業数量　1式（内訳No.50）

2,050,290円／式

No.49

名　称	規　格	単位	数　量	単　価	金　額	摘　要
労災保険料		式	1		229,900	
雇用保険料	社員	〃	1		119,540	作業員は下請経費に含む
健康保険料	〃	〃	1		601,870	同上
厚生年金保険料	〃	〃	1		951,140	同上
建退共証紙代	作業員	人日	462	320	147,840	3人×22日／月×7か月
計					2,050,290	

Ⅱ 事例編

法定保険料対象額算定根拠

No.50

種　　別	算　定　根　拠	算　定　式	金　額
労災保険料	税抜請負金額×労災保険料率×労務比率 (道路新設事業：11／1,000，労務比率19％)	110,000千円×11／1,000×0.19	229,900
雇用保険料	社　員：事業者負担11.5／1,000 作業員：下請経費に包含	給与7,700千円 賞与2,695千円 (7,700,000＋2,695,000)×11.5／1,000	119,540
健康保険料	社　員：事業者負担（給与＋賞与）×11.58％×1／2 作業員：事業者負担下請け経費に包含	給与7,700千円 賞与2,695千円 (7,700,000＋2,695,000)×0.1158×1／2	601,870
厚生年金保険料	社　員：事業者負担（給与＋賞与）×18.300％×1／2 作業員：事業者負担下請け経費に包含	給与7,700千円 賞与2,695千円 (7,700,000＋2,695,000)×0.18300×1／2	951,140

補　償　費　　　　　作業数量　1式

0円／式

No.51

名　　称	規　　格	単位	数量	単価	金　額	摘　　要
隣接地補償		件	0	0	0	公共工事で，該当せず

租　税　公　課　　　　　作業数量　1式

104,000円／式

No.52

名　　称	規　　格	単位	数量	単価	金　額	摘　　要
印紙代・証紙代	工事契約書	冊	1	100,000	100,000	[令和6年4月1日現在法令等] (1億円超え，5億円以下)
	領収書用	式	1		1,000	200円／件×5件
	他申請手数料	〃	1		3,000	
固定資産・都市計画税	機械	〃			0	
	建物	年			0	
公　　課	道路使用料	式			0	
	河川港湾使用料	〃			0	
計					104,000	

B 道路工事

地 代 家 賃　　　　作業数量　1式

0円／式

No.53

名　　称	規　　格	単位	数量	単価	金額	摘　　　要
家　　　賃	事務所	月	0		0	
	借上社宅	〃	0		0	
	礼金・手数料	式	0		0	
	月極駐車場	月	0		0	
計					0	

保　険　料　　　　作業数量　1式

4,271,000円／式

No.54

名　　称	規　　格	単位	数量	単価	金額	摘　　　要
土木工事保険		式	1		3,630,000	請負金額×保険料率（3〜5/1000）
火災保険		〃			0	土木工事保険に包含
賠償責任保険 （第三者障害）	対人	〃	1		350,000	1事故5,000万円、1名3,000万円、免責10万円
	対物	〃	1		100,000	1事故500万円
労働災害法定外 補償保険	労災上乗せ	〃	1		191,000	2人×3,176円／人×30倍 （1名　3,000万円）
動産総合保険		〃			0	
自動車保険		〃			0	
計					4,271,000	

従業員給料手当　　　　作業数量　1式

7,700,000円／式

No.55

名　　称	規　　格	単位	数量	単価	金額	摘　　　要
給料手当						
社　　員	所長	月	7	650,000	4,550,000	
	工事係	〃	7	450,000	3,150,000	
計					7,700,000	

Ⅱ 事例編

従 業 員 賞 与　　　　作業数量　1式

2,695,000円／式
No.56

名　称	規　格	単位	数量	単価	金額	摘　要
賞　与						
社　員		式	1		2,695,000	給料手当×35%
計					2,695,000	

従 業 員 退 職 金　　　　作業数量　1式

1,155,000円／式
No.57

名　称	規　格	単位	数量	単価	金額	摘　要
賞　与						
社　員		式	1		1,155,000	給料手当×15%
計					1,155,000	

福 利 厚 生 費　　　　作業数量　1式

414,250円／式
No.58

名　称	規　格	単位	数量	単価	金額	摘　要
厨房用具		月	7	3,750	26,250	
リクレーション費		〃	7	3,000	21,000	
食費補助		月人	7	7,500	52,500	
新聞・専門誌代		月	7	4,500	31,500	
洗濯機		台	1	18,000	18,000	90,000円×20%（償却）
冷蔵庫		〃	1	45,000	45,000	225,000円×20%（償却）
カラーテレビ		〃	1	30,000	30,000	150,000円×20%（償却）
冷房設備		式	1	90,000	90,000	450,000円×20%（償却）
灯油ストーブ		台	2	6,000	12,000	30,000円×20%（償却）
慶弔見舞金		式	1		10,000	
式典費	起工式	〃	1		70,000	
初穂料	安全祈願	〃	1		8,000	
計					414,250	

B 道路工事

事務用品費　　作業数量　1式

424,000円／式　　No.59

名　称	規　格	単位	数量	単価	金額	摘　要
事務用什器						
机		脚	3	4,500	13,500	45,000円×10%（償却）
椅子		〃	3	1,000	3,000	10,000円×10%（償却）
テーブル		〃	2	4,000	8,000	40,000円×10%（償却）
折りたたみ椅子		〃	5	400	2,000	4,000円×10%（償却）
脇机		〃	2	2,000	4,000	20,000円×10%（償却）
キャビネット・戸棚		個	1	3,500	3,500	35,000円×10%（償却）
保管庫		〃	1	3,000	3,000	30,000円×10%（償却）
事務用機械	リース料	月	7	20,000	140,000	
パソコン・プリンタ		台月	21	10,000	210,000	3台×7か月
事務用消耗品		月	7	5,000	35,000	
衣類ロッカ		個	1	2,000	2,000	20,000円×10%（償却）
計					424,000	

旅費・交通費・通信費　　作業数量　1式

535,000円／式　　No.60

名　称	規　格	単位	数量	単価	金額	摘　要
旅費						
出張費		回	1	25,000	25,000	
交通費						
通勤費	電車・バス					
車通勤	ガソリン代	人月	14	15,000	210,000	2人×7か月
市内連絡用	バス・電車	月	7	1,000	7,000	
	タクシー	〃	7	2,000	14,000	
交通費計					231,000	
通信費						
電話料	架設・撤去費	台	2	17,000	34,000	
	通話料金	台月	14	15,000	210,000	2台×7か月
郵便・宅配料		月	7	5,000	35,000	
通信費計					279,000	
合計					535,000	25,000円＋231,000円＋279,000円

II 事例編

0円／式　　　　　　　　　　　交　際　費　　　　　　　作業数量　1式

No.61

名　称	規　格	単位	数量	単価	金額	摘　　要
接　待　費		月	0		0	
打合せ費		〃	0		0	
進物品代		人	0		0	
近隣町内会		月	0		0	
計					0	

0円／式　　　　　　　　　広告宣伝・寄付金費　　　　　作業数量　1式

No.62

名　称	規　格	単位	数量	単価	金額	摘　　要
広　告　料		式	0		0	タオル，工事説明資料
式　典　費		〃	0		0	起工式，竣工式
工事誌等		〃	0		0	
一般寄付金	神社祭礼等	〃	0		0	
計					0	

477,100円／式　　　　　　　　保　証　料　　　　　　作業数量　1式

No.63

名　称	規　格	単位	数量	単価	金額	摘　　要
保　証　料		式	1		155,320	内訳 No.64
公共工事履行保証証券		〃	1		321,780	保険会社折衝金額
計					477,100	

保　証　料　算　定　根　拠

No.64

前払金額　　請負金額の40％　　　121,000,000×40％＝48,400,000円
保証料　　　下表より48,400,000×0.0033－4,400＝155,320円
　　　　　　　　　　　　　　　（100円未満切捨て）

保証金額	乗率	差引金額
300万以下の金額	0.0023	－
300万を超え，1,000万円以下の金額	0.0031	2,400円
1,000万を超え，5,000万円以下の金額	0.0033	4,400円
5,000万円を超える金額	0.0035	14,400円

B　道路工事

会議費・諸会費　　作業数量　1式

21,000円／式

No.65

名　称	規　格	単位	数量	単価	金額	摘　要
会　議　費	安衛委，工程	月	7	3,000	21,000	

雑　費　　作業数量　1式

42,500円／式

No.66

名　称	規　格	単位	数量	単価	金額	摘　要
名入れタオル代	近隣挨拶	軒	15	500	7,500	
町 会 協 力 費		月	7	3,000	21,000	
布団レンタル料		〃	7	0	0	
経 常 雑 費		〃	7	2,000	14,000	
計					42,500	

Ⅱ 事例編

C 公共下水道管渠布設工事（開削）

1 工事概要

1. 工　事　名： ○○公共下水道管渠布設工事
2. 工 事 場 所： ○○県○○市
3. 発 注 者： ○○市
4. 設 計 者： ○○市（委託○○○○コンサルタント）
5. 入札年月日： 令和○○年6月20日
6. 入 札 方 式： 条件付一般競争入札
7. 工　　　　期： 令和○○年8月1日 〜 令和○○年3月31日　243日間
8. 請負工事金額： 66,000,000円（うち工事価格：60,000,000円，消費税 6,000,000円）
9. 支 払 条 件： 前払金 26,400,000円（40％）
   部分払金12月末迄の出来高の90％
   竣工払金（竣工後14日以内）残全額
10. 支 給 品： なし
11. 貸 与 品： なし
12. 工 事 諸 元： φ300mm 管布設工事　　　　　　　　　1式
    マンホール築造工事（第1号マンホール）　1式
    汚水ます設置工事　　　　　　　　　　　1式
    付帯工事　　　　　　　　　　　　　　　1式
    仮設工事　　　　　　　　　　　　　　　1式
13. 工 事 概 要： 市内の下水道整備事業としてφ300mm下水管布設（延長212.9m）及びマンホール（1号）10か所を築造するもので，土質は中位の砂質土で地下水位はGL－3m付近にある。
    施工は，道路幅員約10mの道路上を昼間施工，開削工法（簡易鋼矢板・切梁）により行うもので，車両の通行は片側交互通行に規制して工事を行う。歩行者及び諸車両の安全対策として交通誘導員を配置し，保安施設等は所轄警察署と地域住民の意向を踏まえた計画とする。
14. 工 事 内 容： 工種ごとの施工数量を〔表C－1〕に示す。
15. 図 面 等
    ① 平面図・標準断面図　〔図C－1〕
    ② 縦断面図　　　　　　〔図C－2〕

C　公共下水道管渠布設工事（開削）

③　土工数量計算書　　　〔表C-2〕
④　マンホール計算表　　〔表C-3〕

16．工 事 条 件：　①　現地は小規模の市街地で，車両の交通量は朝・夕方を除いては比較的少なく，歩行者も朝・夕方を除くと少ないが，自転車で通行する者が比較的多い。
②　道路は5cmのアスファルト舗装である。
③　土質は砂質土（中位）で，地下水位はGL-3m程度である。
④　作業は昼間施工とし，ガードフェンス等で第三者の立入りを防止する。
⑤　路面覆工は施工しない。
⑥　道路の仮復旧は行わない。
⑦　施工はマンホールNo.1～3，3～5，5～8，8～10を各ブロックとして順次施工することとし，当該ブロックを終了後に次ブロックの施工をするものとする。
⑧　土捨場は運搬距離約5kmに確保されている指定地とする。
⑨　既設地下埋設物及び架空線物件は，本工事による影響は受けない。
⑩　地域住民との工事協議は解決している。
⑪　道路占用及び使用許可申請は発注者の手続きで，道路管理者，所轄警察署から認可されている。
⑫　既設地下埋設物占用者と近接施工に関する協定は解決している。
⑬　稼働日当たり作業時間は8時間とし，機械運転時間は6.5時間とする。
⑭　稼働日数は，土工作業では20日／月とし，構造物作業は23日／月とする。

Ⅱ 事例編

〔表C-1〕 工事数量一覧表

下水道工事の契約図書では一般に数量表は提示されないので，施工計画立案時に施工数量を設計図書等から算出しなければ積算見積り・実行予算の作成はできない。

当工事の設計図書を基に算出した工事数量を示す。

工事	工種	作業	仕様	単位	数量	適用
内径φ300mm 管布設工事	土　工	機械掘削		m³	598	線路延長：221m 布設延長：212.9m 管種：φ300mm 1種管 掘削幅：1.1m 基礎：砂基礎
		埋戻し	埋戻し用砂	〃	79	
		〃	発生土	〃	413	
		〃	路盤材（粒調砕石40〜0）	m³	243	
		発生土処分	L=5km	m³	598	
	基礎工	砂基礎	しゃ断層用砂	〃	35	
	管布設工	管布設	内径300mm	m	212.9	
マンホール 築造工事	1号マンホール 設置工	マンホール設置	円形　内径90cm	か所	10	
汚水ます工事	土　工	人力掘削	砂質土	m³	57	3号汚水ます
		埋戻し	仮置土	〃	47	
		発生土処分	L=5km	〃	5	
	汚水ます設置工	汚水ます設置	内径50cm	か所	17	
	取付け管工	取付け管	φ150塩ビ管	m	59	
	支管取付工	支管取付け	φ150塩ビ管	か所	17	
付帯工事	試掘工	試掘		〃	7	
	舗装こわし工	舗装切断	厚5cm	m	442	
		舗装板掘削・積込	厚5cm	m³	12	
		アスコン塊処分	L=8km	〃	12	
仮設工事	土留工	軽量鋼矢板設置	矢板長2.5〜3.5m	m	221	
		軽量鋼矢板撤去	〃	〃	221	
		支保材設置撤去	2段	〃	127	
		支保材設置撤去	1段	〃	94	矢板長=2.5m部
		土留材損料		式	1	
	水替工	水替		〃	1	
	電力設備工	電力設備		〃	1	

（注） 本事例の工事数量は，直接工事のみを計上した。

C 公共下水道管渠布設工事（開削）

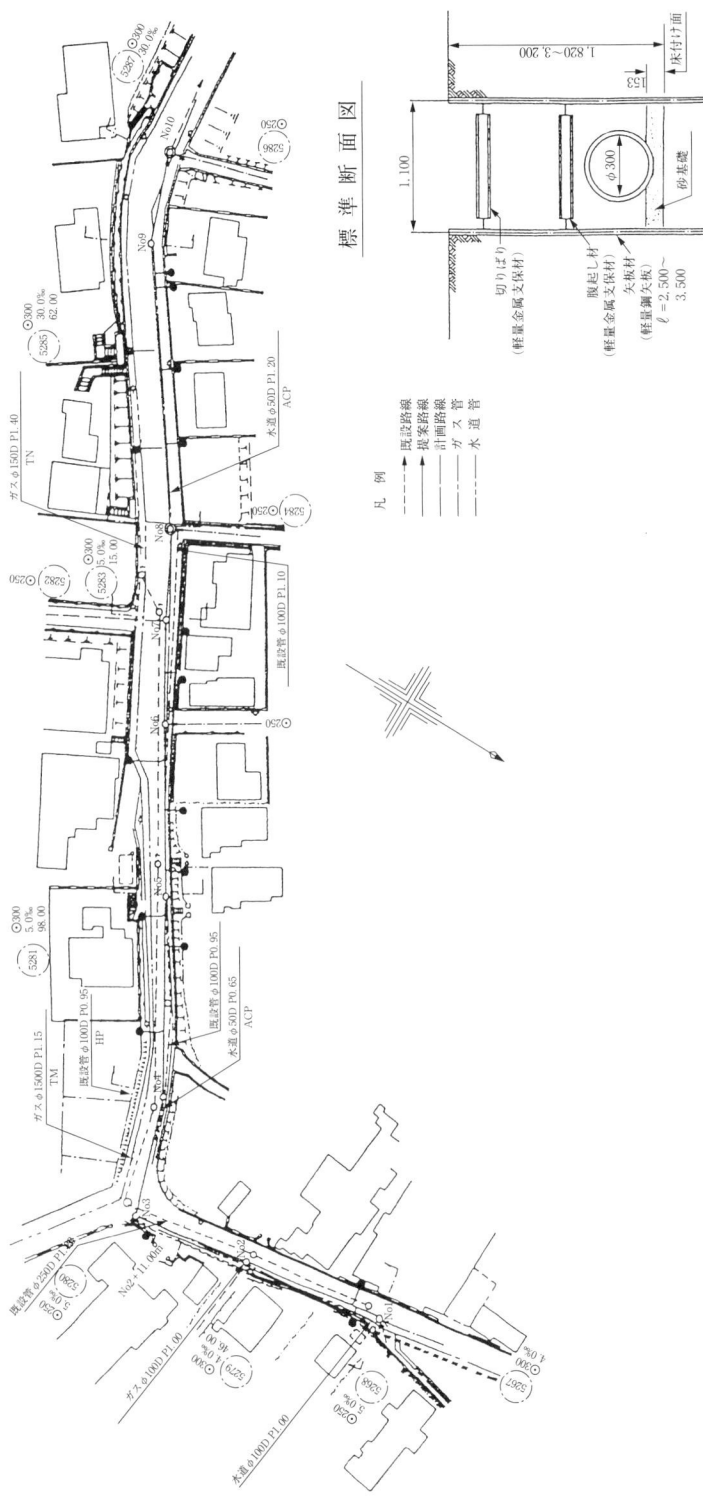

[図C－1] 平面図

Ⅱ 事例編

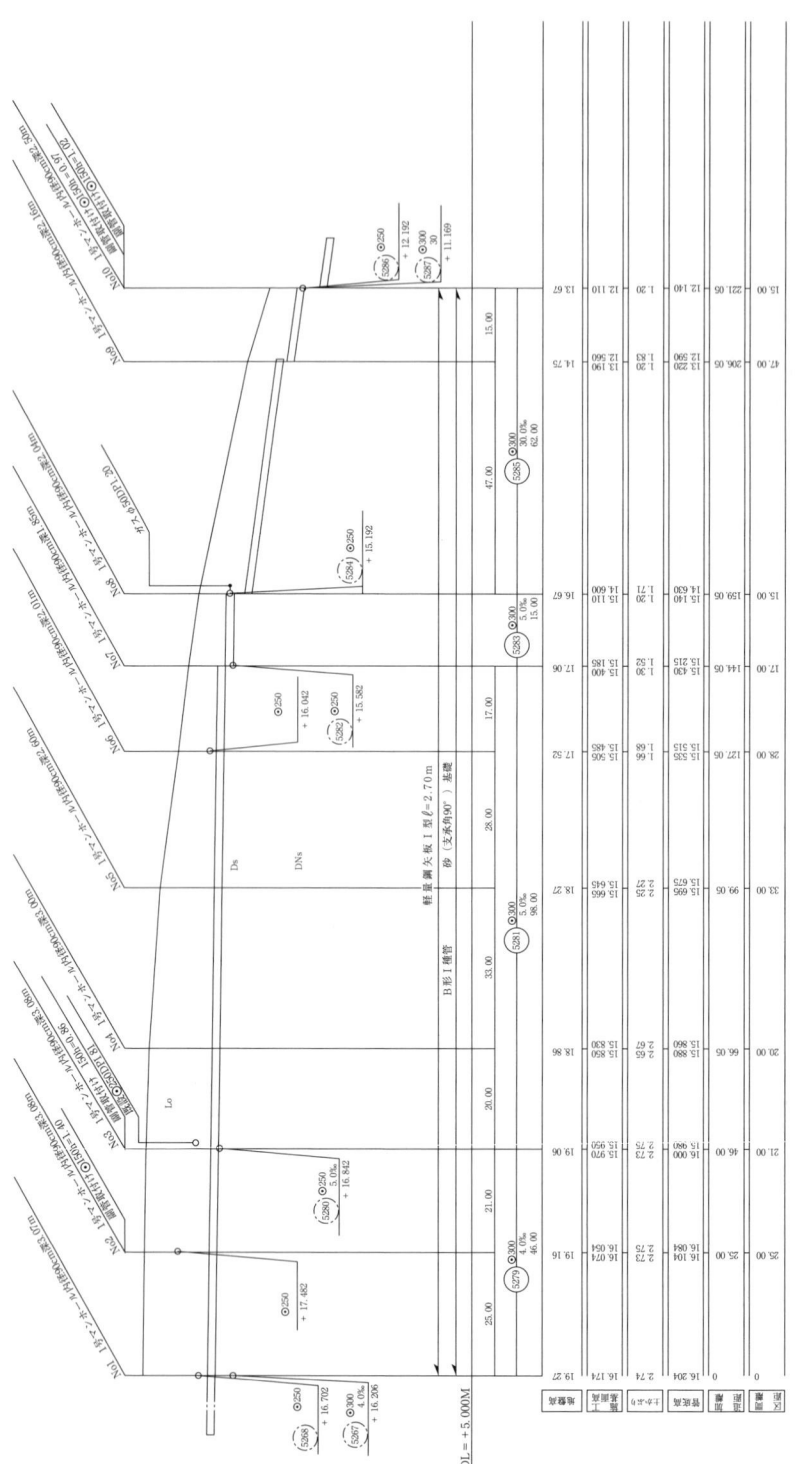

[図C-2] 縦断面図

C 公共下水道管渠布設工事（開削）

[表C-2] 土工数量計算書

路線		線路延長	管渠延長	土被り	平均土被り	管外径	基礎(下側)	掘削深	矢板長	区間線路延長	掘削				埋除			埋戻し			残土量	
											幅	As舗装 厚=5cm	発生土部分	掘削土計	全舗装 厚=25cm	控 基礎	管体	埋戻し用 砂	発生土埋戻し	計	埋戻し流用土(変化率0.9)	発生土処分量
5279	46.00	25.00	24.10	2.74 / 2.73	2.735	0.36	0.1	3.195	3.50		1.1	1.375	86.488	87.863	6.875	3.975	2.55	8.875	65.588	87.863	72.876	13.612
		21.00	20.10	2.75 / 2.73	2.74	0.36	0.1	3.2	3.50	99.00	1.1	1.155	72.765	73.920	5.775	3.339	2.142	7.455	55.209	73.92	61.343	11.422
		20.00	19.10	2.75 / 2.65	2.7	0.36	0.1	3.16	3.50		1.1	1.100	68.420	69.520	5.5	3.18	2.04	7.1	51.7	69.52	57.444	10.976
5281	98.00	33.00	32.10	2.67 / 2.25	2.46	0.36	0.1	2.92	3.50		1.1	1.815	104.181	105.996	9.075	5.247	3.366	11.715	76.593	105.996	85.103	19.078
		28.00	27.10	2.27 / 1.66	1.965	0.36	0.1	2.425	3.00	28.00	1.1	1.540	73.150	74.690	7.7	4.452	2.856	9.94	49.742	74.69	55.269	17.881
		17.00	16.10	1.68 / 1.30	1.49	0.36	0.1	1.95	2.50		1.1	0.935	35.530	36.465	4.675	2.703	1.734	6.035	21.318	36.465	23.687	11.843
5283	15.00	15.00	14.10	1.52 / 1.20	1.36	0.36	0.1	1.82	2.50		1.1	0.825	29.205	30.030	4.125	2.385	1.53	5.325	16.665	30.03	18.517	10.688
5285	62.00	47.00	46.10	1.71 / 1.20	1.455	0.36	0.1	1.915	2.50	94.00	1.1	2.585	96.421	99.006	12.925	7.473	4.794	16.685	57.129	99.006	63.477	32.944
		15.00	14.10	1.83 / 1.20	1.515	0.36	0.1	1.975	2.50		1.1	0.825	31.763	32.588	4.125	2.385	1.53	5.325	19.223	32.588	21.359	10.404
合計	221.00	221.00	212.90						加重平均 3.00			12.155	597.923	610.078	60.775	35.139	22.542	78.455	413.167	610.078	459.075	138.848
												12.2 ≒12	597.9 ≒598			35.139 ≒35		78.5 ≒79	413.2 ≒413			138.8 ≒139

— 279 —

Ⅱ 事例編

数量算出の基本（参考）

土　工

1. 土工量

土工量は，作業形態により区分した掘削土量，埋戻し土量，発生土処分量を管径別に算出する。

算出方法は，マンホール間の平均掘削断面とマンホール間の距離により算出する。ただし，マンホール間で地形が変化している場合は，マンホール設置箇所（上流側）と地形変化点，地形変化点とマンホール設置箇所（下流側）とに区分し，それぞれの区間における土量を求め集計する。

延長の算出

標準の場合　　　　　　　　　　　　　掘削に関わる名称

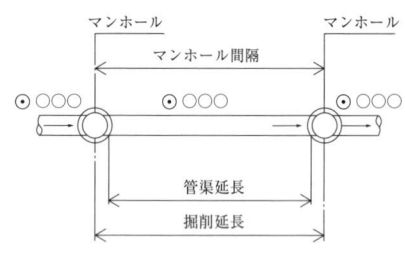
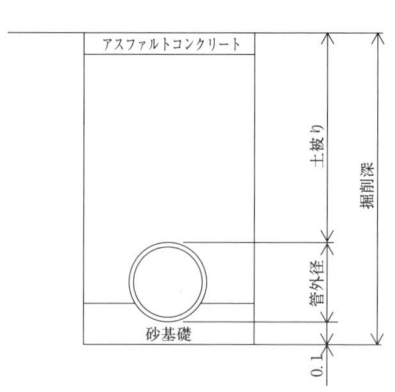

埋戻しに関わる名称　　　　　　　　　基礎控除

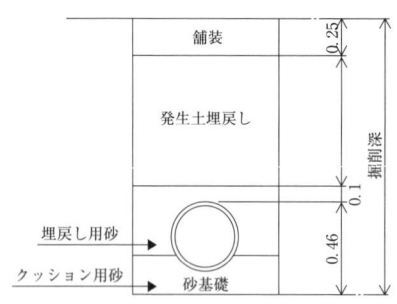
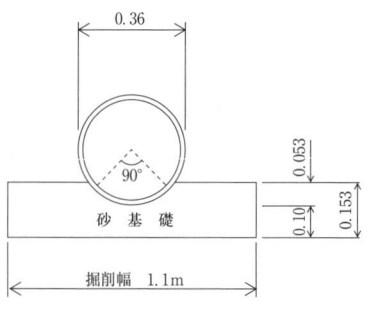

土工量の計算

土工量の計算は次による。

　　掘削土量＝掘削延長×平均掘削深×掘削幅

　　埋戻し土量＝掘削土量－管渠の体積－基礎の体積－舗装の体積

　　発生土処分量＝掘削土量－発生土埋戻し土量

砂基礎工1m当たり施工量

$$V_1 = 1.1 \times (0.10 + 0.053) - \left\{ \frac{\pi}{4} \times 0.36^2 \times \frac{1}{4} - \left(\frac{0.36}{2} \right)^2 \times \frac{1}{2} \right\} = 0.159 \text{m}^3 / \text{m}$$

管体の控除量

$$V_2 = \frac{\pi}{4} \times 0.36^2 = 0.102 \text{m}^3 / \text{m}$$

Ⅱ 事例編

[表C-3] マンホール計算表

路線番号	マンホール番号	形状	マンホール深さ (m)	管厚 (m)	最小土被り (m)	コンクリート蓋 (枚)	鉄蓋 径60cm (組)	鉄蓋 径60cm (組)	口環 (個)	鉄枠 (個)	90cm 斜 (個)	90cm 直30cm (個)	90cm 直60cm (個)	90×120cm 斜 (個)	90×120cm 直30cm (個)	90×120cm 直60cm (個)	120cm 斜 (個)	120cm 直30cm (個)	120cm 直60cm (個)	150cm 斜 (個)	150cm 直30cm (個)	150cm 直60cm (個)	スラブ 矩形用120cm (個)	副管 内径 (mm)	副管 高さ (m)	上部高 (m)	コンクリート壁高 (m)
5279	1	円形90	3.07	0.03	2.29		1				1		2													2.06	1.04
	2	〃	3.08	0.03	1.40		1				1	1												1.50	1.40	1.16	1.95
	3	〃	3.08	0.03	1.94		1				1	1												1.50	0.86	1.76	1.35
5281	4	〃	3.00	0.03	2.65		1				1	1	2													2.36	0.67
	5	〃	2.60	0.03	2.25		1				1		2													2.06	0.57
	6	〃	2.01	0.03	1.20		1				1															0.86	1.18
5283	7	〃	1.85	0.03	1.20		1				1															0.86	1.02
	8	〃	2.04	0.03	1.20		1				1															0.86	1.21
	9	〃	2.16	0.03	1.20		1				1															0.86	1.33
5285	10	〃	2.50	0.03	1.20		1				1													1.50	0.97 / 1.02	0.86	1.67
計			平均 2.54				10				10	3	7												平均 1.06		平均 1.20

備考 コンクリート壁高の求め方は、マンホール深さ＋下流管管厚－上部高（ブロック類の高さ）とする。

C 公共下水道管渠布設工事（開削）

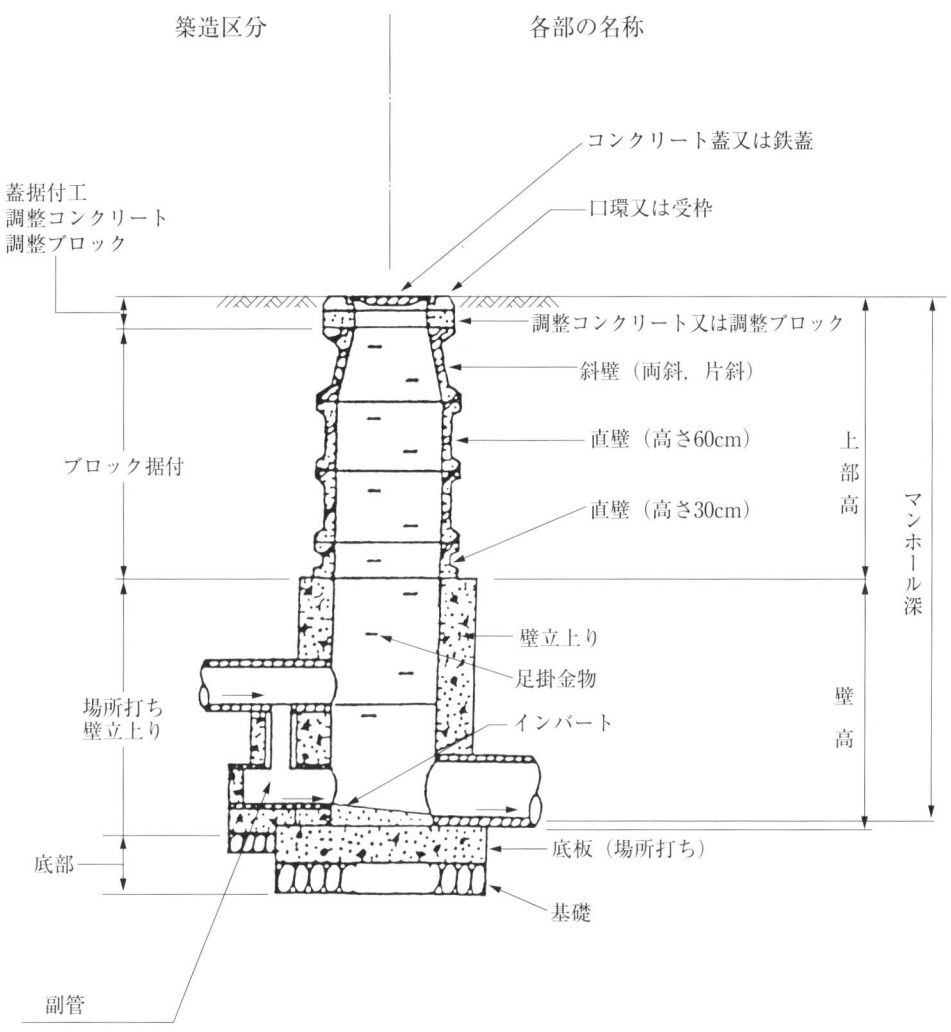

マンホール標準図（参考）

Ⅱ 事例編

2 施工計画

1．詳細計画

基本計画で最適の施工法として絞り込まれたものについて，詳細施工計画を作成する。

(1) 基本方針の決定

当工事は，道路幅員約10mの市内道路下に下水管（φ300mm）延長212.9m，マンホール10か所等を新設する工事である。工法は，開削工法を採用し，昼間施工で車両を交互通行に規制して作業をする。

これらを基本条件として方針を定める。

施工は，No.1マンホールからNo.10マンホールに向かって順次施工するものとし，4ブロックに分割施工（No.1～3，No.3～5，No.5～8，No.8～10）する。順序は，当該ブロック完了後次ブロックの施工をする。したがって，車両通行規制長は最短でおよそ50m，最長で90m程度で計画する。土留材は転用使用する。

作業帯は，車両通行に必要な一車線（3.5m）確保後の幅員（10m－3.5m）6.5mを使用し，作業場所をガードフェンスで囲い一般車両や第3者災害の防止に努める。昼間作業時は交通誘導員としてガードマンを配備するとともに，工事車両の誘導員として専任の者を配置する。

本格施工に先立ち道路下の地下埋設物調査を実施し，埋設位置を確認して下水管埋設位置を決める。このために試掘を行い，埋設位置決定後，事前に全延長にわたって舗装切断を行って本格的な施工を開始する。

本工事全体の概略作業フローを示す。

調査 ⇒ 試掘 ⇒ 測量 ⇒ 舗装切断・取壊し ⇒ 土留設置 ⇒ 掘削 ⇒ 発生土処分仮置き

土留撤去 ⇐ 埋戻し ⇐ マンホール設置 ⇐ 管布設 ⇐ 基礎 ⇐ 床付け

取付管布設 ⇒ ます設置

また，1ブロックの概略作業順序をフローで示すと以下のとおりとなる。

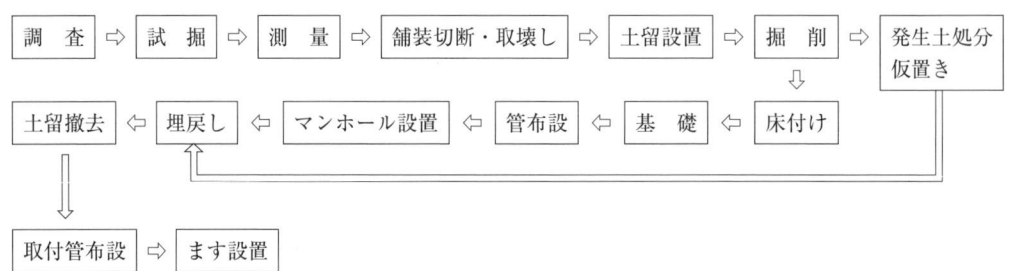

軽量土留鋼矢板打設 → バックホウ掘削① → 支保工設置① → バックホウ掘削② → 支保工設置②

→ バックホウ掘削③ → 砂基礎 → 管設置・マンホール設置 → 埋戻し① → 支保工撤去①

→ 埋戻し② → 支保工撤去② → 埋戻し③ → 路盤材

各工事ごとの方針は以下のとおりである。

a．管布設工事

　掘削幅1.1m，掘削深1.8～3.2mをバックホウ（山積0.28㎥）で掘削する。掘削土はダンプトラック（4t積級）で土捨場に運搬し，埋戻し土として再使用する土砂と処分する土砂を区分してダンプする。

　掘削終了後，砂基礎用クッション砂をバックホウで床付け盤に投入し人力で敷均し・締固め，ラフテレーンクレーンで管を投入，チェンブロック等を使用して管を据付ける。管据付け完了後埋戻し，その上に路盤材を敷均し・締固め，最後に土留鋼矢板撤去を行う。

　（当該ブロック終了後に作業帯を撤去し，その作業帯を次ブロックに移動するとともに前ブロックの道路を解放する。）

b．マンホール築造工事

　当該ブロックの管路布設終了後マンホールを築造する。各マンホールとも多作業数・小施工数量となり，手間がかかるので短期間で終了できるよう効率的な計画を立て施工する。

c．汚水ます工事

　汚水ますの取付けは，管布設終了部から逐次施工するのを基本とするが，後工程に左右されることが少ないので，各工種作業の合間をみて人力で施工する。取付け数は17か所である。

d．付帯工事

　舗装こわし工は，舗装厚5cmの設計であり，施工外周辺舗装への影響を考慮して掘削前に切断し，その後バックホウで掘削，再生アスファルトとして使用するため再生工場に運搬する。

e．仮設工事

　土留工のうち，軽量鋼矢板設置・撤去は，仕様書によりバイブロハンマ工法（超低騒音型機械使用）で施工する。

　試掘工は，本格的な工事開始前に地下埋設物等の現状を調査し，施工の安全及び施工方法決定の参考とするために実施するもので，各調査資料を基に実施する。

(2) 直接工事計画

　施工方針が決定したので，この工事の工程を左右する主体工事の工程計画を立てる。

a．管敷設工事

(a) 土　工

　　土工は，掘削，埋戻し，発生土処分が対象となる。掘削は，バックホウ（山積0.28㎥）を使

Ⅱ 事例編

用しダンプトラック（4 t 積級）に積込み土捨場に運搬する。掘削土は，発生土埋戻し用として再使用し，余剰土は残土として処分する。なお，土捨場での整地等は不要として計画する。

ア．機械掘削　　598㎥

バックホウ（山積0.28㎥）で掘削，180度旋回しバックホウ背後に位置するダンプトラック（4 t 積級）に積込む。発生土運搬・発生土処分は別途作業で述べる。

(ア) 運転1時間当たりの掘削・積込み量の算定

$$Q = \frac{3,600 \times q_0 \times K \times f \times E}{Cm}$$

ここに，Q：運転1時間当たり掘削・積込み量（㎥／h）
　　　　q_0：1サイクル当たり掘削・積込み量（㎥，ルーズ）……………0.28㎥
　　　　K：バケット係数……………………………………………………0.7
　　　　f：土量換算係数，砂質土の場合　f＝1／L＝1／1.2≒0.83 ……0.83
　　　　E：作業効率……………………………………………………0.5（不良）
　　　　Cm：サイクルタイム（sec）………………40sec（180度回転，支保工あり）

そこで，$Q = \dfrac{3,600 \times q_0 \times K \times f \times E}{Cm} = \dfrac{3,600 \times 0.28 \times 0.7 \times 0.83 \times 0.5}{40}$

　　　　　＝7.32≒7.3㎥／h（地山）となる。

故に，1日当たり施工量は，7.3㎥／h×6.5h／日＝47.4≒47㎥／日となる。

(イ) 実働日数・暦日数の算定

当作業の施工手順は，No.1マンホールからNo.10マンホールに向かって順次ブロックごとに施工する方針であるので，所用日数の算定は各ブロックごとに区分して算出するのが現実的でありこれに沿って算定する。

　① No.1マンホール～No.3マンホール　　86.488＋72.765＝159.253≒159.3㎥
　　バックホウ1台使用することにすると，
　　実働日数は，159.3㎥÷47㎥／日＝3.38≒3.5日となる。
　　暦日数は，3.5日÷20／30日≒5日を要する。

　② No.3マンホール～No.5マンホール　　68.420＋104.181＝172.601≒172.6㎥
　　バックホウ1台使用することにすると，
　　実働日数は，172.6㎥÷47㎥／日＝3.67≒4日となる。
　　暦日数は，4日÷20日／30日≒6日を要する。

　③ No.5マンホール～No.8マンホール　　73.150＋35.530＋29.205＝137.885
　　　　　　　　　　　　　　　　　　　　　　　　　　　　　　　≒137.9㎥
　　バックホウ1台使用することにすると，

C 公共下水道管渠布設工事(開削)

実働日数は,137.9㎥÷47㎥／日＝2.93≒3日となる。

暦日数は,3日÷20日／30日≒4.5日を要する。

④　No.8マンホール～No.10マンホール　　96.421＋31.763＝128.184≒128.2㎥

バックホウ1台使用することにすると,

実働日数は,128.2㎥÷47㎥／日＝2.72≒3日となる。

暦日数は,3日÷20日／30日≒4.5日を要する。

イ．埋戻し(埋戻し用砂)　　　79㎥

埋戻し用砂は,数量算出の基本(参考)に示すとおり下水管周辺部に使用する。砂はバックホウ(山積0.28㎥)で投入,ランマで締固める。

(ア)　1日当たり作業量の算定

現場条件・作業条件が非常に悪い(埋戻し幅：1.1m,砂投入高：2.5～3.5m,支保工あり,作業幅狭隘等)こと及び過去の同種作業実績等を考慮して15㎥／日(締固め後)とする。

(イ)　実働日数・暦日数の算定

日数算定は各ブロックごとに区分して算出する。

①　No.1マンホール～No.3マンホール　　8.875＋7.455＝16.33≒16.3㎥

砂投入機械を1台とすると,

実働日数は,16.3㎥÷15㎥／日＝1.09≒1日となる。

暦日数は,1日÷20日／30日＝1.5日を要する。

②　No.3マンホール～No.5マンホール　　7.1＋11.715＝18.815≒18.8㎥

砂投入機械を1台とすると,

実働日数は,18.8㎥÷15㎥／日＝1.25≒1日となる。

暦日数は,1日÷20日／30日＝1.5日を要する。

③　No.5マンホール～No.8マンホール　　9.94＋6.035＋5.325＝21.3㎥

砂投入機械を1台とすると,

実働日数は,21.3㎥÷15㎥／日＝1.42≒1日となる。

暦日数は,1日÷20日／30日＝1.5日を要する。

④　No.8マンホール～No.10マンホール　　16.685＋5.325＝22.01≒22㎥

砂投入機械を1台とすると,

実働日数は,22㎥÷15㎥／日＝1.47≒1日となる。

暦日数は,1日÷20日／30日＝1.5日を要する。

Ⅱ　事 例 編

ウ．埋戻し（発生土）　　　413㎥

発生土埋戻しは，土捨場に一時仮置きした土砂をホイールローダ（トラクタショベル）（山積0.6㎥）でダンプトラック（4 t積級）に積込んで現地に運搬しバックホウ（山積0.28㎥）で投入，敷均しランマで締固める。この際土留支保工が設置されているので，これを撤去しつつ埋戻すことになる。したがって1日当たり施工数量は限定される。

(ア)　1日当たり作業量の算定
　現場条件・作業条件が非常に悪い（埋戻し幅：1.1m，切梁あり，作業幅狭隘等）こと及び過去の同種作業実績等を考慮して25㎥/日とする。

(イ)　実働日数・暦日数の算定
　日数算定は各ブロックごとに区分して算出する。
　① No.1マンホール～No.3マンホール　　65.588＋55.209＝120.797≒120.8㎥
　　砂投入機械を1台とすると，
　　実働日数は，120.8㎥÷25㎥/日＝4.83≒5日となる。
　　暦日数は，5日÷20日/30日＝7.5日を要する。
　② No.3マンホール～No.5マンホール　　51.7＋76.593＝128.293≒128.3㎥
　　砂投入機械を1台とすると，
　　実働日数は，128.3㎥÷25㎥/日＝5.13≒5日となる。
　　暦日数は，5日÷20日/30日＝7.5日を要する。
　③ No.5マンホール～No.8マンホール　　49.742＋21.318＋16.665＝87.725
　　　　　　　　　　　　　　　　　　　　　　　　　　　　　　　　≒87.7㎥
　　砂投入機械を1台とすると，
　　実働日数は，87.7㎥÷25㎥/日＝3.51≒3.5日となる。
　　暦日数は，3.5日÷20日/30日≒5日を要する。
　④ No.8マンホール～No.10マンホール　　57.129＋19.223＝76.352≒76.4㎥
　　砂投入機械を1台とすると，
　　実働日数は，76.4㎥÷25㎥/日＝3.06≒3日となる。
　　暦日数は，3日÷20日/30日＝4.5日を要する。

エ．埋戻し（路盤材）　　（60.8㎡÷0.25m）　　243㎥

路盤材は，粒度調整砕石（40～0）を使用しバックホウ（山積0.28㎥）で敷均し，ランマで締固める。

(ア)　1日当たり作業量の算定
　現場条件・作業条件が悪い（埋戻し幅：1.1m）こと及び過去の同種作業実績等を考慮

C 公共下水道管渠布設工事（開削）

して人力施工とし，作業員5人で50㎡／日とする。

(イ) 実働日数・暦日数の算定

日数算定は各ブロックごとに区分して算出する。

① No.1マンホール～No.3マンホール　50.6㎡
　　実働日数は，50.6㎡÷50㎡／日＝1.01≒1日となる。
　　暦日数は，1日÷20日／30日＝1.5日を要する。

② No.3マンホール～No.5マンホール　58.3㎡
　　実働日数は，58.3㎡÷50㎡／日＝1.17≒1日となる。
　　暦日数は，1日÷20日／30日＝1.5日を要する。

③ No.5マンホール～No.8マンホール　66㎡
　　実働日数は，66㎡÷50㎡／日＝1.32≒1日となる。
　　暦日数は，1日÷20日／30日＝1.5日を要する。

④ No.8マンホール～No.10マンホール　68.2㎡
　　実働日数は，68.2㎡÷50㎡／日＝1.36≒1日となる。
　　暦日数は，1日÷20日／30日＝1.5日を要する。

オ．発生土処分　　598㎡（地山土量）

バックホウ（山積0.28㎥）でダンプトラック（4t積級）に積込み，土捨場（運搬距離5km）に運搬する。当土砂は一部を埋戻し土として再利用する。土捨場での敷均しは考慮しないものとする。

(ア) ダンプトラック（4t積級）運転1時間当たり作業量の算定

$$Q = \frac{60 \times C \times f \times E}{Cm}$$

ここに，Q：運転1時間当たり運搬量（㎥／h）

　　　　C：1台当たり平積容量（㎥，ルーズ）……………………………2.59㎥

　　　　　1回の積載土量 $C = \dfrac{T \times L}{\gamma_t} = \dfrac{4t \times 1.2}{1.9 t/㎥} ≒ 2.52㎥$

　　　　　C＝2.52㎥＜荷台の平積容量　2.59㎥
　　　　　よって，C＝2.52㎥とする。

　　　　f：土量換算係数……………………………………………………1

　　　　E：作業効率………………………………………………………0.8

　　　Cm：サイクルタイム（min）

$$Cm = \frac{Cm_s \times n}{60 \times E_s} + (T_1 + T_2 + T_3)$$

Ⅱ 事例編

ここに，Cm_s：積込機械のサイクルタイム……40sec
　　　　　n：積込機械の積込回数

$$n = \frac{C}{q_0 \times K} = \frac{2.52 \text{m}^3}{0.28\text{m}^3 \times 0.7} ≒ 13回$$

　　　　　E_s：積込機械の作業効率……0.5とする。

$$T_1(往) = \frac{5\text{km} \times 60}{30\text{km/h}} = 10\text{min}$$

$$T_2(復) = \frac{5\text{km} \times 60}{35\text{km/h}} ≒ 8.6\text{min}$$

　　　　　$T_3 = 10\text{min}$とする。

$$Cm = \frac{40 \times 13}{60 \times 0.5} + (10 + 8.6 + 10) ≒ 17.3 + 28.6 = 45.9\text{min}$$

そこで，$Q = \dfrac{60 \times 2.52 \times 1 \times 0.8}{45.9} = 2.64 ≒ 2.6\text{m}^3/\text{h}$ となる。

したがって1日当たり施工量は，$2.6\text{m}^3/\text{h} \times 6.5\text{h}/日 = 16.9 ≒ 17\text{m}^3/日台$

(イ)　ダンプトラック（4t積級）台数の算定

ダンプトラックは掘削機械（バックホウ山積0.28m³）との組合せになるので掘削機械の作業能力と同じとする。

　　バックホウ1台当たり作業量：47m³/日
　　ダンプトラック1台当たり運搬量：17m³/日

故に，バックホウ1台に対してのダンプトラック必要台数は，47m³/日÷17m³/日＝2.76≒3台となる。

(ウ)　実働日数・暦日数の算定

掘削機械と組合せ作業となるので機械掘削と同じ日数となる。

① No.1マンホール～No.3マンホール　　159.3m³
　　実働日数は，159.3m³÷47m³/日＝3.39≒3.5日となる。
　　暦日数は，3.5日÷20日／30日≒5日を要する。

② No.3マンホール～No.5マンホール　　172.6m³
　　実働日数は，172.6m³÷47m³/日＝3.67≒4日となる。
　　暦日数は，4日÷20日／30日＝6日を要する。

③ No.5マンホール～No.8マンホール　　137.9m³
　　実働日数は，137.9m³÷47m³/日＝2.93≒3日となる。
　　暦日数は，3日÷20日／30日＝4.5日を要する。

④ No.8マンホール～No.10マンホール　　128.2m³

実働日数は，128.2㎥÷47㎥／日＝2.72≒3日となる。
暦日数は，3日÷20日／30日＝4.5日を要する。

(b) 基礎工　　35㎥

管底部の基礎は，砂基礎を採用する仕様になっており，クッション用砂を使用する。砂はバックホウ（山積0.28㎥）で投入，敷均し，ランマで締固める。

(ア)　1日当たり作業量の算定

1m当たりの砂使用量は0.159㎥となり当作業では作業性・締固めの程度等を勘案し，また過去の同種作業の実績などから作業員1人で1日当たり20㎥／日の施工とする。

(イ)　実働日数・暦日数の算定
① No.1マンホール～No.3マンホール　　7.3㎥
実働日数は，7.3㎥÷20㎥／日＝0.37≒0.5日となる。
暦日数は，0.5日÷20日／30日≒1日を要する。
② No.3マンホール～No.5マンホール　　8.4㎥
実働日数は，8.4㎥÷20㎥／日＝0.42≒0.5日となる。
暦日数は，0.5日÷20日／30日≒1日を要する。
③ No.5マンホール～No.8マンホール　　9.5㎥
実働日数は，9.5㎥÷20㎥／日＝0.48≒0.5日となる。
暦日数は，0.5日÷20日／30日≒1日を要する。
④ No.8マンホール～No.10マンホール　　9.9㎥
実働日数は，9.9㎥÷20㎥／日＝0.49≒0.5日となる。
暦日数は，0.5日÷20日／30日≒1日を要する。

(c) 管布設工（内径300mm）　　212.9m

管布設はラフテレーンクレーン（4.9t吊り）でコンクリート管を投入，所定の位置に仮置きし，チェンブロック及びレバーブロック等でセッティングする。

(ア)　1日当たり作業量の算定

過去の同種作業等の実績から当作業は1日当たり2人で16mの作業量とする。

(イ)　実働日数・暦日数の算定
① No.1マンホール～No.3マンホール　　44.2m
実働日数は，44.2m÷16m／日＝2.76≒3日となる。
暦日数は，3日÷20日／30日＝4.5日を要する。

Ⅱ 事例編

　② No.3マンホール～No.5マンホール　51.2m
　　実働日数は，51.2m÷16m／日＝3.2≒3日となる。
　　暦日数は，3日÷20日／30日＝4.5日を要する。
　③ No.5マンホール～No.8マンホール　57.3m
　　実働日数は，57.3m÷16m／日＝3.58≒3.5日となる。
　　暦日数は，3.5日÷20日／30日≒5日を要する。
　④ No.8マンホール～No.10マンホール　60.2m
　　実働日数は，60.2m÷16m／日＝3.76≒4日となる。
　　暦日数は，4日÷20日／30日＝6日を要する。

b．マンホール築造工事　　10か所

　内径900mmの円形マンホールを築造するものである。各マンホールの計算表は〔表C－3〕を参照。
　マンホール部の掘削は管布設掘削と同時に実施する。
　マンホール本体の施工は当該ブロックの管布設終了後に実施する。マンホール内部仕上げ関連は車両通行規制解除後でも作業が可能であるので，構造物の本体を早期に終了できるよう計画する。

・稼働日数・暦日数の算定
　稼働日数は，過去の実績等から1か所当たり7日とする。
　暦日数は，7日÷23／30≒9日を要する。

c．汚水ます工事

(a)　土　工

　管布設終了部から逐次施工する。次工程に与える影響がないので主要工種の合間を見ながら施工する。

ア．人力掘削　　57㎥

　ます設置部，取付け管部を人力掘削する。1か所当たりの掘削土量はおよそ3.4㎥となり人力で掘削，積込み，木製矢板等で土砂の肌落ちを防護する。路面部には鋼製鉄板等を敷き歩行者・自転車の通行に支障がないよう配慮する。

(ア)　1日当たり作業量の算定
　掘削・土留等を含み1人当たり3.5㎥／日とする。2か所同時に掘削するものとすると3.5㎥／日×2か所＝7㎥／日となる。

(イ)　稼働日数・暦日数の算定

　　　稼働日数は，57㎥÷7㎥／日＝8.14≒8日となる。

　　　暦日数は，8日÷20／30日＝12日を要する。

イ．埋戻し　　47㎥

　　ます設置，取付け管，支管取付け終了後，人力で埋戻しランマで締固める。

　(ア)　1日当たり作業量の算定

　　　1日当たり埋戻し・山留撤去等を含み過去の実績などから7㎥／日とする。2か所同時に埋戻すとすると7㎥／日×2か所＝14㎥／日となる。

　(イ)　稼働日数・暦日数の算定

　　　稼働日数は，47㎥÷14㎥／日＝3.36≒3.5日とする。

　　　暦日数は，3.5日÷20／30日＝5日を要する。

ウ．発生土処分　　5㎥

　　掘削土はダンプトラック（2t積級）で土捨場（運搬距離5km）に運搬する。1か所当たり発生土量はおよそ0.3㎥（地山土量）である。

　　工程算出は，各ますの処分量が微少であるので考慮しないものとする。ただし，工費については計上する。

(b)　汚水ます設置工　　17か所

　　基礎材（クラッシャラン）を敷きランマで締固め，その上に既製ますを人力で設置する。

　(ア)　1日当たり作業量の算定

　　　1日当たります設置は過去の実績などから2か所／日とする。

　(イ)　稼働日数・暦日数の算定

　　　稼働日数は，17か所÷2か所／日＝8.5日とする。

　　　暦日数は，8.5日÷20／30日＝12.75≒12日を要する。

(c)　取付け管工　　59m

　　取付けは，φ150mm塩ビ管を所定長（1か所当たり平均約3.5m）に切断して取付ける。

　(ア)　1日当たり作業量の算定

　　　1日当たり取付けは過去の実績などから10.5m／日とする。

Ⅱ 事例編

　(イ)　稼働日数・暦日数の算定

　　　稼働日数は，59m÷10.5m／日＝5.62≒5.5日とする。

　　　暦日数は，5.5日÷20／30日≒8日を要する。

(d)　支管取付け工　　17か所

　支管取付けは，本管と取付け管との接合部の取付けで，φ150mm塩ビ管を使用する。作業は本管に所定の穴をあけ，そこに当管を取付けモルタルで空隙を充する。

　(ア)　1日当たり作業量の算定

　　　1日当たり取付けは過去の実績などから2か所／日とする。

　(イ)　稼働日数・暦日数の算定

　　　稼働日数は，17か所÷2か所／日＝8.5日とする。

　　　暦日数は，8.5日÷20／30日≒12日を要する。

d．付帯工事

(a)　試掘工　　7か所

　調査か所を人力で掘削，土留，埋戻し等の作業をする。原則的には予定埋設物調査・確認と当該作業を1日で終了するものとして計画する。標準的な断面を下に示す。

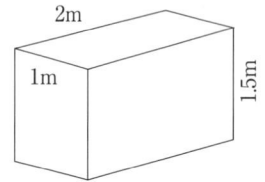

1か所当たり施工数量	
掘　　削	2m×1.5m×1m＝3㎥
埋戻し	3㎥－0.3㎥＝2.7㎥
発生土処分	2m×0.15m×1m＝0.3㎥
山　　留	3m

　(ア)　1日当たり作業量の算定

　　　過去の実績等から1か所とする。

　(イ)　実働日数・暦日数

　　　実働日数は，1か所当たり1日となる。

　　　暦日数は，1か所当たり1日÷20／30日＝1.5日を要する。

(b)　舗装こわし工　　1式

　当作業は既設舗装を取りこわす作業で，切断・掘削・積込み・アスコン塊処分に区分される。

C　公共下水道管渠布設工事（開削）

ア．舗装切断　　　442m

　切断は全長（442m）を1回で実施する。切断深さが5cmであるので短時間施工が可能と考えられる。切断時の騒音レベル等は比較的に小さく沿道住民に与える影響は少ないと考えられるが，事前に住民に対し了解を得て実施する。

　㈦　1日当たり作業量の算定
　　過去の実績などから250mとする。

　㈧　稼働日数・暦日数の算定
　　稼働日数は，442m÷250m／日＝1.77≒2日とする。
　　暦日数は，2日÷20／30＝3日を要する。

イ．舗装板掘削・積込み　　12㎥

　掘削・積込みは，バックホウ（山積0.28㎥）で掘削し，ダンプトラック（4t積級）に積込む。掘削作業は管布設部掘削と同時に行う。したがって，稼働日数は管布設工の土工機械掘削と合わせて決める必要がある。

　㈦　1日当たり作業量の算定
　　過去の実績等から15㎥／日とする。

　㈧　稼働日数・暦日数の算定
　　日数算定は各ブロックごとに区分して算定する。
　　①　No.1マンホール～No.3マンホール　　1.375＋1.155＝2.53㎥
　　　稼働日数は，2.53㎥÷15㎥／日＝0.17≒0.2日となる。ここで，管布設工の土工機械掘削稼働日数は約3.5日であり，当作業の0.2日は3.5日の中で吸収できるのでここでは0日とする。
　　　暦日数は，0日となる。
　　②　No.3マンホール～No.5マンホール　　1.1＋1.815＝2.915㎥
　　　稼働日数は，2.915㎥÷15㎥／日＝0.19≒0.2日となる。ここで，管布設工の土工機械掘削稼働日数は約4日であり，当作業の0.2日は4日の中で吸収できるのでここでは0日とする。
　　　暦日数は，0日となる。
　　③　No.5マンホール～No.8マンホール　　1.54＋0.935＋0.825＝3.3㎥
　　　稼働日数は，3.3㎥÷15㎥／日＝0.22≒0.2日となる。ここで，管布設工の土工機械掘削稼働日数は約3日であり，当作業の0.2日は3日の中で吸収できるのでここでは0日とする。

Ⅱ 事例編

　　　　暦日数は，0日となる。
　　　④　No.8マンホール～No.10マンホール　　　2.585+0.825=3.41㎥
　　　　稼働日数は，3.41㎥÷15㎥／日＝0.23≒0.2日となる。ここで，管布設工の土工機械掘削稼働日数は約3日であり，当作業の0.2日は3日の中で吸収できるのでここでは0日とする。
　　　　暦日数は，0日となる。

　ウ．アスコン塊処分　　12㎥
　　アスコン塊はダンプトラック（4t積級）で再生処理工場に運搬する。

　　(ｱ)　ダンプトラック（4t積級）　1日当たり作業量の算定
　　　施工数量が微少であるので作業量算定は省略する。

　　(ｲ)　ダンプトラック（4t積級）台数の算定
　　　各ブロックごとの施工数量が少ないので当該作業のためのダンプトラック配置は考慮しないものとする。

e．仮設工事
　(a)　土留工　　1式
　　当該工種は，軽量鋼矢板設置・撤去，支保材設置・撤去に区分され管布設工の土留に用いられる。

　　ア．軽量鋼矢板設置・撤去　　221m
　　　矢板設置はバックホウ（山積0.28㎥）に油圧ショベル装着式（超低騒音型）バイブロハンマ（起振力88.3kN）を取付け施工する。矢板取込みはラフテレーンクレーン（4.9t吊）とする。撤去はラフテレーンクレーン（4.9t吊）で引抜く。

　　(ｱ)　1日当たり作業量の算定
　　　1m当たり（両側延長）矢板設置作業量は，矢板長3.0m（加重平均）であることを考慮し，過去の実績等から12m／日とする。引抜きは，過去の実績等から12m／日（打込みと同一）とする。

　　(ｲ)　実働日数・暦日数
　　　①　No.1マンホール～No.3マンホール　　46m
　　　　打込み・引抜き実働日数は，それぞれ46m÷12m／日＝3.83≒4日となる。
　　　　打込み・引抜き暦日数は，それぞれ4日÷20／30日＝6日を要する。

— 296 —

② No.3マンホール～No.5マンホール　　53m
　　打込み・引抜き実働日数は，それぞれ53m÷12m／日＝4.41≒4日となる。
　　打込み・引抜き暦日数は，それぞれ4日÷20／30日＝6日を要する。
③ No.5マンホール～No.8マンホール　　60m
　　打込み・引抜き実働日数は，それぞれ60m÷12m／日＝5日となる。
　　打込み・引抜き暦日数は，それぞれ5日÷20／30日＝7.5日を要する。
④ No.8マンホール～No.10マンホール　　62m
　　打込み・引抜き実働日数は，それぞれ62m÷12m／日＝5.17≒5日となる。
　　打込み・引抜き暦日数は，それぞれ5日÷20／30日＝7.5日を要する。

イ．支保材設置・撤去　　1段94m，2段127m
　支保材設置は機械掘削と並行施工となり，そのための必要日数は当該工事では考慮しないものとする。ただし設置費については計上する。また撤去は埋戻し作業と並行作業となり，設置同様に必要日数は考慮しない。ただし撤去費は計上する。

(b) 水替工　　1式
　地下水位はGL－3.0m程度となっているので掘削底盤付近では地下水があるものと想定し，排水ポンプを準備する。

(c) 電力設備工
　電力契約使用期間が1年未満で動力・照明の使用であるので臨時電力を使用する。各作業場所まではキャブタイヤケーブル線で配線する。主要な機械は水中ポンプ，照明，電動チェンブロック等である。

(3) 仮設工事計画
a．調査・準備工事
　当該工事は準備，測量，後片付け・清掃の作業を計画する。

(a) 準備工
　工事開始前に工事障害の有無等の資料を得るために，工事範囲の道路上の各施設（道路状況調査・交通規制標識調査・電柱及び架線位置調査等）の現状調査を実施する。

(b) 測量工
　管路中心線測量，仮水準点設置，マンホール及びます設置位置決定等に必要な測量作業を実施する。

Ⅱ 事例編

　　　(c) 後片付け・清掃工
　　　　各ブロック施工終了後の道路面上の清掃及び全体工事終了時の後片付け・清掃等を行う。

　b．事前調査工事
　　道路掘削による近接民家の沈下・傾斜等も考えられるので5軒の家屋を事前に調査する。

　c．安全対策工事
　　第三者の災害防止対策として作業範囲をガードフェンスで防護する。また一般車両誘導員の配置，工事用車両誘導員の配置等を考慮する。

　d．仮設事務所工事
　　現場事務所，作業員休憩所は現場周辺の民家を借用する。

(4) 工種作業別工程一覧表及び工事工程表
　　直接工事計画・仮設工事計画を基に工種作業別工程一覧表〔表C-4〕及び工事工程表〔表C-7〕を示す。

(5) 施工管理計画
　　省略

2．施工管理計画

(1) 機械計画
　　直接工事計画・仮設工事計画で各工種作業ごとに計画した主要機械工程表〔表C-6〕を示す。

(2) 材料計画
　　省略

(3) 労務計画
　　省略

(4) 輸送計画
　　省略

C 公共下水道管渠布設工事(開削)

(5) 現場組織計画(人事計画)
　請負者(元請け)の社員業務分担は次のとおりである。

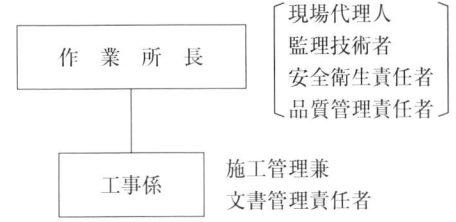

(6) 安全衛生計画
　省略

(7) 環境保全計画
　省略

II 事例編

〔表C－4〕 工種作業別工程一覧表

工種・作業			運搬距離	土質	数量	作業能力		運転時間	延運転時間	使用台数(台・人)	実働日数	稼働率	暦日数	摘要
工種	機種	作業				規格	能力							
直接工事														
試掘工	人力	試し掘		砂質土	7か所	人力	1か所/日			2組	3.5	0.7	5	
舗装こわし工		舗装切断		アスファルト	442m		250m/日			1組	2	〃	3	
①No.1～No.3マンホール														
舗装こわし工	バックホウ	舗装掘削積込		アスファルト	2.53㎥	山積0.28㎥	15㎥/日			1組	考慮せず		0	掘削に含む
土留工	バイブロ,バックホウ	鋼矢板設置			46m	起振力9t	12m/日			1	4	0.7	6	
管布設土工	バックホウ	機械掘削			159.3㎥	山積0.28㎥	47㎥/日			1	3.5	〃	5	
〃	ダンプ	発生土処分			159.3㎥	4t級	47㎥/日			3	3.5	〃	5	掘削と組合せ
土留工	人力	支保材設置			46m	人力					考慮せず		0	掘削に含む
基礎工	BH+人力	砂基礎		クッション砂	7.3㎥	〃	20㎥/日			1	0.5	0.7	1	
管布設工	〃	管布設			44.2m	〃	16m/日			2	3	〃	4.5	Rクレーン4.9t吊
マンホール工	〃	マンホール設置			3か所	〃	7日/か所			3組	7	0.8	9	
管布設土工	BH+人力	埋戻し		埋戻し砂	16.3㎥	山積0.28㎥	15㎥/日			1	1	0.7	1.5	
〃	〃	〃		発生土	120.8㎥	〃	25㎥/日			1	5	〃	7.5	
〃	〃	〃		路盤材	50.6㎡	〃	50㎡/日			5人	1	0.7	1.5	
土留工	人力	支保材撤去			46m	人力					考慮せず		0	埋戻しに含む
土留工	ラフテレーンクレーン	鋼矢板引抜		埋戻し土	46m	4.9t吊	12m/日			1	4	0.7	6	
②No.3～No.5マンホール														
舗装こわし工	バックホウ	舗装掘削積込		アスファルト	2.9㎥	山積0.28㎥				1	考慮せず		0	掘削に含む
土留工	バイブロ,バックホウ	鋼矢板設置			53m	起振力88.3kN	12m/日			1	4	0.7	6	
管布設土工	バックホウ	機械掘削			172.6㎥	山積0.28㎥	47㎥/日			1	4	〃	6	
〃	ダンプ	発生土処分			172.6㎥	4t級	47㎥/日			3	4	〃	6	掘削と組合せ
土留工	人力	支保材設置			53m	人力					考慮せず		0	
基礎工	BH+人力	砂基礎		クッション砂	8.4㎥	〃	20㎥/日			1	0.5	0.7	1	
管布設工	〃	管布設			51.2m	〃	16m/日			2	3	〃	4.5	Rクレーン4.9t吊
マンホール工	〃	マンホール設置			2か所	〃	7日/か所			2組	7	0.8	9	
管布設土工	BH+人力	埋戻し		埋戻し砂	18.8㎥	山積0.28㎥	15㎥/日			1	1	0.7	1.5	
〃	〃	〃		発生土	128.3㎥	〃	25㎥/日			1	5	〃	7.5	
〃	〃	〃		路盤材	58.3㎡	〃	50㎡/日			5人	1	0.7	1.5	
土留工	人力	支保材撤去			53m	人力					考慮せず		0	埋戻しに含む
土留工	ラフテレーンクレーン	鋼矢板引抜		埋戻し土	53m	4.9t吊	12m/日			1	4	0.7	6	
③No.5～No.8マンホール														
舗装こわし工	バックホウ	舗装掘削積込		アスファルト	3.3㎥	山積0.28㎥	15㎥/日			1	考慮せず		0	掘削に含む
土留工	バイブロ,バックホウ	鋼矢板設置			60m	起振力88.3kN	12m/日			1	5	0.7	7.5	
管布設土工	バックホウ	機械掘削			137.9㎥	山積0.28㎥	47㎥/日			1	3	〃	4.5	
〃	ダンプ	発生土処分			137.9㎥	4t級	47㎥/日			3	3	〃	4.5	掘削と組合せ
土留工	人力	支保材設置			60m	人力					考慮せず		0	
基礎工	BH+人力	砂基礎		クッション砂	9.5㎥	〃	20㎥/日			1	0.5	0.7	1	
管布設工	〃	管布設			57.3m	〃	16m/日			2	3.5	〃	5	Rクレーン4.9t吊
マンホール工	〃	マンホール設置			3か所	〃	7日/か所				7	0.8	9	
管布設土工	BH+人力	埋戻し		埋戻し砂	21.3㎥	山積0.28㎥	15㎥/日			1	1	0.7	1.5	
〃	〃	〃		発生土	87.7㎥	〃	25㎥/日			1	3.5	〃	5	
〃	〃	〃		路盤材	66㎡	〃	50㎡/日			5人	1	0.7	1.5	

C 公共下水道管渠布設工事（開削）

工種・作業			運搬距離	土質	数量	作業能力		運転時間	延運転時間	使用台数(台・人)	実働日数	稼働率	暦日数	摘要
工種	機種	作業				規格	能力							
土留工	人力	支保材撤去			60m	人力					考慮せず		0	埋戻しに含む
土留工	ラフテレーンクレーン	鋼矢板引抜		埋戻し土	60m	4.9t吊	12m/日			1	5	0.7	7.5	
④No.8～No.10マンホール														
舗装こわし工	バックホウ	舗装掘削積込		アスファルト	3.4㎡	山積0.28㎥	15㎡/日			1	考慮せず		0	掘削に含む
土留工	バイブロ,バックホウ	鋼矢板設置			62m	起振力88.3kN	12m/日			1	5	0.7	7.5	
管布設土工	バックホウ	機械掘削			128.2㎥	山積0.28㎥	47㎥/日			1	3	〃	4.5	
〃	ダンプ	発生土処分			128.2㎥	4t級	47㎥/日			3	3	〃	4.5	掘削と組合せ
土留工	人力	支保材設置			62m	人力					考慮せず		0	掘削に含む
基礎工	BH+人力	砂基礎		クッション砂	9.9㎥	〃	20㎥/日			1	0.5	0.7	1	
管布設工	〃	管布設			60.2m	〃	16m/日			2	4	〃	6	
マンホール工	〃	マンホール設置			2か所	〃	7日/か所			2組	7	0.8	9	
管布設土工	BH+人力	埋戻し		埋戻し砂	22㎥	山積0.28㎥	15㎥/日			1	1	0.7	1.5	
〃	〃	〃		発生土	76.4㎥	山積0.28㎥	25㎥/日			1	3	〃	4.5	
〃	〃	〃		路盤材	68.2㎥		50㎥/日			5	1	0.7	1.5	
土留工	人力	支保材撤去			62m	人力					考慮せず		0	埋戻しに含む
土留工	ラフテレーンクレーン	鋼矢板引抜		埋戻し土	62m	4.9t吊	12m/日			1	5	0.7	7.5	
汚水ます　17か所														
土工	人力	掘削		砂質土	57㎥	人力	3.5㎥/日			2組	8	0.7	12	
ます設置工	〃	ます設置			17か所	〃	2か所/日			1組	8.5	0.7	12	
取付管工	〃	取付管			59m	〃	10.5m/日			1組	5.5	〃	8	
支管取付工	〃	支管取付			17か所	〃	2か所/日			1組	8.5	〃	12	
土工	〃	埋戻し			47㎥	〃	14㎥/日			2組	3.5	〃	5	
〃	2tダンプ	発生土処分			5㎥						考慮せず		0	数量極小
仮設工事														
電力設備工		電力設備			1式								3	
調査・準備工		調査・準備			1式								4	
		片付け・清掃			1式								4	
		測量			1式								3	
安全対策工（内訳）		作業帯			1式									
		No.1～3設置											2	
		〃 撤去											1	
		No.3～5設置											2	
		〃 撤去											1	
		No.5～8設置											2	
		〃 撤去											1	
		No.8～10設置											2	
		〃 撤去											1	
営繕工		建物設置			1式								7	
		建物撤去			1式								4	

Ⅱ　事例編

［表C-5］　工事詳細工程表

工事	工種	工種・作業	数量	8月	9月	10月	11月	12月	1月	2月	3月
仮設工事		調査・準備	1式	7—7							
		事務所・休憩所	1式	7—2							
		電力設備	1式	2—-							
		片付け・清掃	1式							4—4	
直接工事		試掘	7か所	5—3							
		舗装切断	442m	5—-							
	(No1～3マンホール)作業矢板設置	1式	2—-								
		鋼矢板設置	46m	6—1							
		機械掘削	159.3㎥	5—-.4.5							
		砂基礎	7.3㎥	1—9							
		管布設	44.2m	10.5—-							
		マンホール設置	3か所		6—1						
		埋戻し	149.8㎥		2—6						
		鋼矢板引抜	46m		6—1						
		作業帯撤去	1式		—4.5						
	(No3～5マンホール)作業矢板設置	1式		9—10.5							
		鋼矢板設置	53m			6—1					
		機械掘削	172.6㎥								
		砂基礎	8.4㎥								
		管布設	51.2m								
		マンホール設置	2か所								
		埋戻し	161.7㎥			10.5—-					
		鋼矢板引抜	53m				6—1				
		作業帯撤去	1式				—-				

C　公共下水道管渠布設工事（開削）

工事	工種・作業	数量	8月	9月	10月	11月	12月	1月	2月	3月
直接工事	(No.5～8マンホール)									
	作業帯設置	1式				2-7.5				
	鋼矢板設置	60m				4.5				
	機械掘削	137.9㎥				1-5				
	砂基礎	9.5㎥					9			
	管布設	57.3m					8.5			
	マンホール設置	3か所					7.5-1			
	埋戻し	125.5㎥						2-7.5		
	鋼矢板引抜	60m						4.5-1		
	作業帯撤去	1式						6		
	(No.8～10マンホール)									
	作業帯設置	1式						9		
	鋼矢板設置	62m							7.5	
	機械掘削	128.2㎥							7.5-1	
	砂基礎	9.9㎥								
	管布設	60.2m								
	マンホール設置	2か所								
	埋戻し	115.5㎥								
	鋼矢板引抜	62m								
	作業帯撤去	1式								

Ⅱ 事例編

[表C-6] 主要機械工程表

機種	規格	単位	8月	9月	10月	11月	12月	1月	2月	3月
バックホウ	山積0.28㎥	台		1	1	1	1	1	1	
ダンプトラック	4t積級	〃	3	3	3		3	3		
ラフテレーンクレーン	4.9t吊り	〃	1	1	1	1	1	1		
バイブロハンマ	起振力88.3kN	〃	1	1	1	1	1	1	1	
水中ポンプ	φ50mm	〃	2			2				
トランシット・レベル		〃	1			1				

— 304 —

C 公共下水道管渠布設工事（開削）

[表C-7] 工事工程表

工　事	工　種	単位	数量	8月	9月	10月	11月	12月	1月	2月	3月
仮　設　工　事	仮　　設　　工	式	1	□							□
φ300mm管敷設工事	管敷設工 (No.1～3区間)	m	44.2		□						
	管敷設工 (No.3～5区間)	〃	51.2			□					
	管敷設工 (No.5～8区間)	〃	57.3				□				
	管敷設工 (No.8～10区間)	〃	60.2					□		□	
マンホール築造工事	マンホール築造工	か所	10		3		2	3	2		
汚水ます設置工事	汚水ます工	〃	17			□		□	□	□	
付　帯　工　事	試　　掘　　工	〃	7	□							
	舗装こわし工	式	1								
仮　設　工　事	水替工・電力設備工	〃	1	□							□

-305-

Ⅱ 事例編

3 実行予算

予算総覧

工　事　概　要		実　行　予　算　総　括　表					
		工　種　別　集　計			要　素　別　集　計		
		費　目	金　額(円)	％	費　目	金　額(円)	％
1. 工事名	○○公共下水道函渠布設工事	①直接工事費	29,534,844	49.2	材　料　費	7,815,215	13.0
2. 工事場所	○○県○○市						
3. 発注者	○○市	②間接仮設工事費	8,357,570	13.9	労　務　費	0	0.0
4. 設計者	○○市（委託：○○○○コンサルタント）						
5. 入札年月日	令和○年6月20日				機　械　費	6,950,139	11.6
6. 入札方式	条件付一般競争入札				外　注　費	23,127,060	38.5
7. 工期（243日間）	着工：令和○○年8月1日 竣工：令和○○年3月31日	③＝①＋② 工　事　費　計	37,892,414	63.1	③工　事　費　計	37,892,414	63.1
8. 請負工事費	66,000,000円 （工事価格：60,000,000円 　消費税：6,000,000円）	④現場管理費	15,517,119	25.9	④現場管理費	15,517,119	25.9
9. 支払条件	前払金：26,400,000円（40％） 部分払金：12月末迄の出来高の90％ 竣工払金：残全額	⑤＝③＋④ 工　事　原　価	53,409,532	89.0	⑤＝③＋④ 工　事　原　価	53,409,532	89.0
		⑥資金利息	210,000	0.4	⑥資金利息	210,000	0.4
10. 支給品・貸与品	なし	⑦会社経費	2,400,000	4.0	⑦会社経費	2,400,000	4.0
11. 工事諸元	φ300mm管布設工事　1式 マンホール築造工事　1式 汚水ます設置工事　1式 付帯工事　1式 仮設工事　1式	⑧＝⑥＋⑦ 一般管理費他	2,610,000	4.4	⑧＝⑥＋⑦ 一般管理費他	2,610,000	4.4
		⑨＝⑩－（⑤＋⑧） 損　　益	3,980,468	6.6	⑨＝⑩－（⑤＋⑧） 損　　益	3,980,468	6.6
12. 主要工事数量	φ300mm管布設工　212.9m 汚水ます工　17か所 マンホール築造工　10か所	⑩工事価格	60,000,000	100.0	⑩工事価格	60,000,000	100.0
		⑪＝⑩×0.1 消費税相当額	6,000,000	10.0	⑪＝⑩×0.08 消費税相当額	6,000,000	10.0
		⑫＝⑩＋⑪ 請　負　工　事　費	66,000,000	110.0	⑫＝⑩＋⑪ 請　負　工　事　費	66,000,000	110.0

C 公共下水道管渠布設工事（開削）

工 事 費 集 計 表

37,892,414円

工　種　別　集　計					要　素　別　集　計								摘　要
名　称	規格	単位	数量	単価	金　額	材料費		労務費		機械費		外注費		
^	^	^	^	^	^	単価	金　額	単価	金額	単価	金　額	単価	金　額	^
直接工事費														
管布設工事		式	1		11,941,444		2,812,595		0		1,994,599		7,134,250	
マンホール築造工事		〃	1		3,977,700		1,875,000		0		84,000		2,018,700	
汚水ます工事		〃	1		2,919,980		1,145,110		0		21,300		1,753,570	
付帯工事		〃	1		784,880		25,480		0		27,360		732,040	
直接仮設工事		〃	1		9,910,840		650,930		0		2,824,620		6,435,290	
計					29,534,844		6,509,115		0		4,951,879		18,073,850	
間接仮設工事費														
運搬費		式	1		1,239,400		0		0		1,087,800		151,600	
調査・準備費		〃	1		1,314,100		13,620		0		403,500		896,980	
事業損失防止施設費		〃	1		162,000		0		0		0		162,000	
安全対策費		〃	1		3,872,280		539,480		0		0		3,332,800	
役務費		〃	1		412,420		0		0		412,420		0	
技術管理費		〃	1		512,830		3,000		0		0		509,830	
営繕費		〃	1		844,540		750,000		0		94,540		0	
計					8,357,570		1,306,100		0		1,998,260		5,053,210	
工事費合計(直接工事費＋間接仮設工事費)					37,892,414		7,815,215		0		6,950,139		23,127,060	

Ⅱ 事例編

直接工事費・間接仮設工事費内訳

29,534,844円

直 接 工 事 費

工 種 別 内 訳						要 素 別 内 訳								摘要
名 称	規格	単位	数量	単価	金額	材料費		労務費		機械費		外注費		
						単価	金額	単価	金額	単価	金額	単価	金額	
内径φ300mm 管布設工事														内訳
土 工		式	1		8,592,880		875,800		0		1,702,050	0	6,015,030	No.1
基 礎 工	砂基礎	㎡	35	9,540	333,900	6,370	222,950		0	390	13,650	2,780	97,300	No.11
管 布 設 工	φ300mm	m	212.9	14,160	3,014,664	8,050	1,713,845		0	1,310	278,899	4,800	1,021,920	No.12
計					11,941,444		2,812,595		0		1,994,599		7,134,250	
マンホール築造工事														
マンホール設置工	1号マンホール	か所	10	397,770	3,977,700	187,500	1,875,000		0	8,400	84,000	201,870	2,018,700	No.13
汚水ます工事														
土 工		式	1		850,050		15,960		0		9,400		824,690	No.2
ます設置工	内径50cm	か所	17	73,150	1,243,550	53,340	906,780		0	700	11,900	19,110	324,870	No.21
取付管工	φ150塩ビ管	m	59	7,290	430,110	2,020	119,180		0		0	5,270	310,930	No.22
支管取付工	〃	か所	17	23,310	396,270	6,070	103,190		0		0	17,240	293,080	No.23
計					2,919,980		1,145,110		0		21,300		1,753,570	
付帯工事														
試 堀 工		か所	7	38,120	266,840	3,640	25,480		0		0	34,480	241,360	No.24
舗装こわし工		式	1		518,040		0		0		27,360		490,680	No.3
計					784,880		25,480		0		27,360		732,040	
直接仮設工事														
土 留 工		式	1		7,757,400		596,130		0		2,168,010		4,993,260	No.4
水 替 工		〃	1		1,109,210		54,800		0		403,680		650,730	No.33
電力設備工		〃	1		1,044,230		0		0		252,930		791,300	No.5
計					9,910,840		650,930		0		2,824,620		6,435,290	
直接工事費合計					29,534,844		6,509,115		0		4,951,879		18,073,850	

C 公共下水道管渠布設工事（開削）

間 接 仮 設 工 事 費

8,357,570円

工種別内訳						要素別内訳								摘要
名称	規格	単位	数量	単価	金額	材料費		労務費		機械費		外注費		
						単価	金額	単価	金額	単価	金額	単価	金額	
運搬費														内訳
機械運搬		式	1		463,400		0		0		463,400		0	No.37
仮設材運搬		〃	1		694,200		0		0		542,600		151,600	No.37
その他運搬		〃	1		81,800		0		0		81,800		0	No.37
計					1,239,400		0		0		1,087,800		151,600	
調査・準備費														
準備工		式	1		280,010		0		0		0		280,010	No.39
測量工		〃	1		601,520		13,620		0		403,500		184,400	No.40
後片付け・清掃工		〃	1		432,570		0		0		0		432,570	No.41
計					1,314,100		13,620		0		403,500		896,980	
事業損失防止施設費														
家屋調査		式	1		162,000		0		0		0		162,000	No.42
安全対策費														
交通安全設備		式	1		479,840		265,430		0		0		214,410	No.43
安全・保安設備		〃	1		488,460		274,050		0		0		214,410	No.44
交通誘導・見張		〃	1		2,903,980		0		0		0		2,903,980	No.45
計					3,872,280		539,480		0		0		3,332,800	
役務費														
電力・用水基本料金等		式	1		412,420		0		0		412,420		0	No.46
技術管理費														
出来形管理		式	1		182,830		3,000		0		0		179,830	No.47
技術管理		〃	1		330,000		0		0		0		330,000	No.48
計					512,830		3,000		0		0		509,830	
営繕費														
現場事務所・作業員休憩所		式	1		660,000		660,000		0		0		0	No.49
事務所借地		〃	1		90,000		90,000		0		0		0	No.50
用水・電気・ガス料金		〃	1		94,540		0		0		94,540		0	No.51
計					844,540		750,000		0		94,540		0	
間接仮設工事費合計					8,357,570		1,306,100		0		1,998,260		5,053,210	
工事費＝直接工事費＋間接仮設工事費					37,892,414		7,945,015		0		6,950,139		23,127,060	

Ⅱ 事例編

経 費 内 訳

15,517,119円／式　　　現 場 管 理 費

費　目	仕　様	単位	数量	単価	金　額	摘　要
労 務 管 理 費		式	1		145,000	内訳No.52
法 定 福 利 費		〃	1		1,979,319	〃 No.53
補　償　費		〃	1		0	〃 No.55
租 税 公 課		〃	1		65,600	〃 No.56
地 代 家 賃		〃	1		0	〃 No.57
保　険　料		〃	1		755,000	〃 No.58
従業員給料手当		〃	1		7,900,000	〃 No.59
従 業 員 賞 与		〃	1		2,765,000	〃 No.60
従 業 員 退 職 金		〃	1		1,027,000	〃 No.61
福 利 厚 生 費		〃	1		136,000	〃 No.62
事 務 用 品 費		〃	1		212,500	〃 No.63
旅費・交通費・通信費		〃	1		313,000	〃 No.64
交　際　費		〃	1		0	〃 No.65
広告宣伝・寄付金		〃	1		0	〃 No.66
保　証　料		〃	1		142,700	〃 No.67
会議費・諸会費		〃	1		24,000	〃 No.68
雑　費		〃	1		52,000	〃 No.69
計					15,517,119	

2,610,000円／式　　　一 般 管 理 費 他

費　目	仕　様	単位	数量	単価	金　額	摘　要
資 金 利 息		式	1		210,000	60,000,000円×70％×0.5％
会 社 経 費	4％	式	1		2,400,000	工事価格60,000,000円×0.04
計					2,610,000	

C　公共下水道管渠布設工事（開削）

下 位 内 訳

土　工（管布設工事）　　　作業数量　1式

8,592,880円／式　　　　　　　　　　　　　　　　　　　　　　　　　　　No.1

工種別内訳						要素別内訳								摘要
名称	規格	単位	数量	単価	金額	材料費		労務費		機械費		外注費		
						単価	金額	単価	金額	単価	金額	単価	金額	
機械掘削	バックホウ	㎥	598	2,660	1,590,680					270	161,460	2,390	1,429,220	内訳No.6
埋戻し	埋戻用砂	〃	79	10,210	806,590	5,980	472,420			520	41,080	3,710	293,090	〃No.7
〃	発生土	〃	413	8,650	3,572,450					2,500	1,032,500	6,150	2,539,950	〃No.8
〃	路盤材	㎥	243	2,920	709,560	1,660	403,380			150	36,450	1,110	269,730	〃No.9
発生土処分	4t車 5km	㎥	598	3,200	1,913,600					720	430,560	2,480	1,483,040	〃No.10
計					8,592,880		875,800		0		1,702,050		6,015,030	
1式当たり				8,592,880円		875,800円				1,702,050円		6,015,030円		

汚水ます土工（汚水ます工事）　　　作業数量　1式

850,050円／式　　　　　　　　　　　　　　　　　　　　　　　　　　　No.2

工種別内訳						要素別内訳								摘要
名称	規格	単位	数量	単価	金額	材料費		労務費		機械費		外注費		
						単価	金額	単価	金額	単価	金額	単価	金額	
人力掘削	砂質土	㎥	57	10,130	577,410	280	15,960					9,850	561,450	内訳No.19
埋戻し		〃	47	5,120	240,640					200	9,400	4,920	231,240	〃No.20
発生土処分	2t車 人力積込	〃	5	6,400	32,000							6,400	32,000	内訳なし
計					850,050		15,960		0		9,400		824,690	
1式当たり				850,050		15,960		0		9,400		824,690		

Ⅱ 事例編

舗装こわし工（付帯工事）　　作業数量　1式

No.3

518,040円／式

名称	規格	単位	数量	単価	金額	材料費 単価	材料費 金額	労務費 単価	労務費 金額	機械費 単価	機械費 金額	外注費 単価	外注費 金額	摘要
舗装切断		m	442	600	265,200							600	265,200	内訳No.25
舗装板掘削		㎡	12	5,990	71,880					860	10,320	5,130	61,560	〃 No.26
アスコン塊処分		〃	12	15,080	180,960					1,420	17,040	13,660	163,920	〃 No.27
計					518,040						27,360		490,680	
1式当たり					518,040円						27,360円		490,680円	

土留工（仮設工事）　　作業数量　1式

No.4

7,757,400円／式

名称	規格	単位	数量	単価	金額	材料費 単価	材料費 金額	労務費 単価	労務費 金額	機械費 単価	機械費 金額	外注費 単価	外注費 金額	摘要
軽量鋼矢板設置	平均長3m	m	221	16,180	3,575,780					6,310	1,394,510	9,870	2,181,270	内訳No.28
軽量鋼矢板撤去	〃	〃	221	10,140	2,240,940					3,500	773,500	6,640	1,467,440	〃 No.29
支保材設置・撤去	2段	m	127	7,730	981,710							7,730	981,710	〃 No.30
支保材設置・撤去	1段	〃	94	3,860	362,840							3,860	362,840	〃 No.31
土留材賃借料		式	1		596,130	1	596,130							〃 No.32
計					7,757,400		596,130		0		2,168,010		4,993,260	
1式当たり					7,757,400円		596,130円				2,168,010円		4,993,260円	

電力設備工（仮設工事）　　作業数量　1式

No.5

1,044,230円／式

名称	規格	単位	数量	単価	金額	材料費 単価	材料費 金額	労務費 単価	労務費 金額	機械費 単価	機械費 金額	外注費 単価	外注費 金額	摘要
電力照明設備		式	1		791,300								791,300	内訳No.34
工事用電力料		〃	1		252,930						252,930			〃 No.35
計					1,044,230						252,930		791,300	
1式当たり					1,044,230円						252,930円		791,300円	

C 公共下水道管渠布設工事（開削）

主 要 材 料 単 価 表

名　　称	規　　格	単位	単　価	金　額	摘　　要
生コンクリート	24-8-25	m³	19,850		
〃	18-8-25	〃	19,300		
砂クッション用		〃	4,900		
下水用鉄筋コンクリート管	内径300mm B形1種管 L=2m	本	14,900		
汚水ます（3号φ500）	ふた	個	12,300		
〃	縁塊	〃	12,300		
〃	側塊500×400	〃	5,270		
〃	底塊	〃	5,170		
下水鋳鉄製マンホール蓋	φ600（T-25）	組	72,900		
マンホール側塊　斜壁	600A（600×900×300）	個	35,900		
マンホール側塊　直壁	900A（900×300）	〃	28,000		
〃	900B（900×600）	〃	35,100		
砂埋戻し用		m³	4,600		
クラッシャラン	C-40	〃	5,150		

労 務 賃 金 表

名　　称	規　　格	単位	単　価	金　額	摘　　要
土木一般世話役	昼間8時間	人	31,000		
特殊作業員	〃	〃	28,300		
普通作業員	〃	〃	25,400		
型わく工	〃	〃	30,000		
とび工	〃	〃	31,200		
運転手（特殊）	〃	〃	28,900		
運転手（一般）	〃	〃	23,600		
電工	〃	〃	30,100		
左官	〃	〃	30,800		
石工	〃	〃	31,400		
交通誘導警備員B	〃	〃	16,600		

Ⅱ 事例編

主 要 機 械 単 価 内 訳

| 機 種 | 規 格 | 単位 | 機械単価 | 単 価 内 訳 ||||摘 要 |
				機械損料	機械賃料	運転労務費	油脂燃料費	
バックホウ（超小旋回）	山積0.28m³	台日	12,900		9,500		3,422	
ダンプトラック	2t積級	〃	6,700		4,700		2,030	
〃	4t 〃	〃	11,400		8,300		3,132	
トラック	4t積	〃	40,900		8,300	28,900	3,758	運転手付
〃	4t（2.9t吊りクレーン付）	〃	37,900		6,570	28,900	3,070	〃
バイブロハンマ	超低騒音型起振力88.3kN	〃	20,900		20,900			油圧ショベル用
ラフテレーンクレーン	4.9t吊	〃	42,000		42,000			運転手付
ランマ	60～80kg	〃	1,400		730		700	自社機械
ホイールローダ（トラクタショベル）	山積0.6m³	〃	37,000		5,500	28,900	2,610	
水中ポンプ	φ50mm	〃	150		150			
トラック	11t積	〃	50,400	15,700		28,900	5,800	運転手付
〃	2t積	〃	29,700	3,850		23,600	2,262	〃

※「［表C-4］工種作業別工程一覧表」より，各種機械の稼働日が少ないので賃料の長期割引はしない。

C 公共下水道管渠布設工事（開削）

機 械 掘 削　　　　　作業数量 47㎥

2,660円／㎥

No.6

名　　称	規　　格	単位	数量	単価	金額	摘　　要
機械費						
バックホウ	山積0.28㎥	台日	1	12,900	12,900	1台×1日
1㎥当たり					270	12,900円÷47㎥≒274円／㎥
外注費						
（労務費）						
土木一般世話役		人	0.4	31,000	12,400	作業員×1／7
運転手（特殊）	バックホウ運転	〃	1	28,900	28,900	1人×1日
普通作業員	切崩,床均	〃	1	25,400	25,400	1人×1日
〃	誘導保安	〃	1	25,400	25,400	1人×1日
小　計					92,100	
（材料費）						
雑材料		式	1		921	労務費×1％
消耗工具		〃	1		2,763	労務費×3％
小　計					3,684	
（下請経費）						
下請経費		式	1		16,578	労務費×18％
計					112,362	
1㎥当たり					2,390	112,362円÷47㎥≒2,391円／㎥
合　計					2,660	270円／㎥＋2,390円／㎥＝2,660円／㎥

Ⅱ 事例編

埋戻し（埋戻し用砂）　　　　作業数量　15㎥

10,210円／㎥

No.7

名　　称	規　　格	単位	数　量	単　価	金　額	摘　　　　要
材料費						
埋戻し用砂		㎥	19.5	4,600	89,700	15㎥×1.3（割増し）＝19.5㎥
1 ㎥ 当 た り					5,980	89,700円÷15㎥＝5,980円／㎥
機械費						
バックホウ	山積0.28㎥	台日	0.5	12,900	6,450	1台×0.5日
ランマ	60～80kg	〃	1	1,400	1,400	1台×1日
計					7,850	
1 ㎥ 当 た り					520	7,850円÷15㎥≒523円／㎥
外注費						
（労　務　費）						
土木一般世話役		人	0.2	31,000	6,200	作業員×1／7
運転手（特殊）	バックホウ運転	〃	0.5	28,900	14,450	1人×0.5日
普通作業員	投入補助・締固め	〃	1	25,400	25,400	1人×1日
小　計					46,050	
（材　料　費）						
消　耗　工　具		式	1		1,382	労務費×3％
（下　請　経　費）						
下　請　経　費		式	1		8,289	労務費×18％
計					55,721	
1 ㎥ 当 た り					3,710	55,721円÷15㎥≒3,715円／㎥
合　計					10,210	5,980円／㎥＋520円／㎥＋3,710円／㎥

C 公共下水道管渠布設工事（開削）

埋戻し（発生土）　　　　　作業数量　25㎥

8,650円／㎥

No.8

名　　称	規　　格	単位	数　量	単　価	金　額	摘　　　要
機械費						
ホイールローダ（トラクタショベル）	山積0.6㎥	台日	1	37,000	37,000	1台×1日，稼動は0.5台／日
バックホウ	山積0.28㎥	〃	1	12,900	12,900	〃　，稼動は0.5台／日
ダンプトラック	4t車	台日	1	11,400	11,400	1台×1日
ランマ	60～100kg	〃	1	1,400	1,400	〃
計					62,700	
1㎥当たり					2,500	62,700円÷25㎥≒2,508円／㎥
材料費						
発生土				0	0	
外注費						
（労務費）						
土木一般世話役		人	0.6	31,000	18,600	作業員×1／7
運転手（特殊）	バックホウ運転	〃	1	28,900	28,900	1人×1日
運転手（一般）	ダンプトラック運転	〃	1	28,900	28,900	1台×1日
普通作業員	投入補助・締固め	〃	2	25,400	50,800	2人×1日
小計					127,200	
（材料費）						
消耗工具		式	1		3,816	労務費×3％
（下請経費）						
下請経費		式	1		22,896	労務費×18％
計					153,912	
1㎥当たり					6,150	153,912円÷25㎥≒6,156円／㎥
合計					8,650	2,500円／㎥＋6,150円／㎥

Ⅱ 事例編

埋戻し（路盤材）　　　　作業数量　50㎥

2,920円／㎥

No.9

名　　称	規　　格	単位	数量	単価	金額	摘　　要
材料費						
クラッシャラン	C-40	㎥	16.2	5,150	83,430	50㎡×0.25m×1.3（割増）≒16.2
1㎥当たり					1,660	83,430円÷50㎥≒1,669円／㎥
機械費						
バックホウ	山積0.28㎥	台日	0.5	12,900	6,450	1台×0.5日
ランマ	60〜80kg	〃	1	1,400	1,400	1台×1日
計					7,850	
1㎥当たり					150	7,850円÷50㎥≒157円／㎥
外注費						
（労務費）						
土木一般世話役		人	0.2	31,000	6,200	作業員×1／7
運転手（特殊）	バックホウ運転	〃	0.5	28,900	14,450	1人×0.5日
普通作業員	投入補助・締固め	〃	1	25,400	25,400	1人×1日
小　計					46,050	
（材料費）						
消耗工具		式	1		1,382	労務費×3％
（下請経費）						
下請経費		式	1		8,289	労務費×18％
計					55,721	
1㎥当たり					1,110	55,721円÷50㎥≒1,114円／㎥
合　計					2,920	150円／㎥＋1,660円／㎥＋1,110円／㎥

C 公共下水道管渠布設工事（開削）

発生土処分（4 t 車　L＝5 km）　　作業数量　47㎥

3,200円／㎥

No.10

名　　称	規　　格	単位	数　量	単　価	金　額	摘　　　　要
機械費						
ダンプトラック	4 t 車	台日	3	11,400	34,200	3台×1日
計					34,200	
1 ㎥ 当 た り					720	34,200円÷47㎥≒728円／㎥
外注費						
（労　務　費）						
土木一般世話役		人	0.4	31,000	12,400	作業員×1／7
運転手（特殊）	ダンプ運転	〃	3	28,900	86,700	
小　計					99,100	
（下　請　経　費）						
下　請　経　費		式	1		17,838	労務費×18％
計					116,938	
1 ㎥ 当 た り					2,480	116,933円÷47㎥≒2,488円／㎥
合　計					3,200	720円／㎥＋2,480円／㎥

Ⅱ 事例編

基礎工（砂基礎）　　　　　　　作業数量　20㎥

9,540円／㎥

No.11

名　　称	規　　格	単位	数　量	単　価	金　額	摘　　　要
材料費						
クッション用砂		㎥	26	4,900	127,400	20㎥×1.3（割増）＝26㎥
1 ㎥当たり					6,370	127,400円÷20㎥＝6,370円／㎥
機械費						
バックホウ	山積0.28㎥	台日	0.5	12,900	6,450	1台×0.5日
ランマ	60〜100kg	〃	1	1,400	1,400	1台×1日
計					7,850	
1 ㎥当たり					390	7,850円÷20㎥≒392円／㎥
外注費						
（労　務　費）						
土木一般世話役		人	0.2	31,000	6,200	作業員×1／7
運転手（特殊）	バックホウ運転	〃	0.5	28,900	14,450	1人×0.5日
普通作業員	投入補助・締固め	〃	1	25,400	25,400	1人×1日
小　計					46,050	
（材　料　費）						
消耗工具		式	1		1,382	労務費×3％
（下　請　経　費）						
下請経費		式	1		8,289	労務費×18％
計					55,721	
1 ㎥当たり					2,780	55,721円÷20㎥≒2,786円／㎥
合　計					9,540	6,370円／㎥＋390円／㎥＋2,780円／㎥

C 公共下水道管渠布設工事（開削）

管布設（内径300mm）　　　作業数量　16m

14,160円／m

№12

名　称	規　格	単位	数　量	単　価	金　額	摘　　要
材料費						
鉄筋コンクリート管	内径300 1種管	本	8.24	14,900	122,776	16m÷2m／本＝8本 8本×1.03（ロス）＝8.24本
雑　材　料	セメント・砂等	式	1		6,139	上記×5％
計					128,915	
1 m 当たり					8,050	128,915円÷16m≒8,057円／m
機械費						
ラフテレーンクレーン	4.9 t 吊り	台日	0.5	42,000	21,000	1台×0.5日
1 m 当たり					1,310	21,000円÷16m≒1,312円／m
外注費						
（労　務　費）						
土木一般世話役		人	0.3	31,000	9,300	作業員×1／7
特殊作業員		〃	1	28,300	28,300	1人×1日
普通作業員		〃	1	25,400	25,400	1人×1日
小　計					63,000	
（材　料　費）						
雑　材　料		式	1		630	労務費×1％
消　耗　工　具		〃	1		1,890	労務費×3％
小　計					2,520	
（下　請　経　費）						
下　請　経　費		式	1		11,340	労務費×18％
計					76,860	
1 m 当たり					4,800	76,860円÷16m≒4,804円／m
合　計					14,160	8,050円／m＋1,310円／m＋4,800円／m

Ⅱ 事例編

マンホール設置（1号）　　作業数量　10か所　平均深2.54m

397,770円／か所

No.13

工種別内訳						要素別内訳								摘要
名称	規格	単位	数量	単価	金額	材料費		労務費		機械費		外注費		
						単価	金額	単価	金額	単価	金額	単価	金額	
底部	基礎・底版・インバート	か所	10	98,210	982,100	18,790	187,900					79,420	794,200	内訳No.14
壁立上り	平均高1.2m	〃	10	107,170	1,071,700	19,400	194,000					87,770	877,700	〃No.15
ブロック据付	斜壁・直壁	個	20	47,600	952,000	36,150	723,000			3,150	63,000	8,300	166,000	〃No.16
蓋据付け		〃	10	84,620	846,200	75,080	750,800			2,100	21,000	7,440	74,400	〃No.17
副管取付け	落差1.06m	か所	3	41,910	125,730	6,430	19,290					35,480	106,440	〃No.18
計					3,977,730		1,874,990		0		84,000		2,018,740	
1か所当たり					3,977,730円÷10か所≒397,770円／か所		1,874,990円÷10か所≒187,500円／か所				84,000円÷10か所＝8,400円／か所		2,018,740円÷10か所≒201,870円／か所	端数調整

C　公共下水道管渠布設工事（開削）

マンホール底部　　　　　　　作業数量　1か所

98,210円／か所

No.14

名　　称	規　　格	単位	数　量	単　価	金　額	摘　　要
材料費						
クラッシャラン	C－40	㎥	0.5	5,150	2,575	0.4㎥×1.03（割増）≒0.41
生コンクリート	18－8－25	〃	0.7	19,300	13,510	0.6㎥×1.03（ロス）≒0.62
モルタル材		式	1		1,000	
雑　材　料		〃	1		1,709	上記計×10％＝17,085円×10％
計					18,790	上記計＝18,794円
外注費						
（材　料　費）						
雑　材　料	型枠材等	式	1		651	労務費×1％
消　耗　工　具		〃	1		1,953	労務費×3％
小　計					2,604	
（労　務　費）						
土木一般世話役		人	0.3	31,000	9,300	作業員×1／7
型　わ　く　工	型枠	〃	0.5	30,000	15,000	1人×0.5日
左　　　　官	モルタル上塗り	〃	0.5	30,800	15,400	1人×0.5日
普　通　作　業　員	砕石基礎・コンクリート	〃	1	25,400	25,400	1人×1日
小　計					65,100	
（下　請　経　費）						
下　請　経　費		式	1		11,718	労務費×18％
計					79,420	65,100円＋2,604円＋11,718円＝79,422円
合　計					98,210	18,790円／か所＋79,420円／か所

Ⅱ 事例編

マンホール壁立上り（平均壁高1.2m）　　　作業数量　1か所

107,170円／か所

No.15

名　称	規　格	単位	数量	単価	金額	摘　要
材料費						
生コンクリート	24－8－25	㎥	0.7	19,850	13,895	0.6㎥×1.03（ロス）≒0.62
足掛金物		個	3	1,250	3,750	
雑材料		式	1		1,764	上記×10％＝17,645円×10％
計					19,400	上記計＝19,409円
外注費						
（労務費）						
土木一般世話役		人	0.3	31,000	9,300	作業員×1／7
型わく工	型枠	〃	1.5	30,000	45,000	1人×1.5日
普通作業員	コンクリート	〃	0.5	25,400	12,700	1人×0.5日
小計					67,000	
（材料費）						
型枠材等		式	1		6,700	労務費×10％
消耗工具		〃	1		2,010	労務費×3％
小計					8,710	
（下請経費）						
下請経費		式	1		12,060	労務費×18％
計					87,770	外注費計＝87,770円
合計					107,170	19,400円／か所＋87,770円／か所＝107,170円／か所

C 公共下水道管渠布設工事（開削）

マンホールブロック据付け　　　作業数量　20個

47,600円／個

No.16

名　　称	規　　格	単位	数　量	単　価	金　額	摘　　　　要
材料費						
マンホール側塊斜壁	600A (600×900×300)	個	10	35,900	359,000	
マンホール側塊直壁	900A (900×900×300)	〃	3	28,000	84,000	
〃	900B (900×900×600)	〃	7	35,100	245,700	
モルタル材	セメント,砂等	式	1		23,511	上記計×3％＝783,700円×3％
雑材料		〃	1		15,674	上記計×2％＝783,700円×2％
計					723,135	
1個当たり					36,150	723,135円÷20個≒36,156円／個
機械費						
ラフテレーンクレーン	4.9t吊り	台日	1.5	42,000	63,000	1台×1.5
1個当たり					3,150	63,000円÷20個＝3,150円／個
外注費						
（労務費）						
土木一般世話役		人	0.6	31,000	18,600	作業員×1／7
特殊作業員		〃	1.5	28,300	42,450	1人×1.5日
普通作業員		〃	3	25,400	76,200	2人×1.5日
小計					137,250	
（材料費）						
消耗工具		式	1		4,118	労務費×3％
（下請経費）						
下請経費		式	1		24,705	労務費×18％
計					166,073	
1個当たり					8,300	166,073円÷20個≒8,304円／個
合計					47,600	36,150円／個＋3,150円／個＋8,300円／個

Ⅱ 事例編

84,620円／個　　　　　　　　　　　　マンホール蓋据付け　　　　　　　作業数量　10個

名　称	規　格	単位	数量	単価	金額	摘　要
材料費						
マンホール蓋	鋳鉄製	個	10	72,900	729,000	
モルタル材	セメント，砂等	式	1		7,290	上記×1％
雑材料		〃	1		14,580	上記×2％
計					750,870	
1個当たり					75,080	750,870円÷10個≒75,087円／個
機械費						
ラフテレーンクレーン	4.9t吊り	台日	0.5	42,000	21,000	1台×0.5
1個当たり					2,100	21,000円÷10個＝2,100円／個
外注費						
（労務費）						
土木一般世話役		人	0.3	31,000	9,300	作業員×1／7
特殊作業員		〃	0.5	28,300	14,150	1人×0.5日
普通作業員		〃	1.5	25,400	38,100	1人×1.5日
小計					61,550	
（材料費）						
消耗工具		式	1		1,847	労務費×3％
（下請経費）						
下請経費		式	1		11,079	労務費×18％
計					74,476	
1個当たり					7,440	74,476円÷10個≒7,448円／個
合計					84,620	75,080円／個＋2,100円／個＋7,440円／個

No.17

C 公共下水道管渠布設工事（開削）

41,910円／か所　　　　　　　　　副管取付け　　　　　　作業数量　1か所

No.18

名　称	規　格	単位	数量	単価	金額	摘　要
材料費						
硬質塩ビ管	φ150	m	1.2	2,340	2,808	1.06m×1.1（ロス）≒1.2m 9,360円／4m＝2,340円／m
副管用継手		個	1	1,630	1,630	
接着剤		式	1		222	上記計×5％＝4,438円×5％
モルタル材	セメント，砂等	〃	1		1,331	上記計×30％＝4,438円×30％
雑材料		〃	1		444	上記計×10％＝4,438円×10％
計					6,430	上記計＝6,435円
外注費						
（労務費）						
土木一般世話役		人	0.1	31,000	3,100	作業員×1／7
普通作業員		〃	1	25,400	25,400	1人×1日
小計					28,500	
（材料費）						
型枠材		式	1		1,000	
消耗工具		〃	1		855	労務費×3％
小計					1,855	
（下請経費）						
下請経費		式	1		5,130	労務費×18％
計					35,480	外注費計＝35,485円
合計					41,910	6,430円／か所＋35,480円／か所

Ⅱ 事例編

汚水ます人力掘削　　　　作業数量　3.5㎥

10,130円／㎥

No.19

名　　称	規　格	単位	数量	単価	金額	摘　　要
材料費						
土　留　材		式	1		1,000	
1㎥当たり					280	1,000円÷3.5㎥≒286円／㎥
外注費						
（労　務　費）						
土木一般世話役		人	0.1	31,000	3,100	作業員×1／7
普通作業員		〃	1	25,400	25,400	1人×1日
小　計					28,500	
（材　料　費）						
消　耗　工　具		式	1		855	労務費×3％
（下　請　経　費）						
下　請　経　費		式	1		5,130	労務費×18％
計					34,485	
1㎥当たり					9,850	34,485円÷3.5㎥≒9,853円／㎥
合　計					10,130	280円／㎥＋9,850円／㎥

C　公共下水道管渠布設工事（開削）

汚水ます人力埋戻し　　　　　作業数量　7 ㎥

5,120円／㎥

No.20

名　　称	規　格	単位	数　量	単　価	金　額	摘　　　要
材料費						
発　生　土					0	
機械費						
ラ　ン　マ	60～80kg	台日	1	1,400	1,400	1台×1日
1 ㎥ 当 た り					200	1,400円÷7㎥＝200円／㎥
外注費						
（労　務　費）						
土木一般世話役		人	0.1	31,000	3,100	作業員×1／7
普 通 作 業 員		〃	1	25,400	25,400	1人×1日
小　　計					28,500	
（材　料　費）						
消　耗　工　具		式	1		855	労務費×3％
（下　請　経　費）						
下　請　経　費		式	1		5,130	労務費×18％
計					34,485	
1 ㎥ 当 た り					4,920	34,485円÷7㎥≒4,926円／㎥
合　　計					5,120	200円／㎥＋4,920円／㎥

Ⅱ 事例編

汚水ます設置（内径50cm）　　　　作業数量　1か所

73,150円／か所

No.21

名　　称	規　　格	単位	数量	単価	金額	摘　　　要
材料費						
底　　塊		個	1	5,170	5,170	
側　　塊	500×300	〃	3	5,270	15,810	
縁　　塊		〃	1	12,300	12,300	
ふ　　た		〃	1	12,300	12,300	
モルタル材	セメント，砂等	式	1		1,367	上記計×3％＝45,580円×3％
クラッシャラン	C－40	㎥	0.3	5,150	1,545	0.23㎥×1.3（割増）≒0.3
雑　材　料		式	1		4,849	上記計×10％＝48,492円×10％
計					53,340	上記計＝53,341円
機械費						
ラ　ン　マ	60～80kg	台日	0.5	1,400	700	1台×0.5日
外注費						
（労　務　費）						
土木一般世話役		人	0.1	31,000	3,100	作業員×1／7
普通作業員		〃	0.5	25,400	12,700	1人×0.5日
小　計					15,800	
（材　料　費）						
消耗工具		式	1		474	労務費×3％
（下請経費）						
下請経費		式	1		2,844	労務費×18％
計					19,110	外注費計＝19,118円
合　計					73,150	53,340円／か所＋700円／か所＋19,110円／か所

C　公共下水道管渠布設工事（開削）

取付け管（φ150塩ビ管）　　　作業数量　10.5m

7,290円／m

No.22

名　　称	規　　格	単位	数　量	単　価	金　額	摘　　要
材料費						
硬質塩ビ管	接着受口L=4m	本	3	5,990	17,970	10.5m÷4m／本×1.05（ロス）≒3
継　　手		個	2	1,350	2,700	
雑　材　料	接着材等	式	1		620	上記計×3％＝20,670×3％
計					21,290	
1ｍ当たり					2,020	21,290円÷10.5m≒2,028円／m
外注費						
（労　務　費）						
土木一般世話役		人	0.2	31,000	6,200	作業員×1／7
特殊作業員		〃	0.5	28,300	14,150	1人×0.5日
普通作業員		〃	1	25,400	25,400	1人×1日
小　計					45,750	
（材　料　費）						
消耗工具		式	1		1,373	労務費×3％
（下請経費）						
下請経費		式	1		8,235	労務費×18％
計					55,358	
1ｍ当たり					5,270	55,358円÷10.5m≒5,272円／m
合　計					7,290	2,020円／m＋5,270円／m

Ⅱ 事例編

支管取付（φ150塩ビ管）　　　作業数量　2か所

23,310円／か所

No.23

名　　称	規　　格	単位	数量	単価	金額	摘　　要
材料費						
塩ビ管用支管	60度	個	2	5,900	11,800	
雑　材　料	接着剤,モルタル材等	式	1		354	上記×3％
計					12,154	
1か所当たり					6,070	12,154円÷2か所＝6,077円／か所
外注費						
（労　務　費）						
土木一般世話役		人	0.1	31,000	3,100	作業員×1／7
普通作業員		〃	1	25,400	25,400	1人×1日
計					28,500	
（材　料　費）						
消耗工具		式	1		855	労務費×3％
（下請経費）						
下請経費		式	1		5,130	労務費×18％
計					34,485	
1か所当たり					17,240	34,485円÷2か所＝17,242円／か所
合　計					23,310	6,070円／か所＋17,240円／か所

C 公共下水道管渠布設工事(開削)

試 掘　　　　　　作業数量　1か所

38,120円／か所

No.24

名　　称	規　　格	単位	数　量	単　価	金　額	摘　　　要
材料費						
軽量鋼矢板,山留材		式	1		1,070	
クラッシャラン	C-40	㎥	0.5	5,150	2,575	0.3㎥×1.35（割増）
計					3,640	上記計＝3,645円
外注費						
（労　務　費）						
土木一般世話役		人	0.1	31,000	3,100	作業員×1／7日
普通作業員		〃	1	25,400	25,400	1人×1日
小　計					28,500	
（材　料　費）						
消耗工具		式	1		855	労務費×3％
（下請経費）						
下請経費		式	1		5,130	労務費×18％
計					34,480	外注費計＝34,485円
合　計					38,120	3,640円／か所＋34,480円／か所

舗装切断　　　　　　作業数量　1m

600円／m

No.25

名　　称	規　　格	単位	数　量	単　価	金　額	摘　　　要
外注費						
（外　注　費）						
切　　断	厚5～10cm	m	1	600	600	専門業者見積

Ⅱ 事例編

舗装板掘削・積込　　　　作業数量　15㎡

5,990円／㎡

No.26

名　　称	規　格	単位	数量	単価	金額	摘　　要
機械費						
バックホウ	山積0.28㎥	台日	1	12,900	12,900	1台×1日
1㎡当たり					860	12,900円÷15㎡＝860円／㎡
外注費						
（労務費）						
土木一般世話役		人	0.3	31,000	9,300	作業員×1／7日
運転手（特殊）	バックホウ運転	〃	1	28,900	28,900	1人×1日
普通作業員	誘導・保安	〃	1	25,400	25,400	1人×1日
小　計					63,600	
（材料費）						
消耗工具		式	1		1,908	労務費×3％
（下請経費）						
下請経費		式	1		11,448	労務費×18％
計					76,956	
1㎡当たり					5,130	76,956円÷15㎡≒5,130円／㎡
合　計					5,990	860円／㎡＋5,130円／㎡

C　公共下水道管渠布設工事（開削）

アスコン塊処分（4 t車　L＝8 km）　　作業数量　4 ㎥

15,080円／㎥

No.27

名　称	規　格	単位	数　量	単　価	金　額	摘　要
機械費						
ダンプトラック	4 t積	台日	0.5	11,400	5,700	1台×0.5日
1 ㎥ 当たり					1,420	5,700円÷4 ㎥＝1,425円／㎥
外注費						
（外　注　費）						
処　分　費		t	9.4	4,000	37,600	4 ㎥×2.35 t／㎥
（労　務　費）						
運転手（特殊）	ダンプトラック運転	〃	0.5	28,900	14,450	1人×1日
（下　請　経　費）						
下　請　経　費					2,601	労務費×18％
計					54,651	
1 ㎥ 当たり					13,660	54,651円÷4 ㎥≒13,663円／㎥
合　計					15,080	1,420円／㎥＋13,660円／㎥

Ⅱ 事例編

軽量鋼矢板設置（平均長3.0m）　　　作業数量　12m（両側）

16,180円／m

No.28

名　称	規　格	単位	数　量	単　価	金　額	摘　　　要
機械費						
バックホウ	山積0.28m³	台日	1	12,900	12,900	1台×1日
バイブロハンマ	油圧ショベル装着式（超低騒音型）	台日	1	20,900	20,900	1台×1日
ラフテレーンクレーン	4.9t吊り	〃	1	42,000	42,000	1台×1日
計					75,800	
1m当たり					6,310	75,800円÷12m≒6,317円／m
外注費						
（労務費）						
土木一般世話役		人	0.4	31,000	12,400	作業員×1／7日
運転手（特殊）	バックホウ運転	〃	1	28,900	28,900	1人×1日
とび工		〃	1	31,200	31,200	1人×1日
普通作業員		〃	1	25,400	25,400	1人×1日
小　計					97,900	
（材料費）						
消耗工具		式	1		2,937	労務費×3％
（下請経費）						
下請経費		式	1		17,622	労務費×18％
計					118,459	
1m当たり					9,870	118,459円÷12m≒9,872円／m
合　計					16,180	6,310円／m＋9,870円／m

C　公共下水道管渠布設工事（開削）

軽量鋼矢板撤去（平均長3.0m）　　　作業数量　12m（両側）

10,140円／m

No.29

名　　称	規　　格	単位	数　量	単　価	金　額	摘　　　　要
機械費						
ラフテレーンクレーン	4.9t吊り	台日	1	42,000	42,000	1台×1日
1m当たり					3,500	42,000円÷12／m＝3,500円／m
外注費						
（労　務　費）						
土木一般世話役		人	0.3	31,000	9,300	作業員×1／7日
と　び　工		〃	1	31,200	31,200	1人×1日
普通作業員		〃	1	25,400	25,400	1人×1日
小　計					65,900	
（材　料　費）						
消　耗　工　具		式	1		1,977	労務費×3％
（下　請　経　費）						
下　請　経　費		式	1		11,862	労務費×18％
計					79,739	
1m当たり					6,640	79,739円÷12m≒6,645円／m
合　計					10,140	3,500円／m＋6,640円／m

Ⅱ 事例編

支保材設置・撤去（2段）　　　　　作業数量　30m（両側）

7,730円／m

No.30

名　称	規　格	単位	数量	単　価	金　額	摘　　要
外注費						
（労務費）						
土木一般世話役		人	0.9	31,000	27,900	作業員×1／7日
と び 工		〃	2	31,200	62,400	（1人×1日）×2（設置・撤去）
普通作業員		〃	4	25,400	101,600	（2人×1日）×2（設置・撤去）
小　計					191,900	
（材料費）						
消耗工具		式	1		5,757	労務費×3％
（下請経費）						
下請経費		式	1		34,542	労務費×18％
計					232,199	
1m当たり					7,730	232,199円÷30m≒7,739円／m

支保材設置・撤去（1段）　　　　　作業数量　60m（両側）

3,860円／m

No.31

名　称	規　格	単位	数量	単　価	金　額	摘　　要
外注費						
（労務費）						
土木一般世話役		人	0.9	31,000	27,900	作業員×1／7日
と び 工		〃	2	31,200	62,400	（1人×1日）×2（設置・撤去）
普通作業員		〃	4	25,400	101,600	（2人×1日）×2（設置・撤去）
小　計					191,900	
（材料費）						
消耗工具		式	1		5,757	労務費×3％
（下請経費）						
下請経費		式	1		34,542	労務費×18％
計					232,199	
1m当たり					3,860	232,199円÷60m≒3,869円／m

C 公共下水道管渠布設工事（開削）

土留材賃借料　　　　　作業数量　1式

596,130円／式

No.32

名　　称	規　　格	単位	数　量	単　価	金　額	摘　　要
材料費						
鋼矢板賃借料	軽量2型	t日	3.348	135	451,980	18.6 t×180日
同上整備費		t	18.6	6,000	111,600	
支保材賃借料	パイプサポート	本日	5,400	2.2	11,880	30本×180日
同上基本料金		本	30	80	2,400	
角パイプ賃借料	60×60×2.3 L=6,000mm	本日	6,300	2.4	15,120	35本×180日
同上基本料金		本	35	90	3,150	
計					596,130	

Ⅱ 事例編

水　替　　　　　作業数量　1式

1,109,210円／式

No.33

名　称	規　格	単位	数　量	単　価	金　額	摘　要
材料費						
排水ホース	φ50mm	m	50	280	14,000	
希　硫　酸	中和用	月	6	6,000	36,000	
雑　材　料		式	1		4,800	
計					54,800	
機械費						
水中ポンプ	φ50mm	台日	360	150	54,000	2台×30日／月×6か月
水　　槽	3㎥	〃	180	476	85,680	1台×30日／月×6か月
中　和　装　置		基月	6	44,000	264,000	1基×6か月
計					403,680	
外注費						
（労　務　費）						
土木一般世話役		人	2.6	31,000	80,600	作業員×1／7
普　通　作　業　員		〃	18	25,400	457,200	3人／月×6か月
小　計					537,800	
（材　料　費）						
消　耗　工　具		式	1		16,134	労務費×3％
（下　請　経　費）						
下　請　経　費		式	1		96,804	労務費×18％
計					650,730	外注費計＝650,738円
合　計					1,109,210	54,800円＋403,680円＋650,730円

C 公共下水道管渠布設工事（開削）

動力照明設備　　　　　作業数量　1式

791,300円／式

No.34

名　　称	規　　格	単位	数量	単　価	金　額	摘　　要
外注費						
（労　務　費）						
電　　　工		人	12	30,100	361,200	1人／日×2日／月×6か月
普通作業員		〃	6	25,400	152,400	1人／日×1日／月×6か月
小　　計					513,600	
（材　料　費）						
ＶＶ－Ｒ線	14㎟×3心	m	100	611	61,110	679円／m×90％
キャブタイヤ	2CT 1.25㎟×4心	〃	150	163	24,465	233円／m×70％
〃	2CT 3.5㎟×3心	〃	150	242	36,330	346円／m×70％
投　光　器		個	5	2,415	12,073	4,829円×50％
分　電　盤		面	2	12,120	24,240	40,400円×30％
電　　球	500W	個	5	1,298	6,490	
消耗工具		式	1		15,408	労務費×3％
雑　材　料		〃	1		5,136	労務費×1％
小　　計					185,252	
（下　請　経　費）						
下　請　経　費		式	1		92,448	労務費×18％
合　　計					791,300	上記計＝791,300円

Ⅱ 事例編

工事用電力料　　　作業数量　1式

252,930円／式

No.35

名　　称	規　格	単位	数量	単価	金　額	摘　　　　要
機械費						
電力料金		式	1		252,930	内訳No.36 ②＋③＝252,931円

工事用電力料算定内訳

372,470円

No.36

機　種	容量(kW)	8月	9月	10月	11月	12月	1月	2月	3月	計	摘要
投　光　器	0.5	0	1.5	2.5	2.5	2.5	2.5	2	0		
保安照明他	0.05	0	2	2	2	2	2	2	0		
水中ポンプ	3.7	0	3.7	7.4	7.4	7.4	7.4	7.4	0		
設備合計　(kW)		0	7.2	11.9	11.9	11.9	11.9	11.4	0		
設備利用率　(%)			10	20	20	20	20	15			
契約電力　(kW)			10	14	14	14	14	13	0		*1
電力量　(kWh)			518	1,714	1,714	1,714	1,714	1,231	0	8,605	*2

*1：設備合計（kW）×70％＋5kW（契約容量算定略式）
*2：設備合計（kW）×利用率（％）×24h×30日

① 〔基本料金〕1,261円／kW（10kW×1か月＋14kW×4か月＋13kW×1か月）×1.20（臨電）≒119,540円
② 〔使用料金〕夏季：29円61銭（税抜き），その他季：27円89銭（税抜き）
　　　　　　29.61／kW×518kW×1か月＋27.89／kW×(1,714kW×4か月＋1,231kW×1か月)≒240,880円
③ 〔再生可能エネルギー発電促進賦課金〕
　　　　　　1.40円／kW×8,605kW≒12,050円
〔合　　計〕119,540円＋240,880円＋12,050円＝372,470円

C 公共下水道管渠布設工事（開削）

間接仮設工事費

運 搬 費　　　　　作業数量　1式

1,239,400円／式

No.37

名　称	規　格	単位	数　量	単　価	金　額	摘　　要
1．機械運搬						内訳No.38参照
機械費						
トラック	2ｔ積	台日	2	29,700	59,400	1回／日×2（往復）
クレーン付トラック	4ｔ車2.9ｔ吊	〃	8	37,900	303,200	4回／日×2（往復）
トラック	11ｔ積	〃	2	50,400	100,800	1回／日×2（往復）
計					463,400	1．機械運搬計
2．仮設材運搬費						内訳No.38参照
機械費						
トラック	4ｔ	台日	4	40,900	163,600	2回／日×2（往復）
クレーン付トラック	4ｔ車2.9ｔ吊	〃	10	37,900	379,000	5回／日×2（往復）
小　計					542,600	
外注費						
クレーン付トラック	4ｔ車2.9ｔ吊	台日	4	37,900	151,600	2回／日×2（往復）
計					694,200	2．仮設材運搬費計
3．その他運搬						内訳No.38参照
機械費						
トラック	4ｔ	台日	2	40,900	81,800	1回／日×2（往復）
合　計					1,239,400	463,400円＋694,200円＋81,800円

Ⅱ 事例編

運搬費算定内訳

No.38

機種・品名			運搬車			単価
機種・名称	規格	台数	機種	規格	台数	(台回)
1．機械運搬費						
バックホウ	山積0.28㎥	1	トラック	11t積	1	50,400
バイブロハンマ	起振力9t	1	クレーン付トラック	4t車2.9t吊	4	37,900
タンパ・ランマ	60～80kg	1				
水中ポンプ	50㎜	2	トラック	2t積	1	29,700
小機械		1式				
2．仮設材運搬費						
簡易鋼矢板	2型2.5～3.5m	18.6t	クレーン付トラック	4t車2.9t吊	5	37,900
仮設材	切梁材・型枠材等	1式	トラック	4t積	1	40,900
ユニットハウス	2.4m×6.4m	1棟	クレーン付トラック	4t車2.9t吊	1	37,900
手洗ユニットハウス		1棟	クレーン付トラック	4t車2.9t吊	1	37,900
その他			トラック	4t積	1	40,900
3．その他運搬						
什器類		1式	トラック	4t積	1	40,900

280,010円／式

準　備　　　　　　　　作業数量　1式

No.39

名称	規格	単位	数量	単価	金額	摘要
外注費						
(労務費)						
土木一般世話役			1.1	31,000	34,100	作業員×1／7
普通作業員		人	8	25,400	203,200	2人×4日
小計					237,300	
(下請経費)						
下請経費		式	1		42,714	労務費×18％
合計					280,010	237,300円＋42,714円＝280,014円

C　公共下水道管渠布設工事（開削）

測　量　　　　　　　　作業数量　1式

601,520円／式

No.40

名　称	規　格	単位	数　量	単　価	金　額	摘　要
材料費						
スチールテープ		個	1	3,570	3,570	11,900×30％
エスロンテープ		〃	1	1,620	1,620	5,400×30％
リボン	$\ell=5\mathrm{m}$	〃	4	1,800	7,200	6,000円×30％
雑材料		式	1		1,239	上記×10％
計					13,620	
機械費						
トータルステーション	3級，付属品含む	台日	210	1,300	273,000	1台×30日×7か月
レベル	3級，標尺含む	〃	210	400	84,000	〃
点検調整		式	1		46,500	36,000円＋10,500円
計					403,500	
外注費						
（労務費）						
普通作業員	測量手元	人	6	25,400	152,400	1人×1人／月×6か月
（材料費）						
消耗工具		式	1		4,572	労務費×3％
（下請経費）						
下請経費		式	1		27,432	労務費×18％
計					184,400	上記計184,404円
合　計					601,520	13,620円＋403,500円＋184,400円

Ⅱ 事例編

後片付け・清掃　　　　　　　作業数量　1式

432,570円／式

No.41

名　　称	規　格	単位	数　量	単　価	金　額	摘　　要
外注費						
（労　務　費）						
土木一般世話役		人	1.7	31,000	52,700	作業員×1／7
普 通 作 業 員		〃	12	25,400	304,800	3人×4日
小　　計					357,500	
（材　料　費）						
雑　材　料		式	1		10,725	労務費×3％
（下 請 経 費）						
下　請　経　費		式	1		64,350	労務費×18％
合　　計					432,570	357,500円＋10,725円＋64,350円＝432,575円

家　屋　調　査　　　　　　　作業数量　1式

162,000円／式

No.42

名　　称	規　格	単位	数　量	単　価	金　額	摘　　要
外注費						外注見積書から
家　屋　調　査		軒	5	27,000	135,000	
経　　費		式	1		27,000	上記×20％
計					162,000	

C　公共下水道管渠布設工事（開削）

交通安全設備　　　　　　作業数量　1式

479,840円／式

No.43

名　　称	規　格	単位	数　量	単　価	金　額	摘　　　要
材料費						
工事用信号機		組	1		65,500	131,000円×50％
安 全 標 識		〃	7	9,000	63,000	矢印板，回転灯，サインライト等
バ リ ケ ー ド		〃	30	2,640	79,200	
風 雨 対 策		式	1		50,000	
そ の 他 機 材		〃	1		7,731	上記計×3％＝257,700円×3％
計					265,430	上記計＝265,431円
外注費						
（労　務　費）						
土木一般世話役		人	0.8	31,000	24,800	作業員×1／7
普 通 作 業 員		〃	6	25,400	152,400	1人／回×1回／月×6か月
小　　計					177,200	
（材　料　費）						
消 耗 工 具		式	1		5,316	労務費×3％
（下　請　経　費）						
下 　請　 経　 費		式	1		31,896	労務費×18％
計					214,410	外注費計＝214,412円
合　　計					479,840	265,430円＋214,410円＝479,840円

Ⅱ 事例編

安全・保安設備　　　　　　　作業数量　1式

488,460円／式

No.44

名　　称	規　　格	単位	数　量	単　価	金　額	摘　　　要
材料費						
ガードフェンス	H＝1.8m	台	60	3,900	234,000	リース品　6か月
電線防護管	φ35	本	15	1,800	27,000	リース品　6か月
その他雑材料		式	1		13,050	上記計×5％＝261,000円×5％
計					274,050	
外注費						
（労　務　費）						
土木一般世話役		人	0.8	31,000	24,800	作業員×1／7
普通作業員		〃	6	25,400	152,400	1人／回×1回／月×6か月
小　計					177,200	
（材　料　費）						
消耗工具		式	1		5,316	労務費×3％
（下請経費）						
下　請　経　費		式	1		31,896	労務費×18％
計					214,410	外注費計＝214,412円
合　計					488,460	274,050円＋214,410円

交通誘導・見張　　　　　　　作業数量　1式

2,903,980円／式

No.45

名　　称	規　　格	単位	数　量	単　価	金　額	摘　　　要
外注費						
（労　務　費）						
普通作業員	誘導,見張	人	25	25,400	635,000	1人／日×5日／月×5か月
（外　注　費）						
交通誘導警備員B	交通整理	人	110	16,600	1,826,000	1人／日×22日／月×5か月
（経　　費）						
外注・下請経費					442,980	（外注費＋労務費）×18％
計					2,903,980	

C　公共下水道管渠布設工事（開削）

412,420円／式　　　　　　　　電力・用水基本料金等　　　　　作業数量　1式

No.46

名　　称	規　格	単位	数量	単価	金額	摘　　要
機械費						
電気基本料金		式	1		119,540	内訳　No.36　①
臨電工事負担金		〃	1		250,000	
水道基本料金	口径13	月	8	860	6,880	
水道工事費		〃	2	18,000	36,000	民家借用2か所×6か月
計					412,420	

182,830円／式　　　　　　　　　　出来形管理　　　　　　　　作業数量　1式

No.47

名　　称	規　格	単位	数量	単価	金額	摘　　要
材料費						
雑　材　料		式	1		3,000	
外注費						
（労　務　費）						
普通作業員	測量手元	人	6	25,400	152,400	1人×1日／月×6か月
（下　請　経　費）						
下　請　経　費		式	1		27,432	労務費×18％
計					179,830	外注費計：179,832円
合　　計					182,830	3,000円＋179,830円

330,000円／式　　　　　　　　　　技術管理費　　　　　　　　作業数量　1式

No.48

名　　称	規　格	単位	数量	単価	金額	摘　　要
外注費						
（外　注　費）						
コ　ピ　ー　代		月	8	4,000	32,000	
工事写真代		〃	8	12,000	96,000	
竣工図書代		式	1		200,000	
そ　の　他		〃	1		2,000	
計					330,000	

Ⅱ 事例編

現場事務所・作業員休憩所　　　　作業数量　1式

660,000円／式

No.49

名　　称	規　格	単位	数量	単　価	金　額	摘　　要
材料費						
借　家　料		月	8	70,000	560,000	
改造・復旧費		式	1		100,000	
計					660,000	

事務所借地　　　　作業数量　1式

90,000円／式

No.50

名　　称	規　格	単位	数量	単　価	金　額	摘　　要
材料費						
借　地　料		㎡月	400	200	80,000	50㎡×8か月
手　数　料		式	1		10,000	不動産会社支払分
計					90,000	

事務所・作業員休憩所用水・電気・ガス料金　　　　作業数量　1式

94,540円／式

No.51

名　　称	規　格	単位	数量	単　価	金　額	摘　　要
機械費						
事務所・休憩所電気料金		kW	1,200	28.3	33,984	150kW×8か月
水道料金		月	8	3,270	26,160	20㎡／月×8か月　20㎡／月　水道：(22×5+128×10)=1,390　下水：(560+110×12)=1,880
プロパンガス料金		〃	8	4,300	34,400	10㎡／月
計					94,540	上記計=94,544円

C 公共下水道管渠布設工事（開削）

現場管理費

労務管理費　　　作業数量　1式

145,000円／式

No.52

名　称	規　格	単位	数量	単価	金額	摘　要
作業員厚生費等		月	8	7,000	56,000	テレビ，暖房等
安全推進費		〃	8	4,000	32,000	ポスター，表彰等
安全教育		回	8	1,000	8,000	入場者教育，特別教育等
救急医薬品		月	8	1,000	8,000	
安全用品費		〃	8	1,000	8,000	
作業員ハンガーラック		〃	8	3,000	24,000	
消火器		個	2	4,500	9,000	
計					145,000	

法定福利費　　　作業数量　1式（内訳No.54）

1,979,319円／式

No.53

名　称	規　格	単位	数量	単価	金額	摘　要
労災保険料		式	1		207,000	
雇用保険料	社員	〃	1		122,648	
健康保険料	〃	〃	1		617,504	
厚生年金保険料	〃	〃	1		975,848	
建退協証紙代	作業員	人日	176	320	56,320	1人×22日／月×8か月
計					1,979,319	

法定保険料対象額算定根拠

No.54

種別	算定根拠	算定式	金額
労災保険料	税抜請負金額×労災保険料率×労務比率 （その他の建設事業：15／1,000，労務比率23％）	60,000,000×15／1,000×0.23	207,000
雇用保険料	社　員：事業者負担11.5／1,000 作業員：下請経費に包含	給与7,900千円 賞与2,765千円 (7,900,000＋2,765,000)×11.5／1,000	122,648
健康保険料	社　員：事業者負担（給与＋賞与）× 　　　　11.58％×1／2 作業員：事業者負担下請け経費に包含	給与7,900千円 賞与2,765千円 (7,900,000＋2,765,000)×0.1158×1／2	617,504
厚生年金保険料	社　員：事業者負担（給与＋賞与）× 　　　　18.300％×1／2 作業員：事業者負担下請け経費に包含	給与7,900千円 賞与2,765千円 (7,900,000＋2,765,000)×0.18300×1／2	975,848

Ⅱ 事例編

補 償 費　　　　　作業数量　1式

0円／式
No.55

名　称	規　格	単位	数量	単価	金額	摘　要
民 家 補 償		軒	0	0	0	公共工事で該当せず

租 税 公 課　　　　　作業数量　1式

65,600円／式
No.56

名　称	規　格	単位	数量	単価	金額	摘　要
印紙代・証紙代	工事契約書	冊	1	60,000	60,000	［令和6年4月1日現在法令等］（5千万円超え，1億円以下）
	領収書用	式	1		600	200円／件×3件
	他申請手数料	〃	1		3,000	
固定資産・都市計画税	機　械	〃			0	
	建　物	年			0	
公　課	道路使用料	式	1		2,000	
	河川港湾使用料	〃			0	
合　計					65,600	

地 代 家 賃　　　　　作業数量　1式

0円／式
No.57

名　称	規　格	単位	数量	単価	金額	摘　要
家　賃	事務所	月	0		0	
	借上社宅	〃	0		0	
	礼金・手数料	式	0		0	
	月極駐車場	月	0		0	
計					0	

C　公共下水道管渠布設工事（開削）

保　険　料　　　　　作業数量　1式

755,000円／式

No.58

名　　称	規　格	単位	数量	単価	金額	摘　　要
土木工事保険		式	1		250,000	請負金額×保険料率（3～5／1,000）
火災保険		〃			0	土木工事保険に包含
請負業者賠償責任保険（第三者賠償）	対人	〃	1		350,000	1事故5,000万円，1名3,000万円，免責10万円
	対物	〃	1		60,000	1事故500万円
労働災害法定外補償保険	労災上乗せ	〃	1		95,000	1人×3,176円／人×30倍（1名 3,000万円）
動産総合保険		〃			0	
自動車保険		〃			0	
計					755,000	

※各引受保険会社に条件を提示し，見積りを徴収する。

従業員給料手当　　　　作業数量　1式

7,900,000円／式

No.59

名　　称	規　格	単位	数量	単価	金額	摘　　要
給料手当					0	
社員	作業所長	月	8	650,000	5,200,000	
社員	工事係	〃	6	450,000	2,700,000	
計					7,900,000	

従業員賞与　　　　作業数量　1式

2,765,000円／式

No.60

名　　称	規　格	単位	数量	単価	金額	摘　　要
賞与						
社員		式	1		2,765,000	給料手当×35％
計					2,765,000	

Ⅱ 事例編

従業員退職金　　　　　　作業数量　1式

1,027,000円／式

No.61

名　　称	規　格	単位	数量	単価	金額	摘　　要
賞　　与						
社　　員		式	1		1,027,000	給料手当×13％
計					1,027,000	

福利厚生費　　　　　　作業数量　1式

136,000円／式

No.62

名　　称	規　格	単位	数量	単価	金額	摘　　要
厨房用具		式	1		10,000	
リクリエーション費		月	8	2,000	16,000	
食事補助		月人	0		0	
新聞・専用誌代		月			0	
洗濯機		台	1	18,000	18,000	90,000円×20％（償却）
冷蔵庫		〃	1	30,000	30,000	150,000円×20％（償却）
テレビ		〃	1	20,000	20,000	100,000円×20％（償却）
厨房設備		式	1		10,000	
ストーブ		台	2	6,000	12,000	30,000円×20％（償却）
慶弔見舞金		式	1		10,000	
初穂料	安全祈願	〃	1		10,000	
計					136,000	

C　公共下水道管渠布設工事（開削）

事務用品費　　　　　作業数量　1式

212,500円／式

No.63

名　　称	規　格	単位	数量	単価	金額	摘　　要
事務用什器						
机		脚	2	4,500	9,000	45,000×10%（償却）
椅　　子		〃	2	1,000	2,000	10,000×10%（償却）
折りたたみ椅子		〃	5	400	2,000	4,000×10%（償却）
脇　　机		〃	1	2,000	2,000	20,000×10%（償却）
キャビネット・戸棚		個	1	3,500	3,500	
事務用機械	リース料	月	8	15,000	120,000	
パソコン・プリンタ		台月	8	8,000	64,000	1台×8か月
事務用消耗品		月	8	1,000	8,000	
衣類ロッカ		個	1	2,000	2,000	
計					212,500	

旅費・交通・通信費　　　　　作業数量　1式

313,000円／式

No.64

名　　称	規　格	単位	数量	単価	金額	摘　　要
（旅　費）						
出　張　費		回	1	15,000	15,000	
（交　通　費）						
通　勤　費	電車・バス				0	
車　通　勤	ガソリン代	人月	14	15,000	210,000	
市内連絡用	バス・電車	月	8	1,000	8,000	
	タクシー	〃	8	1,000	8,000	
計					226,000	
（通　信　費）						
電　話　料	架設・撤去費	台			0	
	携帯通話料金	台月	8	8,000	64,000	1台×8か月
郵便・宅配料		月	8	1,000	8,000	
計					72,000	
合　計					313,000	

Ⅱ 事例編

交　際　費　　　　　　　作業数量　1式

0円／式

No.65

名　　称	規　格	単位	数量	単価	金額	摘　　要
接　待　費		月	0		0	
打合せ費		〃	0		0	
進物品代		人	0		0	
近隣町内会		月	0		0	
計					0	

広告宣伝・寄付金　　　　　　作業数量　1式

0円／式

No.66

名　　称	規　格	単位	数量	単価	金額	摘　　要
広　告　料		式	0		0	
式　典　費		〃	0		0	
工事誌等		〃	0		0	
一般寄付金	神社祭礼等	〃	0		0	
計					0	

C　公共下水道管渠布設工事（開削）

保　証　料　　　　　　作業数量　1式

142,700円／式

No.67

名　　称	規　格	単位	数量	単価	金額	摘　　要
保　証　料		式	1		82,700	内訳は下表に示す
公共工事履行保証証券		〃			60,000	保険会社折衝金額
					142,700	

保証料算定根拠

前払金：請負金額の40％　66,000,000×40％＝26,400,000円

保証料：下表より26,400,000×0.0033－4,400≒82,700円

（100円未満切捨て）

保　証　金　額	乗　率	差引金額
330万以下の金額	0.0023	－
330万を超え，1,000万円以下の金額	0.0031	2,400円
1,000万を超え，5,000万円以下の金額	0.0033	4,400円
5,000万円を超える金額	0.0035	14,400円

会議費・諸会費　　　　　　作業数量　1式

24,000円／式

No.68

名　　称	規　格	単位	数量	単価	金額	摘　　要
会　議　費	安衛委・工程	月	8	3,000	24,000	

雑　費　　　　　　作業数量　1式

52,000円／式

No.69

名　　称	規　格	単位	数量	単価	金額	摘　　要
タオル代	近隣挨拶	軒	40	500	20,000	
町会協力費		月	8	2,000	16,000	
布団レンタル料		〃			0	
経常雑費		〃	8	2,000	16,000	
計					52,000	

■ 本書の訂正等情報のお知らせ
　建設物価調査会公式ホームページの【刊行物訂正等情報】をご参照ください。

◎ メール配信サービス（刊行物の訂正等情報のお知らせ）について
　ご登録いただいた方に，当会が発行する刊行物の訂正等情報をメールでご案内いたします。
　「会社名」と「お名前」を明記いただき，以下のアドレス宛てに送信ください。
　　　　　　　　　syusei@kensetu-bukka.or.jp
　※登録情報は本メールサービスの配信目的にのみ利用させていただきます。
　　個人情報の取扱いは，別途定める「個人情報保護方針」に従います。
　　詳細は当会公式ホームページをご覧ください。

■ 本書の内容に関するお問合わせ先
　当会公式ホームページの「お問合せフォーム」や，「よくあるご質問Q＆A」をご利用ください。
　なお，「基準や歩掛の解釈」，「掲載以外の規格・歩掛」，「具体的な積算事例の相談」等，ご質問内容によってはお答えできない場合もあります。
　　　　　　　https://www.kensetu-bukka.or.jp/inquiry/

◇ 当会発行書籍の申込み先
図書販売サイト「建設物価Book Store（https://book.kensetu-navi.com/）」または，お近くの書店もしくは【電話】0120-978-599まで。

禁無断転載

改訂11版　土木工事の実行予算と施工計画

昭和63年8月1日　初版
令和7年4月30日　改訂11版

　　発　行　　一般財団法人建設物価調査会
　　　　　　　〒103-0011
　　　　　　　東京都中央区日本橋大伝馬町11番8号
　　　　　　　フジスタービル日本橋
　　印　刷　　奥村印刷　株式会社

乱丁・落丁はお取り替えいたします。　ⒸC.R.I 2025 Printed in Japan ISBN 978-4-7676-5312-9